한국산업인력공단 시행

건설기계 시리즈

기중기·로더 불도저 운전기능사
기출문제집

JH건설기계자격시험연구회 편저

건설기계 운전기능사 필기 무료 동영상

건설기계/운송 자격증 소통 공간

합격보답
합격이 보이는 정답

정훈사

▶ 건설기계 필기 무료 동영상 보는 방법

01 네이버(www.naver.com)에 접속 > 로그인
※ 네이버 계정이 없을 경우 가입

02 주소창에 cafe.naver.com/goseepass 접속

03 카페 가입하기 클릭 > 가입하기

04 아래 기입란에 아이디를 기재하신 후 해당 페이지 전체가 보이게 촬영
(연필로 인증 시 강의 신청이 반려됩니다.)

05 합격보답 > 강의인증(왼쪽 메뉴) > 글쓰기 > 인증사진만 업로드하면 끝!

※ 무료강의 신청 및 수강은 PC 버전에서만 가능합니다.

아이디 기입란
(유성펜 또는 볼펜으로 기입)

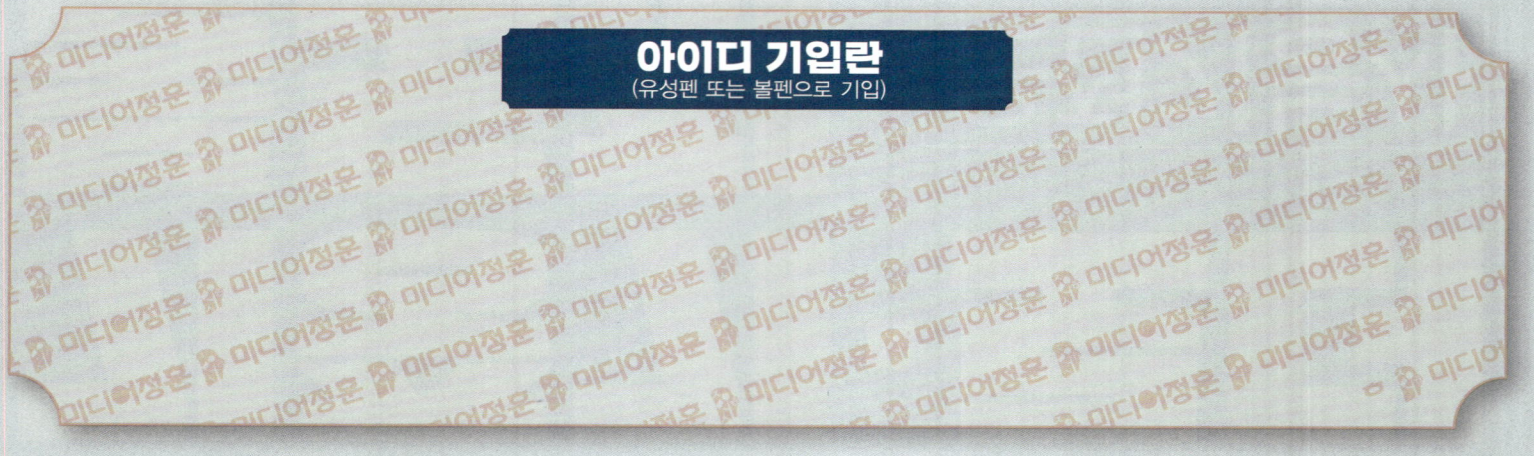

정훈사에서는 교재의 잘못된 부분을 아래의 홈페이지에서 확인할 수 있도록 하였습니다.

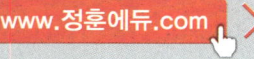 >  >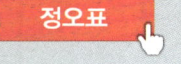

머리말

건설기계란 공장이나 건설현장에서 중량물을 인양 및 운반하는 기중기, 토목공사, 광산 등에서 토사나 자갈 등을 트럭에 적재하거나 이동시키는 로더, 그리고 대형 토목공사 현장에서 주로 사용하는 불도저를 일컫는 용어입니다. 이러한 건설기계는 고속철도, 신공항 건설 등 대규모 국책사업과 민간주택 건설 증가 등으로 꾸준히 이용·발전하고 있으며, 이에 따라 각종 건설, 토목, 항만, 광산 현장에서 땀 흘리는 기중기·로더·불도저 운전기능사는 전문운전인력으로서의 국가기능자격인으로 대우받고 있습니다.

이러한 흐름에 발맞춰 정훈사는 핵심이론과 기출문제에 집중하여 시험 합격에 최적화한 기출문제집을 출간하였습니다. 여러 해 동안 출제된 기출문제와 시험 출제기준의 세부항목을 분석하여 꼭 알아야 할 내용으로 핵심이론을 구성하였으며, 자주 출제되는 문제를 반복 수록하여 자연스럽게 출제 흐름을 파악할 수 있도록 하였습니다. 수험생들의 고충과 어려움을 해소하고자 노력한 이 책의 특징은 다음과 같습니다.

이 책의 특징

- 출제기준을 바탕으로 출제경향을 분석하였고, 출제비율을 나타내어 효율적인 학습이 되도록 하였습니다. 또한 건설기계관리법, 도로교통법 등 최신 개정 법률을 완벽 반영하였습니다.
- 다년간의 기출문제를 단원별로 분석하여 핵심요약 내용을 구성하였으며, 그중 출제빈도가 높은 기출문제의 지문을 활용하여 자주나와요 꼭 암기 를 배치하였습니다.
- 최근 출제유형을 쏙쏙 뽑아 신유형 으로 강조함으로써 다른 책들과 차별화를 두었으며, 시험 보기 전 한눈에 볼 수 있도록 Keyword 를 정리하여 완성도를 높였습니다.
- 반드시 알아두어야 할 핵심내용으로 구성하였으며, 특히 자주 출제되는 내용에는 ★표시를 하여 한눈에 확인할 수 있도록 하였습니다.
- 최신 기출문제를 완벽 분석하여 수록하였으며, 그중 출제 빈도가 높은 문제들은 ★표시 하였습니다. 상세한 해설을 통해 부족한 부분을 보완하면 단기간에 실력 향상을 경험할 수 있을 것입니다.

자격증 시험은 60점만 획득하면 합격하는 시험으로 총 60문항 중 36문항만 맞히면 되는 시험입니다. 교재 전반에 걸쳐 출제 빈도가 높았던 기출문제는 유사문제 형식으로 반복해서 수록하였기 때문에, 이 책 한 권만 정독하신다면 자연스럽게 빈출내용과 기출유형이 정리될 수 있을 거라 생각됩니다. 이 책 한 권으로 여러분 모두에게 합격의 영광이 있기를 간절히 소망합니다.

– JH건설기계자격시험연구회

건설기계 운전기능사

필기 시험과목

1. 건설기계 기관 – 건설기계 기관장치

건설기계 기관장치	1. 기관본체 2. 연료장치 3. 냉각장치 4. 윤활장치 5. 흡·배기장치

2. 전기, 섀시, 건설기계 작업장치
– 건설기계 전기, 섀시장치, 건설기계 작업장치

전기장치의 구조, 기능 및 점검	1. 시동장치 2. 충전장치 3. 조명장치 4. 계기장치 5. 예열장치
섀시의 구조, 기능 및 점검	1. 동력전달장치 2. 제동장치 3. 조향장치 4. 주행장치
기중기·불도저·로더 작업장치	1. 기중기·불도저·로더 구조 2. 작업장치 기능 3. 작업방법

3. 유압일반 – 유압일반

유압유	유압유
유압기기	1. 유압펌프 2. 제어밸브 3. 유압실린더와 유압모터 4. 유압기호 및 회로 5. 기타 부속장치 등

4. 건설기계관리법규 및 도로통행방법
– 건설기계관리법규 및 도로교통법

건설기계등록검사	1. 건설기계 등록 2. 건설기계 검사
면허·사업·벌칙	1. 건설기계 조종사의 면허 및 건설기계사업 2. 건설기계관리법규의 벌칙
건설기계의 도로교통법	1. 도로통행방법에 관한 사항 2. 도로교통법규의 벌칙

5. 안전관리 – 안전관리

안전관리	1. 산업안전일반 2. 기계·기기 및 공구에 관한 사항 3. 환경오염방지장치
작업안전	1. 작업상의 안전 2. 기타 안전관련 사항

건설기계관리법규 및 도로통행방법 15%
유압일반 19%
안전관리 17%
건설기계 작업장치 24%
건설기계 기관, 전기, 섀시 장치 25%

※ 시험에 관한 자세한 사항은 반드시 www.q-net.or.kr에서 확인하시기 바랍니다.

차 례

01 핵심요약정리

PART 01 건설기계 기관·전기·전후진 주행장치, 건설기계 작업장치
- 제1장 기관의 구조, 기능 및 점검 ······ 3
- 제2장 건설기계 전기장치 ······ 8
- 제3장 건설기계 전·후진 주행(섀시)장치 ······ 11
- 제4장 건설기계 작업장치 ······ 16

PART 02 유압일반
- 제1장 유압유 ······ 19
- 제2장 유압기기 ······ 20

PART 03 건설기계관리법규 및 도로통행방법
- 제1장 건설기계관리법규 ······ 23
- 제2장 도로교통법 ······ 26

PART 04 안전관리
- 제1장 안전관리 ······ 29
- 제2장 작업안전 ······ 33

02 CBT 기출분석문제

2025년 로 더 기출분석문제 ······ 37	**2022년** 로 더 기출분석문제 ······ 91
불도저 기출분석문제 ······ 43	불도저 기출분석문제 ······ 97
기중기 기출분석문제 ······ 49	기중기 기출분석문제 ······ 103
2024년 로 더 기출분석문제 ······ 55	**2021년** 제1회 로더 기출분석문제 ······ 109
불도저 기출분석문제 ······ 61	제2회 로더 기출분석문제 ······ 115
기중기 기출분석문제 ······ 67	불도저 기출분석문제 ······ 121
2023년 로 더 기출분석문제 ······ 73	기중기 기출분석문제 ······ 127
불도저 기출분석문제 ······ 79	
기중기 기출분석문제 ······ 85	

건설기계 운전기능사

도로명주소

도로명주소 도입의 필요성

(1) 물류기반 주소정보 인프라(Infra) → 물류비용 절감

(2) 전자상거래의 확대에 따른 주소 정보화

(3) 국제적으로 보편화된 주소제도 사용 → 국가경쟁력 및 위상 제고

(4) 행정적 측면 : 소방 · 방범 · 재난 등 국민의 생명과 재산 관련 업무 긴급출동 시 시간 단축

도로명주소의 부여

(1) 도로구간의 시작지점과 끝지점은 '서쪽에서 동쪽, 남쪽에서 북쪽 방향'으로 설정 · 변경한다.

(2) 도로구간이 설정된 모든 도로에는 도로구간별로 고유한 도로명을 부여한다.

(3) 도로명부여 대상 도로별 구분
  • 대로(大路) : 도로의 폭이 40미터 이상 또는 왕복 8차로 이상인 도로
  • 로(路) : 도로의 폭이 12미터 이상 40미터 미만 또는 왕복 2차로 이상 8차로 미만인 도로
  • 길 : '대로'와 '로' 외의 도로

도로명주소 표기방법

행정구역명 + 도로명 + 건물번호 + " , " + 상세주소 + 참고항목
(시 · 도/시 · 군 · 구/읍 · 면)　　　　　　　　　　　　　　(동 · 호수 등)　(법정동, 아파트단지 명칭 등)

(1) 도로명은 모두 붙여 쓴다. 예 국회대로62길, 용호로21번길

(2) 도로명과 건물번호는 띄어 쓴다. 예 국회대로62길 25, 용호로21번길 15

(3) 건물번호와 상세주소(동 · 층 · 호) 사이에는 쉼표(" , ")를 찍는다.
  • 단 독 주 택 : 경기도 파주시 문산읍 문향로85번길 6
  • 업무용빌딩 : 서울특별시 종로구 세종대로 209, 000호(세종로)
  • 공 동 주 택 : 인천광역시 부평구 체육관로 27, 000동 000호(삼산동, 00아파트)

도로명주소 안내시설

(1) 도로명판

왼쪽 또는 오른쪽 한 방향용(시작지점)

넓은 길, 시작지점을 의미

강남대로는 6.99km(699×10m)
1→ 현 위치는 도로 시작점

왼쪽 또는 오른쪽 한 방향용(끝지점)

'대정로' 시작지점에서부터 약 230m 지점에서 왼쪽으로 분기된 도로

1← 65 대정로23번길
Daejeong-ro23beon-gil

이 도로는 650m(65×10m)
←65 현 위치는 도로 끝지점

양방향용(중간지점)

전방 교차도로는 중앙로

92 중앙로 96
Jungang-ro

좌측으로 92번　　우측 96번
이하 건물 위치　이상 건물 위치

앞쪽 방향용(중간지점)

중간지점을 의미

남은 거리는 1.5km
92→ 현 위치는 도로상의 92번

예고용 도로명판

현 위치에서 다음에 나타날 도로는 '종로'

현 위치로부터 전방 200m에 예고한 도로가 있음

기초번호판

종로
Jong-ro
2345

→ 도로명
→ 기초번호

다음 도로명판에 대한 설명으로 옳지 않은 것은?

1← 65 대정로23번길
Daejeong-ro23beon-gil

☑ 대정로 시작점 부근에 설치된다.
② 대정로 종료지점에 설치된다.
③ 대정로는 총 650m이다.
④ 대정로 시작점에서 230m에 분기된 도로이다.

해설 제시된 도로명판은 대정로 종료지점에 설치된다.

(2) 건물번호판

→ 도로명
→ 건물번호

※ 현재 건설기계 운전기능사 시험에서 도로명주소 · 도로명표지에 관한 내용이 출제되고 있습니다. 이 책 뒤표지 안쪽의 내용도 함께 보시면 좋습니다.
도로명주소 안내시스템(http://www.juso.go.kr), 주소정보시설규칙(법제처 http://www.law.go.kr)에서 자세한 내용을 확인할 수 있습니다.

자료출처 : 도로명주소 안내시스템(http://www.juso.go.kr)

건설기계 운전기능사

Keyword

01 **디젤기관의 특징**
- 연료 소비율이 적고 열효율이 높음
- 화재의 위험이 적음
- 전기 점화장치가 없어 고장률이 적음
- 냉각손실이 적음

02 **디젤기관에서 시동이 되지 않는 원인**
- 연료계통에 공기가 들어있을 때
- 배터리 방전으로 교체가 필요한 상태일 때
- 연료분사 펌프의 기능이 불량할 때, 연료가 부족할 때

03 **기관이 과열되는 원인**
- 라디에이터 코어의 막힘
- 냉각장치 내부에 물때가 끼었을 때
- 냉각수의 부족
- 무리한 부하 운전
- 팬벨트의 느슨함
- 물펌프 작동 불량

04 **디젤기관의 진동원인**
- 연료공급 계통에 공기 침입
- 분사압력이 실린더별로 차이가 있을 때
- 피스톤 및 커넥팅로드의 중량차가 클 때
- 4기통 엔진에서 한 개의 분사노즐이 막혔을 때

05 **압력식 라디에이터 캡** : 냉각장치 내부압력이 부압이 되면 진공밸브는 열림

06 **과급기(터보차저)를 사용하는 목적**
기관 출력 증대, 회전력 증대, 실린더 내의 흡입 공기량 증가

07 **교류 발전기의 특징**
경량이고 출력이 큼, 브러시 수명이 김, 저속회전 시 충전이 양호함, 전기적 용량이 큼, 전압조정기만 필요함

08 **클러치가 미끄러지는 원인**
클러치 페달의 자유간극 없음, 압력판의 마멸, 클러치 판에 오일 부착

09 **베이퍼 록 발생원인**
드럼의 과열, 지나친 브레이크 조작, 잔압의 저하, 오일의 변질에 의한 비등점 저하

10 **페이드 현상**
브레이크를 연속하여 자주 사용하면 브레이크 드럼이 과열되어 마찰계수가 떨어지고 브레이크가 잘 듣지 않는 것으로, 짧은 시간 내에 반복 조작이나 내리막길을 내려갈 때 브레이크 효과가 나빠지는 현상

11 **노킹의 원인**
연료의 분사압력이 낮음, 연소실의 온도가 낮음, 착화지연 시간이 김, 노즐의 분무상채가 불량함

12 **운전 중 엔진부조를 하다가 시동 꺼지는 원인**
- 연료필터 막힘
- 연료에 물 혼입
- 분사노즐이 막힘
- 연료파이프 연결 불량
- 탱크 내에 오물이 연료장치에 유입

13 **에어클리너가 막혔을 때 나타나는 현상** : 배출가스 색은 검고 출력은 저하함

14 **토크컨버터의 설명**
- 펌프, 터빈 스테이터 등이 상호운동을 하여 회전력을 변환시킴
- 조작이 용이하고 엔진에 무리가 없음
- 기계적인 충격을 흡수하여 엔진의 수명을 연장함
- 부하에 따라 자동적으로 변속함

15 **기계식 변속기가 설치된 건설기계에서 클러치판의 비틀림 코일 스프링의 역할**
클러치 작동 시 충격을 흡수

16 **기중 작업에서 물체의 무게가 무거울수록 붐 길이와 각도**
붐 길이는 짧게, 각도는 크게 함

17 **아우트리거** : 기중기의 옆 방향 전도를 방지하기 위해 설치

18 **기중기에서 와이어로프의 마모가 심한 원인**
와이어로프의 급유 부족, 활차 베어링의 급유 부족, 활차 홈의 과도한 마모

19 **유압식 기중기에서 조작 레버를 중립으로 했을 때 붐이 하강하거나 수축하는 원인**
유압 실린더 내부 누출, 제어 밸브의 내부 누출, 배관호스의 파손으로 인한 오일 누출

20 **기중기의 물건 운반 시 주의사항**
- 규정 무게를 초과하여 적재하지 않음
- 운반물이 추락하지 않도록 함
- 운반물이 흔들리지 않도록 함
- 선회 작업 시 사람이 다치지 않도록 함

21 **로더의 상차방법** : 직진 후진법, V형 덤프법, 90° 회전법

22 **로더의 토사깎기 작업방법**
- 항상 로더와 평행되도록 함
- 로더의 무게가 버킷과 함께 작용하도록 함
- 깎이는 깊이 조정은 붐을 약간 상승시키거나 버킷을 복귀시켜서 함

23 **로더의 동력전달순서**
엔진 → 토크컨버터 → 유압변속기 → 종감속장치 → 구동륜

24 **로더의 지면 고르기 작업방법**
작업 전에 파진 부분을 메우고, 고르기를 한번 마친 후 장비를 45° 회전하여 반복함

25 **로더의 차동제한장치**
습지, 사지 등을 주행할 때 타이어가 미끄러지는 것을 방지하기 위한 장치

26 **불도저로 낮은 지반에서 흙을 쌓아 올리거나 제방을 쌓아 올리는 작업**
성토 작업

27 **조향 클러치 레버** : 불도저의 방향을 전환하고자 할 때 가장 먼저 조작

28 **배토판 상승이 늦는 원인**
릴리프 밸브 조정의 불량, 유압작동 실린더의 내부 누출, 펌프 불량, 트랙 장력이 팽팽할 때

29 **불도저 이동 시 블레이드와 지면의 높이**
지면으로부터 약 40~60cm 정도 들고 이동

30 **불도저를 정지하는 방법**
엔진 속도를 저속 공회전으로 함, 변속기 선택 레버를 중립으로 함, 브레이크를 밟음

31 **유압유의 구비조건**
- 점도변화가 적을 것
- 내열성이 클 것
- 화학적 안정성이 클 것
- 적정한 유동성과 점성을 갖고 있을 것
- 압축성이 낮을 것
- 밀도가 작을 것
- 발화점이 높을 것

32 **유압유의 점도**

점도가 높을 때	점도가 낮을 때
• 동력 손실의 증가	• 펌프 효율 저하
• 관내의 마찰 손실 증가	• 오일 누설
• 열발생의 원인이 될 수 있음	• 유압회로 내 압력 저하
	• 유압실린더의 속도가 늦어짐

 건설기계 운전기능사

Keyword

33 캐비테이션 현상
유압이 진공에 가까워지고, 기포가 생기며 국부적인 고압이나 소음이 발생하는 현상

34 유압유의 온도가 상승할 때 나타나는 결과
- 기계적 마모가 발생할 수 있음
- 유압유의 산화작용을 촉진
- 작동 불량 현상 발생
- 펌프 효율 저하
- 밸브류 기능 저하
- 온도변화에 의한 유압기기가 열변형되기 쉬움

35 유압오일 내에 기포(거품)가 형성되는 이유 : 오일에 공기 혼합

36 유압펌프의 소음 발생원인
- 오일의 양이 적을 때
- 오일의 점도가 너무 높을 때
- 오일 속에 공기가 들어 있을 때
- 펌프의 회전이 너무 빠를 때

37 겨울철에 연료를 가득 채우는 이유
연료탱크 빈 공간의 수분이 응축되어 물이 생기는 것을 방지하기 위하여

38 축압기(어큐뮬레이터)의 사용 목적
압력 보상, 유체의 맥동 감쇠, 보조 동력원으로 사용

39 유압회로에서 유량제어를 통하여 작업속도를 조절하는 방식
미터 인 방식, 미터 아웃 방식, 블리드 오프 방식

40 유압탱크의 구비조건
- 드레인(배출밸브) 및 유면계 설치
- 적당한 크기의 주유구 및 스트레이너를 설치
- 오일에 이물질이 혼입되지 않도록 밀폐되어야 함

41 건설기계를 등록할 때 필요한 서류
- 건설기계제작증(국내에서 제작한 건설기계)
- 수입면장 등 수입사실을 증명하는 서류(수입한 건설기계)
- 매수증서(행정기관으로부터 매수한 건설기계)
- 건설기계의 소유자임을 증명하는 서류
- 건설기계제원표
- 보험 또는 공제의 가입을 증명하는 서류

42 등록이전 신고를 하는 경우
건설기계 등록지(등록한 주소지)가 다른 시·도로 변경되었을 경우

43 특별표지판을 부착해야하는 건설기계
- 길이가 16.7m를 초과하는 건설기계
- 너비가 2.5m를 초과하는 건설기계
- 높이가 4.0m를 초과하는 건설기계
- 최소 회전반경 12m를 초과하는 건설기계

44 건설기계관리법상 1년 이하 징역 또는 1천만 원 이하 벌금
- 정비명령을 이행하지 아니한 자
- 건설기계조종사면허를 받지 아니하고 건설기계를 조종한 자
- 건설기계조종사면허가 취소된 상태로 건설기계를 계속하여 조종한 자

45 건설기계의 출장검사가 허용되는 경우
- 도서지역에 있는 경우
- 자체중량이 40톤을 초과하거나 축하중이 10톤을 초과하는 경우
- 너비가 2.5m를 초과하는 경우
- 최고속도가 시간당 35km 미만인 경우

46 건설기계검사의 종류 : 신규등록검사, 정기검사, 구조변경검사, 수시검사

47 자동차 등의 속도

최고속도의 20/100 감속	최고속도의 50/100 감속
• 비가 내려 노면이 젖어 있는 경우 • 눈이 20mm 미만 쌓인 경우	• 폭우·폭설·안개 등으로 가시거리가 100m 이내인 경우 • 노면이 얼어붙은 경우 • 눈이 20mm 이상 쌓인 경우

48 정차 및 주차 금지장소
- 횡단보도, 교차로, 건널목
- 교차로의 가장자리나 도로의 모퉁이로부터 5m 이내인 곳
- 건널목의 가장자리 또는 횡단보도로부터 10m 이내인 곳

49 신호기의 신호와 경찰공무원의 수신호가 다른 경우 통행방법
경찰공무원의 수신호를 우선적으로 따름

50 술에 취한 상태의 기준 : 혈중 알코올 농도 0.03% 이상일 때

51 안전·보건표지의 색채 및 용도
빨간색(금지, 경고), 노란색(경고), 파란색(지시), 녹색(안내)

52 산업재해 발생원인 중 직접 원인 : 불안전한 행동

53 산업재해를 예방하기 위한 재해예방 4원칙
손실 우연의 법칙, 예방 가능의 원칙, 원인 계기의 원칙, 대책 선정의 원칙

54 해머 작업 시 주의사항
- 장갑이나 기름 묻은 손으로 자루를 잡지 않을 것
- 타격면이 닳아 경사진 것은 사용하지 않을 것
- 자루 부분을 확인하고 사용할 것
- 열처리 된 재료는 때리지 않도록 주의할 것

55 렌치 작업 시 주의사항
- 렌치를 해머로 두드리면 안 됨
- 너트에 맞는 것을 사용함
- 너트에 렌치를 깊이 물려야 함
- 적당한 힘으로 볼트와 너트를 최고 풀어야 함

56 복스렌치가 오픈렌치보다 많이 사용되는 이유
볼트, 너트 주위를 완전히 감싸게 되어 있어서 사용 중에 미끄러지지 않기 때문

57 먼지가 많이 발생하는 건설기계 작업장에서 사용하는 마스크 : 방진 마스크

58 장갑을 끼고 작업할 때 위험한 작업
드릴 작업, 해머 작업, 연삭 작업, 정밀기계 작업

59 전선로 주변에서 굴착작업 시 주의사항
- 지붐이 전선에 근접되지 않도록 함
- 디퍼(버킷)를 고압선으로부터 안전이격거리 이상 떨어져서 작업해야 함
- 작업감시자를 배치하여 전력선 인근에서는 작업감시자의 지시를 따를 것

60 건설기계가 고압전선에 근접 또는 접촉으로 가장 많이 발생할 수 있는 사고유형
감전

61 화재의 분류
- A급 화재 : 일반 가연물의 화재
- B급 화재 : 유류화재
- C급 화재 : 전기화재
- D급 화재 : 금속화재

62 교통사고 발생 시 운전자 조치사항 순서
탈출 → 인명구조 → 후방방호 → 연락 → 대기

01
핵심요약정리

PART 01 건설기계 기관·전기·전후진 주행
       장치, 건설기계 작업장치
PART 02 유압일반
PART 03 건설기계관리법규 및 도로통행방법
PART 04 안전관리

※ 건설기계 기관·전기·섀시장치, 건설기계 작업장치는 문제의 연관성으로 쉽게 이해할 수 있도록 합쳐서 요약 정리하였습니다.
  법령의 경우, 최근 개정된 사항은 개정 전후 내용을 알아두어야 합니다.

PART 01 건설기계 기관·전기·전후진 주행장치 / 건설기계 작업장치

제1장 기관의 구조, 기능 및 점검

1. 기관(엔진) 일반

(1) 열기관 : 열에너지를 기계적인 에너지로 변환시키는 장치

(2) 열기관의 분류
① 외연기관 : 기관 외부에 설치된 연소장치에서 연료를 연소시켜 얻은 열에너지를 실린더 내부로 도입하여 피스톤에 압력을 가해 기계적인 에너지를 얻는 방식
② 내연기관 : 연료를 실린더 내에서 연소·폭발시켜 피스톤에 압력을 가함으로써 기계적인 에너지를 얻는 방식

(3) 내연기관의 분류

사용 연료에 따른 분류	가솔린 기관	• 휘발유를 연료로 하는 기관 • 공기와 연료의 혼합기를 흡입, 압축하여 전기적인 불꽃으로 점화 • 소음이 적고 고속·경쾌하여 자동차 및 건설기계 일부에서 사용
	디젤 기관	• 경유를 연료로 하는 기관 • 공기만을 흡입, 압축한 후 연료를 분사시켜 압축열에 의해서 착화 • 열효율이 높고 출력이 커서 건설기계, 대형차량, 선박, 농기계의 기관으로 많이 사용
	LPG 기관	• LPG를 연료로 사용하는 기관 • 가솔린기관의 고압용기에 들어 있는 LPG를 감압 기화장치를 통해 기화기로부터 기관에 흡입시켜 점화 • 연료비가 저렴하고 연소실이나 윤활유의 더러움이 적고 엔진 수명이 길며 배기가스 속의 유해가스도 적어 자동차나 일부 대형차량에서 사용 증가
작동방식에 ★ 따른 분류		• 2행정 사이클기관 : 일부 소형엔진(이륜차), 저속운전 불가능 • 4행정 사이클기관 : 승용차, 화물차, 저속운전 가능
점화방식에 따른 분류		• 전기점화기관 : 가솔린·LPG·로터리기관 점화방식 • 자기착화기관(압축착화기관) : 디젤기관 점화방식
연소방식에 따른 분류		• 정적사이클(오토사이클) : 가솔린기관 기본 사이클 • 정압사이클(디젤사이클) : 저속·중속 디젤기관 기본 사이클 • 복합사이클(사바테사이클) : 고속 디젤기관 기본 사이클
실린더 배열에 따른 분류		직렬형, 수평대향형, V형, 방사선형
밸브 배치에 따른 분류		SV형, OHV형, OHC형

2. 기관 본체

(1) 실린더와 크랭크 케이스
① 실린더블록 : 기관의 기초 구조물로, 위쪽에는 실린더헤드가, 아래 중앙부에는 평면 베어링을 사이에 두고 크랭크축이 설치
② 실린더(기통) : 피스톤이 기밀을 유지하면서 왕복운동을 하여 열에너지를 기계적 에너지로 바꿔 동력 발생

실린더 라이너	• 건식 : 라이너가 냉각수와 직접 접촉하지 않고 실린더블록을 거쳐 냉각 • 습식 : 라이너의 바깥 둘레가 냉각수와 직접 접촉
실린더 ★ 마멸 원인	• 가속 및 공회전 • 윤활유 사용의 부적절 • 피스톤링과 링홈 및 실린더와 피스톤 사이의 간극 불량 • 피스톤링 절개 부분의 간극이 매우 좁은 경우 • 피스톤핀의 끼워 맞춤이 너무 단단하거나 커넥팅 로드가 휜 경우 • 공기청정기 엘리먼트가 불량하거나 습식의 경우 오일의 양이 부족할 때

③ 크랭크 케이스
  ㉠ 크랭크축을 지지하는 기관의 일부로 윤활유의 저장소 역할과 윤활유 펌프와 필터를 지지함
  ㉡ 상부는 실린더블록의 일부로 주조되고, 하부는 오일팬으로 실린더블록에 고착됨

자주나와요 암기

1. 4행정 디젤기관에서 동력행정을 뜻하는 것은? **폭발행정**
2. 4행정 사이클기관의 행정순서는? **흡입 → 압축 → 동력 → 배기**
3. 4행정 사이클기관에서 엔진이 4000rpm일 때 분사펌프의 회전수는? **2000rpm**
4. 실린더 마모(마멸) 원인은?
   연소 생성물(카본)에 의한 마모, 흡입 공기 중의 먼지·이물질 등에 의한 마모, 실린더 벽과 피스톤 및 피스톤링의 접촉에 의한 마모
5. 기관에서 실린더 마모가 가장 큰 부분은? **실린더 윗부분**
6. 피스톤과 실린더 사이의 간극이 너무 클 때 일어나는 현상은? **엔진오일의 소비증가**

신유형
1. 4행정기관에서 1사이클을 완료했을 때 크랭크축은 몇 회전? **2회전**
2. 디젤기관의 연료 점화(착화) 방식은? **압축 착화 방식**

(2) 실린더헤드

구 성	• 개스킷을 사이에 두고 실린더블록에 볼트로 설치되며 피스톤, 실린더와 함께 연소실 형성 • 헤드 아래쪽에는 연소실과 밸브 시트가 있고, 위쪽에는 예열 플러그 및 분사노즐 설치 구멍과 밸브개폐기구의 설치 부분이 있음
실린더헤드 개스킷의 역할	실린더헤드와 블록의 접합면 사이에 끼워져 양면을 밀착시켜서 압축가스, 냉각수 및 기관오일의 누출을 방지하기 위해 사용하는 석면계열의 물질
연소실의 구비조건	• 연소실 체적이 최소가 되게 하고 가열되기 쉬운 돌출부가 없을 것 • 밸브면적을 크게 하여 흡·배기작용을 원활히 할 것 • 압축행정 끝에 와류가 일어날 것 • 화염 전파에 요하는 시간을 최소화 할 것

(3) 피스톤

① 구비조건 및 구조

구비조건 ★	• 가스 및 오일 누출 없을 것 • 폭발압력을 유효하게 이용할 것 • 마찰로 인한 기계적 손실 방지 • 기계적 강도 클 것 • 열전도율 좋고 열팽창률 적을 것 • 고온·고압가스에 잘 견딜 것	
구조	피스톤 헤드	연소실의 일부로, 안쪽에 리브를 설치하여 피스톤 헤드의 열을 피스톤링이나 스커트부에 신속히 전달, 피스톤 보강
	링 홈	피스톤링을 끼우기 위한 홈(압축링, 오일링 설치)
	랜 드	피스톤링을 끼우기 위한 링홈과 홈 사이
	스커트부	피스톤의 아래쪽 끝부분으로 피스톤이 상하 왕복운동할 때 측압을 받는 부분
	보 스	피스톤핀에 의해 피스톤과 커넥팅 로드의 소단부를 연결하는 부분
	히트 댐	피스톤 헤드와 제1링홈 사이에 가느다란 홈을 만들어 피스톤 헤드부의 열을 스커트부에 전달되지 않도록 함

② 피스톤 간극 ★

피스톤 간극이 작을 경우	• 오일 간극의 저하로 유막이 파괴되어 마찰·마멸 증대 • 마찰열에 의해 피스톤과 실린더가 눌어붙는 현상 발생
피스톤 간극이 클 경우	• 압축압력 저하 • 블로바이(실린더와 피스톤 사이에서 미연소가스가 크랭크 케이스로 누출되는 현상) 및 피스톤 슬랩 발생 • 연소실 기관오일 상승 • 기관 기동성 저하 • 기관 출력 감소 • 엔진오일의 소비 증가

> **⚠ 참고**
>
> **피스톤 고착의 원인**
> • 냉각수의 양이 부족할 때　　　• 기관오일이 부족할 때
> • 기관이 과열되었을 때　　　　• 피스톤의 간극이 적을 때

(4) 피스톤링과 피스톤핀

① 피스톤링 ★

3대 작용	기밀 유지작용(밀봉작용), 열전도작용(냉각작용), 오일 제어작용	
구비조건	• 열팽창률 적고 고온에서 탄성 유지할 것 • 실린더 벽에 동일한 압력을 가하고, 실린더 벽보다 약한 재질일 것 • 오래 사용하여도 링 자체나 실린더의 마멸이 적을 것	
종류	압축링	블로바이 방지 및 폭발행정에서 연소가스 누출 방지
	오일링	압축링 밑의 링홈에 1~2개가 끼워져 실린더 벽을 윤활하고 남은 과잉의 기관오일을 긁어내려 실린더 벽의 유막 조절
피스톤링 이음부 간극 클 때	• 블로바이 발생 • 기관오일 소모 증가	
피스톤링 이음부 간극 작을 때	• 링 이음부가 접촉하여 눌어붙음 • 실린더 벽을 긁음	
피스톤링 마멸되었을 때	• 엔진 오일의 소모 증대, 엔진 오일 연소실 내 유입 • 압축 압력 저하	

② 피스톤핀

기 능	• 피스톤 보스에 끼워져 피스톤과 커넥팅 로드 소단부 연결 • 피스톤이 받은 폭발력을 커넥팅 로드에 전달
구비조건	강도 크고, 무게 가볍고, 내마멸성 우수할 것

(5) 크랭크축

기 능	피스톤의 직선운동을 회전운동으로 바꿔 기관의 출력을 외부로 전달하고 동시에 흡입·압축·배기행정에서 피스톤에 운동을 전달
형 식	직렬 4기통기관, 직렬 6기통기관, 직렬 8기통기관, V-8기통기관
비틀림 진동 방지기	• 크랭크축 앞 끝에 크랭크축 풀리와 일체로 설치하여 진동 흡수 • 비틀림 진동은 회전력이 클수록, 속도가 빠를수록 큼

> **⚠ 참고**
>
> **6기통 기관이 4기통 기관보다 좋은 점**
> • 가속이 원활하고 신속함
> • 기관진동이 적음
> • 저속회전이 용이하고 출력이 높음

(6) 커넥팅 로드

기 능	피스톤의 왕복운동을 크랭크축에 전달
구 조	피스톤을 연결하는 소단부, 크랭크핀에 연결되는 대단부
커넥팅 로드 길이가 짧은 경우	• 기관의 높이가 낮아지고 무게를 줄일 수 있음 • 실린더 측압이 커져 기관 수명이 짧아지고 기관의 길이가 길어짐
커넥팅 로드 길이가 긴 경우	• 실린더 측압이 작아져 실린더 벽 마멸이 감소하여 수명이 길어짐 • 강도가 낮아지고 무게가 무거워지고 기관의 높이가 높아짐

(7) 플라이휠

기관의 맥동적인 회전을 플라이휠의 관성력을 이용하여 원활한 회전으로 바꿔 줌

(8) 베어링

지지방법	• 베어링 돌기 : 베어링을 캡 또는 하우징에 있는 홈과 맞물려 고정시키는 역할 • 베어링 스프레드 : 베어링을 장착하지 않은 상태에서 바깥 지름과 하우징의 지름의 차이, 조립 시 밀착을 좋게 하고 크러시의 압축에 의한 변형 방지 • 베어링 크러시 : 베어링을 하우징과 완전 밀착시켰을 때 베어링 바깥 둘레가 하우징 안쪽 둘레보다 약간 큰데, 이 차이를 크러시라 하며 볼트로 압착시키면 차이는 없어지고 밀착된 상태로 하우징에 고정
필수조건	• 마찰계수 작고 고온 강도 크고 길들임성 좋을 것 • 내피로성·내부식성·내마멸성 클 것 • 매입성, 추종 유동성, 하중 부담 능력 있을 것

(9) 밸브기구

① 기능 : 실린더에 흡·배기되는 공기와 연소가스를 알맞은 시기에 개폐

② 밸브기구의 형식 : 오버헤드 밸브기구(캠축, 밸브 리프터, 푸시로드, 로커암 축 어셈블리 및 밸브 등으로 구성), 오버헤드 캠축 밸브기구(캠축을 실린더헤드 위에 설치하고 캠이 직접 로커암을 움직여 밸브를 열게 하는 형식)

③ 캠과 캠축

캠	• 밸브 리프터를 밀어주는 역할을 하며, 캠의 수는 밸브의 수와 같음 • 종류 : 접선 캠, 원호 캠, 등가속 캠 등
캠 축	• 엔진의 밸브 수와 동일한 캠이 배열됨 • 구동 방식 : 기어 구동식, 체인 구동식, 벨트 구동식

④ 밸브

기능	• 연소실에 설치된 흡·배기 구멍을 각각 개폐하고 공기를 흡입하며 연소가스 내보냄 • 압축과 폭발행정에서는 밸브 시트에 밀착되어 연소실 내의 가스 누출 방지
구비 조건	• 밸브 헤드 부분의 열전도율이 클 것 • 고온에서의 충격과 부하에 견디고 고온가스에 부식되지 않을 것 • 가열이 반복되어도 물리적 성질이 변화하지 않을 것 • 관성을 작게 하기 위해 무게가 가볍고 내구성 클 것 • 흡·배기가스 통과에 대한 저항 적은 통로 만들 것
밸브 주요부 기능	• 밸브 헤드 : 고온·고압 가스에 노출되어 높은 열적 부하를 받는 부분 • 밸브 마진 : 기밀 유지를 위한 보조 충격에 대해 지탱력을 가지며 밸브의 재사용 여부 결정 • 밸브 면 : 밸브 시트에 접촉되어 기밀 유지 및 밸브 헤드의 열을 시트에 전달하고 밸브 헤드의 열을 75% 냉각 • 밸브 스템 : 그 일부가 밸브 가이드에 끼워져 밸브 운동을 보호하며 밸브 헤드의 열을 가이드를 통하여 25% 냉각 • 밸브 스템 엔드 : 밸브에 캠의 운동을 전달하는 로커암과 충격적으로 접촉하는 부분
밸브 시트	• 기능 : 밸브 면과 밀착되어 연소실의 기밀 유지작용과 밸브 헤드의 냉각작용 • 밸브 시트 폭 넓은 경우 : 밸브의 냉각효과는 크지만 압력이 분산되어 기밀 유지 불량 • 밸브 시트 폭 좁은 경우 : 밀착압력이 커 기밀 유지는 양호하나 냉각효과 감소
★ 밸브 간극	• 밸브 스템 엔드와 로커암 사이의 간극 • 밸브 간극 클 때 - 소음이 심하고 밸브 개폐기구에 충격 줌 - 정상작동 온도에서 밸브가 완전하게 열리지 못함 - 흡입밸브의 간극이 크면 흡입량 부족 초래 - 배기밸브의 간극 크면 배기 불충분으로 기관 과열 • 밸브 간극 작을 때 - 블로바이로 인해 기관 출력 감소 - 밸브 열림 기간 길어짐 - 흡입밸브의 간극이 작으면 역화 및 실화 발생 - 배기밸브의 간극이 작으면 후화 발생 용이
밸브 가이드	• 밸브의 상하운동 및 밸브 면과 시트의 밀착이 바르게 되도록 밸브 스템 안내 • 가이드 간극 클 때 : 오일의 연소실 유입, 시트와 밀착 불량 • 가이드 간극 작을 때 : 스틱 현상 발생
밸브 스프링	압축과 폭발행정에서는 밸브 면과 시트를 밀착시켜 기밀을 유지시키고 흡입과 배기행정에서는 캠의 형상에 따라서 밸브가 열리도록 작동
밸브 오버랩	피스톤이 TDC에 있을 때 흡입 및 배기밸브가 동시에 열려 있는 것

3 연료장치

(1) 디젤기관의 장단점★

① 장점
  ㉠ 가솔린기관에 비해 구조가 간단하여 열효율이 높고 연료 소비율 적음
  ㉡ 연료의 인화점이 높은 경유를 사용하여 취급·저장·화재의 위험성이 적음
  ㉢ 배기가스에 함유되어 있는 유해성분이 적고, 저속에서 큰 회전력 발생
  ㉣ 점화장치가 없어 고장률이 적음

② 단점
  ㉠ 평균 유효압력 및 회전속도가 낮음
  ㉡ 마력당 무게와 형체, 운전 중 진동과 소음 큼
  ㉢ 연소 압력이 커 기관 각부를 튼튼하게 해야 함
  ㉣ 압축비가 높아 큰 출력의 시동전동기 필요
  ㉤ 연료 분사장치가 매우 정밀하고 복잡하여 제작비 비쌈

> **참고**
> 디젤기관의 진동원인★
> • 연료의 분사압력, 분사량, 분사시기 등의 불균형이 심할 때
> • 다기관에서 한 실린더의 분사노즐이 막혔을 때
> • 피스톤 커넥팅 로드 어셈블리 중량 차이가 클 때
> • 크랭크축 무게가 불평형이거나 실린더 내경(안지름)의 차가 심할 때
> • 연료공급 계통에 공기 침입

(2) 디젤노크

정의	착화 지연 기간 중에 분사된 다량의 연료가 화염 전파 기간 중에 일시적으로 연소하여 실린더 내의 압력이 급격히 증가함으로써 피스톤이 실린더 벽을 타격하여 소음이 발생하는 현상
발생원인	• 연료의 분사압력이 낮을 때 • 연소실의 온도가 낮을 때 • 착화지연시간이 길 때 • 노즐의 분무상태가 불량할 때 • 기관이 과도하게 냉각되어 있을 때 • 세탄가가 낮은 연료 사용 시
★ 노크가 기관에 미치는 영향	• 기관 과열 및 출력의 저하 • 배기가스 온도의 저하 • 실린더 및 피스톤의 손상 또는 고착의 발생
노크의 방지책	• 기관의 온도와 회전속도 높임 • 압축비, 압축압력 및 압축온도 높임 • 분사시기 알맞게 조정 • 착화성이 좋은 경유 사용 • 연소실 벽의 온도를 높게 유지함 • 착화기간 중의 분사량을 적게 함

(3) 디젤기관의 시동 보조기구★

① 감압장치
  ㉠ 디젤기관에서 캠축의 회전과 관계없이 흡·배기밸브를 열어주어 압축압력을 감소시킴으로써 시동을 쉽게 할 수 있도록 함
  ㉡ 종류 : 홈형식, 조정 스크루식

② 예열장치
  ㉠ 디젤기관은 압축착화 방식이므로 한랭상태에서는 경유가 잘 착화하지 못해 시동이 어려우므로 예열장치는 흡입 다기관이나 연소실 내의 공기를 미리 가열하여 시동을 쉽도록 하는 장치
  ㉡ 종류 : 예열플러그 방식, 흡기가열 방식(흡기 히터와 히트 레인지)

> **참고**
> 디젤기관에서 시동이 되지 않는 원인
> • 연료계통에 공기가 들어 있을 때
> • 배터리 방전으로 교체가 필요한 상태일 때
> • 연료분사 펌프의 기능이 불량할 때
> • 연료가 부족할 때

> **신유형**
> 1. 가솔린 기관에 비교하여 디젤기관의 장점은? **열효율이 높다, 연료 소비율이 적다, 대형기관의 제작이 가능하다.**
> 2. 디젤기관의 연소실 내 온도를 상승시켜 시동을 쉽도록 하는 장치는? **예열장치**

(4) 디젤기관의 연소실 및 연료장치

① 연소실★

종류	직접분사실식, 예연소실식, 와류실식, 공기실식
구비조건	• 평균 유효압력이 높고 기관 시동이 쉬울 것 • 연료 소비율과 디젤기관 노크 발생이 적을 것 • 분사된 연료를 가능한 한 짧은 시간 내에 완전연소시킬 것 • 고속회전에서의 연소상태가 좋을 것

② 연료장치

연료의 공급 순서	연료탱크 → 연료 공급펌프 → 연료 필터 → 연료 분사펌프 → 분사노즐
연료탱크	건설기계의 주행 및 작업에 소요되는 경유를 저장하는 탱크
연료 파이프	연료장치의 각 부품을 연결하는 통로
연료 공급펌프	연료탱크 내의 연료를 일정한 압력(약 2~3kgf/cm²)을 가하여 분사펌프에 공급하는 장치로 분사펌프 옆에 설치되어 분사펌프 캠축에 의해 구동
연료 여과기	연료 속에 들어 있는 먼지와 수분을 제거·분리하며 경유는 분사펌프 플런저 배럴과 플런저 및 분사노즐의 윤활도 겸하므로 여과 성능이 높아야 함
연료 분사펌프	• 연료 공급펌프와 여과기로부터 공급받은 연료를 고압으로 압축하여 폭발 순서에 따라 각 실린더의 분사노즐로 압송 • 분사펌프 구조 : 펌프 하우징, 캠축, 태핏, 플런저 배럴, 플런저
분사량 조절기구	가속 페달이나 조속기의 움직임을 플런저로 전달하는 기구 (가속 페달 → 제어래크 → 제어피니언 → 제어슬리브 → 플런저 회전)
딜리버리밸브	• 플런저의 상승행정으로 배럴 내 압력이 규정값(약 10kgf/cm²)에 도달하면 이 밸브가 열려 연료를 분사 파이프로 압송 • 연료 역류 및 분사노즐 후적 방지
연료 분사시기 조정기(타이머)	기관의 부하 및 회전속도에 따라 연료 분사시기 조정
조속기 (거버너)	기관의 회전속도나 부하변동에 따라 자동적으로 래크를 움직여 분사량을 조절하는 것으로서 최고 회전속도를 제어하고 저속운전을 안정시킴
분배형 분사펌프	소형 고속 디젤기관의 발달과 함께 개발된 것으로 연료를 하나의 펌프 엘리먼트로 각 실린더에 공급하도록 한 형식
연료 분사 파이프	분사펌프의 각 펌프 출구와 분사노즐을 연결하는 고압 파이프
분사노즐★	분사펌프에서 보내온 고압의 연료를 미세한 안개 모양으로 연소실 내에 분사

 **암기**

1. 연소실 구조가 간단하며 에너지 효율이 높고 냉각 손실이 적은 분사방식은? **직접분사식**
2. 연료탱크의 연료를 분사펌프 저압부까지 공급하는 것은? **연료 공급펌프**
3. 다음은 어느 구성품을 형태에 따라 구분한 것인가? **연소실**

> 직접분사실식, 예연소실식, 와류실식, 공기실식

4. 디젤기관에서 공급하는 연료의 압력을 높이는 것으로 조속기와 분사시기를 조절하는 장치가 설치되어 있는 것은? **연료 분사펌프**

신유형

1. 커먼레일 디젤기관의 공기유량센서(AFS)로 많이 사용되는 방식은?
   열막 방식
2. 고압의 연료를 미세한 안개 모양으로 연소실 내에 분사하는 장치는?
   분사노즐
3. 딜리버리밸브의 역할은?
   연료의 역류방지, 연료라인의 잔압유지, 분사노즐의 후적방지

---

4 흡·배기장치

(1) 흡입(기)장치

역할		공기를 실린더 내로 이끌어 들이는 장치
구 성	공기 청정기	• 실린더에 흡입되는 공기를 여과하고 소음을 방지하며 역화 시에 불길 저지 • 실린더와 피스톤의 마멸 및 오일의 오염과 베어링의 소손 방지
	흡기 다기관	• 공기를 실린더 내로 안내하는 통로 • 헤드 측면에 설치
	터보차저 (과급기)	• 흡기관과 배기관 사이에 설치 • 실린더 내의 흡입 공기량 증가 • 기관출력의 증가 • 체적 효율의 증대 • 평균유효압력과 회전력 상승 • 기관이 고출력일 때 배기가스의 온도 낮춤 • 고지대에서 운전 시 기관의 출력 저하 방지

참고

건식 공기청정기
• 설치 또는 분해조립이 간단함
• 작은 입자의 먼지나 오물을 여과할 수 있음
• 기관 회전속도의 변동에도 안정된 공기청정 효율을 얻을 수 있음

습식 공기청정기
• 청정효율은 공기량이 증가할수록 높아짐
• 회전속도가 빠르면 효율이 좋아짐
• 흡입공기는 오일로 적셔진 여과망을 통과하여 여과
• 공기청정기 케이스 밑에는 일정량의 오일이 들어 있음

(2) 배기장치

역할		실린더 내에서 연소된 배기가스를 대기 중으로 배출하는 장치
구 성	배기 다기관	엔진의 각 실린더에서 배출되는 배기가스를 모으는 것
	배기 파이프	배기다기관에서 나오는 배기가스를 대기 중으로 내보내는 강관
	소음기	배기가스를 대기 중에 방출하기 전에 압력과 온도를 저하시켜 급격한 팽창과 폭음을 억제하기 위한 구조

 암기

1. 에어클리너가 막혔을 때 발생되는 현상은? **배기색은 검은색이며, 출력은 저하됨**
2. 과급기를 부착하는 주된 목적은? **출력의 증대**
3. 터보차저(과급기)에 사용하는 오일은? **기관오일**
4. 기관의 엔진오일 여과기가 막히는 것을 대비하여 설치하는 것은? **바이패스밸브**

---

5 윤활장치

(1) 윤활유

윤활의 기능		마멸 방지, 냉각작용, 방청작용, 세척작용, 밀봉작용, 응력 분산작용
윤 활 유	정의	윤활에 사용되는 오일(기관오일)
	구비조건	• 비중과 점도가 적당하고 청정력 클 것 • 인화점 및 자연발화점 높고 기포 발생 적을 것, 유성이 좋을 것 • 응고점이 낮고 열과 산에 대한 저항력 클 것

(2) 윤활장치의 구성

오일팬	기관오일이 담겨지는 용기, 냉각작용
오일 스트레이너	고운 스크린으로 되어 있으므로 펌프 내에 오일을 흡입할 때 입자가 큰 불순물을 제거하여 오일펌프에 유도하는 작용
유압조절밸브	• 윤활 회로 내를 순환하는 유압이 과도하게 상승하는 것을 방지하여 유압이 일정하게 유지되도록 하는 작용 • 유압이 규정값 이상일 경우에는 유압조절밸브가 열리고 규정값 이하로 내려가면 다시 닫힘 • 스프링의 장력을 받고 있는 유압조절밸브의 유압이 스프링의 장력보다 커지면 유압조절밸브가 열려 과잉압력을 오일팬으로 되돌아가게 함
오일펌프	• 오일을 스트레이너를 거쳐 흡입한 후 가압하여 각 윤활 부분으로 압송하는 기구 • 종류 : 기어펌프, 로터리펌프, 플런저펌프, 베인펌프
오일여과기★	• 오일 속의 수분, 연소 생성물, 금속 분말, 오일 슬러지 등의 미세한 불순물 제거 • 여과기에 들어온 오일이 엘리먼트(여과지, 면사 등을 사용)를 거쳐 가운데로 들어간 후 출구로 나가면 엘리먼트를 거칠 때 오일에 함유된 불순물을 여과하고 제거된 불순물은 케이스 밑바닥에 침전 • 오일의 색깔 : 검정(심하게 오염), 붉은색(가솔린 혼입), 우유색(냉각수 혼입), 회색(금속분말 혼입) • 오일 오염의 원인 : 오일 질 및 오일여과기 불량, 피스톤링 장력 약함, 크랭크 케이스 환기장치 막힘
유면 표시기	• 오일팬 내의 오일량을 점검할 때 사용하는 금속막대 • 오일량은 항상 F선 가까이 있어야 하며 F선보다 높으면 많은 양의 오일이 실린더 벽에 뿌려져 오일이 연소하고 L선보다 훨씬 낮으면 오일 공급량 부족으로 윤활이 불완전
유압계	윤활장치 내를 순환하는 오일 압력을 운전자에게 알려주는 계기
유압경고등	기관이 작동되는 도중 유압이 규정값 이하로 떨어지면 경고등 점등
오일냉각기	주로 라디에이터 아래쪽에 설치되며 기관오일이 냉각기를 거쳐 흐를 때 기관 냉각수로 냉각되거나 가열되어 윤활 부분으로 공급

참고

유압 상승 및 하강 원인

유압 상승	• 윤활유의 점도가 높음 • 윤활 회로의 일부 막힘(오일여과기가 막히면 유압 상승) • 기관온도가 낮아 오일 점도 높음 • 유압조절밸브 스프링의 장력 과다
유압 하강	• 기관오일의 점도가 낮고 윤활유의 양이 부족 • 기관 각부의 과다 마모 • 오일펌프의 마멸 또는 윤활 회로에서 오일 누출 • 유압조절밸브 스프링 장력이 약하거나 파손 • 윤활유의 압력 릴리프밸브가 열린 채 고착

자주나와요 꼭 암기

1. 엔진오일이 많이 소비되는 원인은?
   피스톤링의 마모가 심할 때, 실린더의 마모가 심할 때, 밸브 가이드의 마모가 심할 때
2. 오일여과기에 대한 설명은? **여과기가 막히면 유압이 높아진다. 작업조건이 나쁘면 교환 시기를 빨리 한다. 여과능력이 불량하면 부품의 마모가 빠르다.**

신유형
1. 기관에 사용되는 윤활유 사용 방법으로 옳은 것은?
   여름용은 겨울용보다 SAE 번호가 크다.
2. 계기판을 통하여 엔진오일의 순환 상태를 알 수 있는 것은? **오일 압력계**
3. 윤활유에 첨가하는 첨가제의 사용 목적은?
   거품 방지제(소포제), 유동점 강하제, 산화 방지제, 점도지수 향상제 등
4. 여과기 종류 중 원심력을 이용하여 이물질을 분리시키는 형식은?
   원심식 여과기
5. 에어컴프레서 내의 순환 오일은? **엔진오일**

6 냉각장치

(1) 냉각장치의 역할 및 구분

역할	작동 중인 기관이 폭발행정을 할 때 발생되는 열(1,500~2,000℃)을 냉각시켜 일정 온도(75~80℃)가 되도록 함
기관 과열 시 발생 현상	• 작동 부분의 고착 및 변형 발생 • 조기점화 또는 노크 발생 • 냉각수 순환 불량 및 금속 산화 촉진 • 윤활이 불충분하여 각 부품 손상
구분	공랭식	• 기관을 대기와 직접 접촉시켜서 냉각시키는 방식 • 장점 : 냉각수 보충·동결·누수 염려 없음, 구조가 간단하여 취급 용이 • 단점 : 기후·운전상태 등에 따라 기관의 온도가 변화하기 쉬움, 냉각이 불균일하여 과열되기 쉬움
	수랭식	실린더블록과 실린더헤드에 냉각수 통로를 설치하여 이곳에 냉각수를 순환시켜 기관을 냉각시키는 방식

참고

기관 과열의 원인
• 라디에이터의 코어 막힘
• 냉각장치 내부에 물때가 끼었을 때
• 냉각수의 부족
• 물펌프의 밸트가 느슨해졌을 때
• 정온기가 닫힌 상태로 고장이 났을 때
• 냉각팬의 벨트가 느슨해졌을 때(유격이 클 때)
• 무리한 부하운전을 할 때

(2) 냉각장치의 구성

물재킷 (물 통로)	• 실린더블록과 실린더헤드에 설치된 냉각수가 순환하는 물 통로 • 실린더 벽, 밸브 시트, 밸브 가이드 및 연소실 등과 접촉되어 혼합기가 연소 시에 발생된 고온을 흡수하여 냉각
워터펌프	• 구동벨트에 의해 구동되어 물재킷 내로 냉각수를 순환시키는 펌프 • 기관 회전수의 1.2~1.6배로 회전하며 펌프의 효율은 냉각수 온도에 반비례하고 압력에 비례
구동벨트	• 장력이 팽팽할 때 : 각 풀리의 베어링 마멸 촉진, 워터펌프의 고속회전으로 기관 과냉 • 장력이 헐거울 때 : 발전기 출력 저하, 워터펌프 회전속도가 느려 기관 과열 용이, 소음 발생, 구동벨트 손상 촉진
냉각팬	• 워터펌프 축과 일체로 회전하며 라디에이터를 통해 공기를 흡입함으로써 라디에이터 통풍을 도움 • 팬 클러치 : 냉각팬의 회전을 자동적으로 조절하여 냉각팬의 구동으로 소비되는 기관의 출력을 최대한으로 줄이고 기관의 과냉이나 냉각팬의 소음을 감소시킴
냉각수	• 기관에서 사용하는 냉각수 : 빗물, 수돗물, 증류수 등의 연수 • 열을 잘 흡수하지만 100℃에서 비등하고 0℃에서 얼며 스케일이 생김 • 냉각수가 빙결되어 체적이 늘어나면 기관이 동파되는 원인
부동액	• 냉각수가 동결되는 것을 방지하기 위해 냉각수와 혼합하여 사용하는 액체 <예> 메탄올, 글리세린, 에틸렌글리콜 • 구비조건 : 침전물 없고 물과 쉽게 혼합될 것, 부식성이 없을 것, 팽창계수 작을 것, 순환 잘되고 휘발성 없을 것, 비등점이 물보다 높고 빙점은 물보다 낮을 것
수온조절기	• 실린더헤드 물재킷 출구 부분에 설치되어 냉각수 온도에 따라 냉각수 통로를 개폐하여 기관의 온도를 알맞게 유지하는 기구 • 냉각수의 온도가 차가울 때는 수온조절기가 닫혀서 라디에이터 쪽으로 냉각수가 흐르지 못하게 하고 냉각수가 가열되면 점차 열리기 시작하며 정상온도가 되면 완전히 열려서 냉각수가 라디에이터로 순환 • 종류 : 바이메탈형, 벨로즈형, 펠릿형

라디에이터
(방열기)
	• 실린더블록과 실린더헤드의 냉각수 통로에서 열을 흡수한 냉각수를 냉각하고 기관에서 뜨거워진 냉각수를 방열판에 통과시켜 공기와 접촉하게 함으로써 냉각시킴
	• 라디에이터 구비조건 : 공기 흐름 저항과 냉각수 흐름 저항이 적을 것, 단위면적당 방열량과 강도가 클 것, 작고 가벼울 것
	• 라디에이터 캡
	  – 냉각수 주입구 뚜껑으로 냉각장치 내의 비등점을 높이고 냉각 범위를 넓히기 위하여 압력식 캡 사용
	  – 압력이 낮을 때 압력밸브와 진공밸브는 스프링의 장력으로 각각 시트에 밀착되어 냉각장치 기밀 유지
	  – 스프링 파손 시 냉각수의 비등점이 낮아짐

자주나와요 꼭 암기

1. 방열기의 캡을 열어 보았더니 냉각수에 기름이 떠 있을 때, 그 원인은?
   헤드가스켓 파손
2. 기관에 온도를 일정하게 유지하기 위해 설치된 물 통로에 해당되는 것은?
   워터재킷(물재킷)
3. 냉각장치에서 냉각수의 비등점을 올리기 위한 것은? **압력식 캡**
4. 기관에서 워터펌프의 역할은? **기관의 냉각수를 순환시킨다.**
5. 압력식 라디에이터 캡에 대한 설명은?
   냉각장치 내부압력이 부압이 되면 진공밸브는 열린다.
6. 냉각팬의 벨트 유격이 너무 클 때 일어나는 현상은?
   기관 과열의 원인이 된다.
7. 기관에서 팬벨트 장력 점검 방법은?
   정지된 상태에서 벨트의 중심을 엄지손가락으로 눌러서 점검

신유형

1. 엔진의 냉각장치에서 수온조절기의 열림 온도가 낮을 때 발생하는 현상은?
   엔진의 워밍업 시간이 길어진다.
2. 가압식 라디에이터의 장점은?
   냉각수에 압력을 가하여 비등점을 높일 수 있음, 방열기를 작게 할 수 있음, 냉각장치의 효율을 높일 수 있음
3. 냉각수가 순환하는 물 통로는? **물재킷**

제2장 건설기계 전기장치

1 전기 일반

(1) 전류, 전압 및 저항

전 류	• 전자가 (−)쪽에서 (+)쪽으로 이동하는 것 • 측정단위 : 암페어(Ampere ; A)
전 압	• 전기적인 높이를 전위, 그 차이를 전위차 또는 전압 • 측정단위 : 볼트(voltage ; V)
저 항	• 물질 속을 전류가 흐르기 쉬운가, 어려운가를 표시하는 것 • 측정단위 : 옴(Ohm ; Ω)

(2) 전력과 전력량

구 분	정 의
전 력	• 전기가 단위시간 동안에 한 일의 양으로 전등, 전동기 등에 전압을 가하여 전류를 흐르게 하면 열이 나고 기계적 에너지를 발생시켜 여러 가지 일을 할 수 있도록 함 • 단위 : 와트(W)
전력량	• 전류가 어떤 시간 동안에 한 일의 총량으로 전력에 전력을 사용한 시간을 곱한 것으로 나타냄 • 단위 : Ws, kWh

(3) 직류(DC)와 교류(AC) ★

직류 전기	• 시간의 변화에 따라 전류 및 전압이 일정 값을 유지하며 전류가 한 방향으로만 흐르는 전기 • 건설기계의 축전지 충전기는 입력을 교류로 사용하지만 정류용 다이오드를 이용하여 직류전기로 바꿔 충전
교류 전기	• 시간의 흐름에 따라 전류 및 전압이 변화되고 전류가 정방향과 역방향으로 반복되어 흐르는 전기 • 건설기계에서는 직류전기를 사용하므로 발전기에 정류용 실리콘 다이오드를 설치하여 교류전기를 직류전기로 변화시켜 사용

(4) 전기와 자기

① 전류가 만드는 자장

솔레노이드	전선을 원형으로 굽혀서 만든 코일에 전류가 흐르면 코일 내부에는 자장이 생김 → 코일을 서로 밀접하게 통형으로 감음 → 전류가 흐르면 자장이 축에 코일의 감긴 수만큼 겹쳐서 발생 → 코일 내부의 자장은 코일의 감긴 수에 비례 → 막대자석과 같은 작용을 함
오른나사의 법칙	• 오른쪽 나사가 진행하는 방향으로 전류가 흐르면 → 오른쪽 나사가 회전하는 방향으로 자력선이 생김 • 나사가 회전하는 방향으로 전류가 흐르면 → 진행하는 방향으로 자력선이 생김
오른손 엄지손가락의 법칙	• 오른손의 엄지손가락을 다른 네 손가락과 직각이 되게 펴고 네 손가락 끝을 전류가 흐르는 방향과 일치시켜 잡으면 엄지손가락의 방향이 솔레노이드 내부에 생기는 자력선의 방향(N극)이 됨 • 코일 및 전자석의 자장의 방향을 알아내는 데 이용

② 자장과 전류 사이에 작용하는 힘

전자력	자계 속에 도체를 직각으로 놓고 전류를 흐르게 할 때 자계와 전류 사이에서 발생되는 힘(시동전동기, 전류계 및 전압계)
플레밍의 왼손 법칙	자계 속의 도체에 전류를 흐르게 하였을 때 도체에 작용하는 힘의 방향을 가리키는 법칙

③ 전자유도작용 : 자계 속에 도체를 자력선과 직각으로 넣고 도체를 자력선과 교차시키면 도체에 유도전기력이 발생하는 현상

2 축전지

(1) 축전지

정 의	양극판, 음극판 및 전해액이 가지는 화학적 에너지를 전기적 에너지로 꺼낼 수 있고 전기적 에너지를 주면 화학적 에너지로 저장할 수 있는 장치(용량단위 : Ah)
기 능	• 가동 전동기의 작동 • 시동 시의 전원으로 사용 • 주행 중 필요한 전류 공급 • 발전기의 여유 출력 저장 • 발전기의 출력 부족 시 전류 공급
구비조건	• 다루기 쉽고 심한 진동에 잘 견딜 것 • 소형·경량, 저렴하고 수명이 길 것

신유형

1. 12V 축전지에 3Ω, 4Ω, 5Ω 저항을 직렬로 연결하였을 때 회로 내에 흐르는 전류는? **1A**
2. 납산 축전지 터미널에 녹이 발생했을 때의 조치방법은?
   녹을 닦은 후 고정하고 소량의 그리스를 상부에 도포한다.

(2) 납산 축전지 ★

정의	전해액으로 묽은 황산을, (+)극판에는 과산화납을, (-)극판에는 순납을 사용하는 축전지
특성	• 기전력 : 전해액 온도 및 비중 저하, 방전량이 많은 경우 조금씩 낮아짐 • 방전종지전압 : 축전지를 방전종지전압 이하로 방전하면 극판이 손상되어 축전지 기능 상실 • 자기방전 : 충전된 축전지를 사용하지 않아도 자연적으로 방전되어 용량 감소 • 축전지 연결에 따른 용량과 전압의 변화 　- 직렬연결 : 같은 전압, 같은 용량의 축전지 2개 이상을 (+)단자 기둥과 다른 축전지의 (-)단자 기둥에 서로 연결하는 방식, 전압은 연결한 개수만큼 증가되지만 용량은 1개일 때와 같음 　- 병렬연결 : 같은 전압, 같은 용량의 축전지 2개 이상을 (+)단자 기둥을 다른 축전지의 (+)단자 기둥에, (-)단자 기둥은 (-)단자 기둥에 접속하는 방식, 용량은 연결한 개수만큼 증가하지만 전압은 1개일 때와 같음
전해액의 비중	• 표준 비중 : 20℃에서 완전 충전됐을 때(1.280) • 완전 방전됐을 때 비중 : 1.050 정도 • 온도가 상승하면 비중이 작아지고 온도가 낮아지면 비중이 커짐 • 온도가 1℃ 변화함에 따라 비중은 0.0007씩 변화 • 전해액 비중과 충전상태 : 축전지를 방전상태로 오랫동안 방치해 두면 극판이 영구 황산납이 되거나 여러 가지 고장을 유발하여 축전지 기능 상실 → 비중이 1.200 (20℃) 정도 되면 보충충전을 실시
보충충전	• 자기방전에 의하거나 사용 중에 소비된 용량을 보충하기 위해 실시하는 충전으로, 보통 전해액 비중을 20℃로 환산해서 비중이 1.200 이하로 됐을 때 실시 • 보충충전이 요구되는 경우 : 주행거리가 짧아 충분히 충전되지 않았을 때, 주행충전만으로 충전량이 부족할 때, 사용하지 않고 보관 중인 축전지는 15일에 1번씩 보충충전
충전 시 주의 사항	• 축전지는 방전상태로 두지 말고 즉시 통풍이 잘되는 곳에서 충전 • 충전 중 전해액의 온도를 45℃ 이상으로 상승시키지 않을 것 • 과다충전하지 말고(산화방지) 충전 중인 축전지 근처에서 불꽃을 일으키지 말 것 • 축전지 2개 이상 충전 시 반드시 직렬접속 • 축전지와 충전기를 서로 역접속하지 말고 각 셀의 벤트 플러그를 열어 놓을 것
탈거와 설치	• 접지단자(-)를 먼저 탈거하고, 설치할 때에는 접지단자(-)를 나중에 연결

자주나와요 꼭 암기

1. 겨울철 축전지 전해액의 비중이 낮아지면 전해액이 얼기 시작하는 온도는? 높아진다.
2. 납산 축전지의 용량은 어떻게 결정되는가? 극판의 크기, 극판의 수, 황산의 양에 의해 결정된다.
3. 납산축전지 충전 시 주의사항은? 충전시간은 짧게 한다. 통풍이 잘 되는 곳에서 충전한다. 전해액 온도가 45℃를 넘지 않도록 한다.
4. 납산 축전지의 일반적인 충전방법으로 가장 많이 사용되는 것은? 정전류 충전
5. 축전지를 병렬로 연결하였을 때 맞는 것은? 전류가 증가한다.

신유형

1. 축전지가 서서히 방전이 되기 시작해 일정 전압 이하로 방전될 경우 방전을 멈추는데 이때의 전압은? 방전종지전압
2. 축전지의 전해액으로 알맞은 것은? 묽은황산
3. 12V 납산축전지 몇 개의 셀이 어떤 방식으로 연결되어 있는가? 6개, 직렬
4. 축전지 격리판의 역할은? 양쪽 극판의 단락을 방지

3 시동장치

(1) 시동장치의 정의와 구성요소

① 정의 : 기관을 시동시키기 위해 최초의 흡입과 압축행정에 필요한 에너지를 외부로부터 공급하여 기관을 회전시키는 장치
② 구성요소 : 회전력을 발생시키는 부분, 그 회전력을 기관의 크랭크축 링기어에 전달하는 부분, 피니언 기어를 접동시켜 링기어에 물리게 하는 부분

(2) 시동전동기 ★

① 종류 : 직권전동기(건설기계 시동모터), 분권전동기(건설기계 전동팬 모터, 히터팬 모터), 복권전동기(건설기계 윈드 실드 와이퍼 모터)
② 구조와 기능

전동기 부분	전기자	회전력을 발생하는 부분으로 전자기축 양쪽이 베어링으로 지지되어 자계 내에서 회전
	계 철	자력선의 통로와 시동전동기의 틀이 되는 부분
	계자 철심	주위에 코일을 감아 전류가 흐르면 전자석이 되어 자계 형성, 자속이 통하기 쉽게 하고 계자 코일을 유지
	계자 코일	계자 철심에 감겨져 전류가 흐르면 자력을 일으켜 계자 철심을 자화시키는 역할
	브러시	정류자를 통해 전기자 코일에 전류를 출입시킴
	브러시 홀더	브러시를 지지하는 곳
	브러시 스프링	브러시를 정류자에 압착시켜 홀더 내에서 섭동하도록 함
	베어링	전기자 지지
동력 전달 기구	역 할	시동전동기에서 발생한 회전력을 관 플라이휠 링기어로 전달하여 크랭킹시킴
	피니언을 링기어에 물리는 방식	벤딕스식, 피니언 섭동식(전자식), 전기자 섭동식

③ 시동전동기가 회전하지 않는 원인 : 시동전동기의 소손, 축전지 전압이 낮음, 배선과 스위치 손상, 브러시와 정류자의 밀착 불량
④ 시동전동기의 취급 시 주의사항
　㉠ 항상 건조하고 깨끗이 사용할 것
　㉡ 브러시의 접촉은 전면적의 80% 이상 되도록 할 것
　㉢ 기관이 시동한 다음 시동전동기 스위치를 닫으면 안 됨
　㉣ 시동전동기의 조작은 5~15초 이내로 작동하며, 시동이 걸리지 않았을 때는 30초~2분을 쉬었다가 다시 시작

참고

전동기의 종류와 그 특성
• 직권전동기는 계자 코일과 전기자 코일이 직렬로 연결된 것이다.
• 분권전동기는 계자 코일과 전기자 코일이 병렬로 연결된 것이다.
• 복권전동기는 직권전동기와 분권전동기의 특성을 합한 것이다.

자주나와요 꼭 암기

1. 엔진이 시동되었을 때 시동스위치를 계속 ON 위치로 할 때 미치는 영향은? 시동전동기의 수명이 단축된다.
2. 겨울철에 시동전동기 크랭킹 회전수가 낮아지는 원인은? 엔진오일의 점도 상승, 온도에 의한 축전지의 용량 감소, 기온저하로 기동부하 증가
3. 일반적으로 건설기계장비에 설치되는 좌·우 전조등 회로의 연결방법은? 병렬

신유형

1. 시동 시 전류의 흐름은? 축전지 → 계자코일 → 브러시 → 정류자 → 전기자 코일
2. 시동전동기에서 전기자 철심을 여러 층으로 겹쳐서 만드는 이유는? 맴돌이 전류 감소

④ 충전장치

충전장치는 건설기계 운행 중 각종 전기장치에 전력을 공급하는 전원인 동시에 축전지에 충전 전류를 공급하는 장치로서 기관에 의해 구동되는 발전기, 발전 전압 및 전류를 조정하는 발전 조정기, 충전상태를 알려주는 전류계로 구성되어 있다.

구 분	직류(DC) 발전기	교류(AC) 발전기
정 의	계자 철심에 남아 있는 잔류 자기를 기초로 하여 발전기 자체에서 발생한 전압으로 계자 코일을 여자하는 자려자 발전기	자계를 형성하는 로터 코일에 축전지 전류를 공급하여 도체를 고정하고 자석을 회전시켜 발전하는 타려자식 발전기
구 조	전기자, 정류자, 계철, 계자 철심, 계자 코일, 브러시	스테이터, 로터, 슬립링, 브러시, 정류기, 다이오드
조정기의 기능 및 구조	• 기능 : 계자 코일에 흐르는 전류의 크기를 조절하여 발생되는 전압과 전류 조정 • 구조 : 컷아웃 릴레이, 전압조정기, 전류조정기	교류 발전기 조정기에는 다이오드가 사용되므로 컷아웃 릴레이가 필요 없고 발전기 자체가 전류를 제한하므로 전압조정기만 있으면 됨
중 량	무겁다	가볍고 출력이 크다
브러시 수명	짧다	길다
정 류	정류자와 브러시	실리콘 다이오드
공회전 시	충전 불가능	충전 가능
사용 범위	고속회전에 부적합	고속회전에 적합
소 음	라디오에 잡음이 들어감	잡음이 적다
정 비	정류자의 정비 필요	슬립링의 정비 필요 없음

> 🪖 **참고**
>
> 발전기의 출력이 일정하지 않거나 낮은 이유
> • 정류자의 오손
> • 밸트가 풀리에서 미끄러짐
> • 정류자와 브러시의 접촉 불량
> • 정류자의 편마멸, 마이카의 돌출

 자주나와요 꼭 암기

1. 발전기의 전기자에 발생되는 전류는? **교류**
2. AC 발전기에서 작동 중 소음 발생의 원인은?
   베어링이 손상되었다. 고정볼트가 풀렸다. 벨트 장력이 약하다.
3. AC와 DC 발전기의 조정기에서 공통으로 가지고 있는 것은?
   전압조정기
4. 교류 발전기의 특징은?
   브러시의 수명이 길다. 저속회전 시 충전이 양호하다. 경량이고 출력이 크다.
5. AC발전기에서 다이오드의 역할은?
   교류를 정류하고 역류를 방지한다.

 신유형

1. 교류(AC) 발전기에서 전류가 발생되는 곳은? **스테이터**
2. 직류(DC)발전기에서 전류가 발생되는 곳은? **전기자**

⑤ 계기장치

속도계	건설기계의 주행 속도를 km/h로 나타내는 계기
유압계	기관 가동 중 작동되는 유압을 나타내는 계기
온도계	기관의 물재킷 내의 온도를 나타내는 계기
연료계	연료탱크 내의 잔류 연료량을 나타내는 계기
전압계	축전지 전압을 나타내는 계기

⑥ 등화장치

(1) 종 류

조명용	전조등, 안개등, 후진등, 실내등, 계기등
신호용	방향지시등, 제동등
지시용	차고등, 주차등, 차폭등, 번호등, 미등
경고용	유압등, 충전등, 연료등, 브레이크오일 등

(2) 전조등의 종류

실드빔식★	• 반사경에 필라멘트를 붙이고 여기에 렌즈를 녹여 붙인 후 내부에 불활성가스를 넣어 그 자체가 1개의 전구가 되도록 한 것 • 대기의 조건에 따라 반사경이 흐려지지 않고 사용에 따르는 광도의 변화가 적으며 필라멘트가 끊어지면 렌즈나 반사경에 이상이 없어도 전조등 전체 교환
세미 실드빔식	• 렌즈와 반사경은 일체이고, 전구는 교환이 가능한 것 • 필라멘트가 끊어지면 전구만 교환하면 되지만 전구 설치 부분으로 공기 유통이 있어 반사경이 흐려지기 쉽고 최근에는 전구로 할로겐램프를 주로 사용

(3) 전조등의 회로

① 퓨즈, 라이트스위치, 딤머스위치, 필라멘트
② 배선 방식

단선식	(+)선만 회로 구성, (−)선은 직접 차체에 접속
복선식	(+), (−)선 모두를 구성한 것(전류 소모 적음)

⑦ 안전장치

방향지시기	• 방향 전환 및 비상시 등에 점멸하도록 플래셔 유닛을 두어 구성한 것 • 점멸횟수 : 분당 60~120회
경음기	• 소리를 내는 진동판을 전자석이나 공기를 이용, 진동시켜 작동하는 것 • 경음 : 전방 2m에서 90~115dB
윈드 실드 와이퍼	비 또는 눈이 내릴 때 운전자의 시계가 방해받는 것을 막기 위해 앞면 또는 뒷면 유리를 닦아내는 작용을 하는 것

 자주나와요 꼭 암기

1. 전조등의 좌우 램프 간 회로에 대한 설명으로 옳은 것은? **병렬로 되어 있다.**
2. 방향지시등의 한쪽 등 점멸이 빠르게 작동하고 있을 때, 운전자가 가장 먼저 점검하여야 할 곳은? **전구(램프)**
3. 운전 중 갑자기 계기판에 충전경고등이 점등되었다. 그 현상으로 맞는 것은?
   충전이 되지 않고 있음을 나타낸다.
4. 최고속도 15km/h 미만의 타이어식 건설기계가 필히 갖추어야 할 조명장치는?
   후부반사기

신유형

1. 고장진단 및 테스트용 출력단자를 갖추고 있으며 항상 시스템을 감시하고 필요하면 운전자에게 경고신호를 보내주거나 고장점검 테스트용 단자가 있는 것은? **자기진단기능**
2. 야간작업 시 헤드라이트가 한쪽만 점등되었다. 고장원인은?
   전구접지 불량, 한쪽 회로의 퓨즈 단선, 전구 불량
3. 조명용 전조등에서 피조면의 밝기 정도를 나타내는 것은? **조도**

제3장 전·후진 주행(섀시)장치

1 동력전달장치

(1) 클러치

① 기능과 구비조건

기 능	• 플라이휠과 변속기의 사이에 설치되어 변속기에 전달되는 기관의 동력을 필요에 따라 단속하는 장치 • 기관 시동 및 기어 변속 시에는 기관과의 연결을 차단하고, 출발 시에는 기관의 동력 연결
구비조건	• 회전 관성이 작고 회전 부분의 평형이 좋을 것 • 내열성이 좋고 방열이 잘되는 구조 • 구조가 간단하고 조작이 쉬우며 고장이 적을 것 • 동력 전달 시 미끄럼을 일으키면서 서서히 전달되고 전달 후에는 미끄러지지 않을 것

② 종류와 구조

종류	마찰 클러치	원판 클러치(기관의 동력 전달용), 원뿔 클러치(일반기계용)
	자동 클러치	유체클러치(자동변속기용), 전자클러치(에어컨 압축기 클러치)
구조	클러치판 (클러치 디스크)	• 기관의 동력을 변속기 입력축을 통하여 변속기로 전달하는 마찰판 • 구조 : 페이싱(라이닝), 토션 스프링(회전 충격 흡수), 쿠션 스프링(접촉 충격을 흡수하고 서서히 동력 전달, 클러치의 편마멸·변형·파손 방지)
	클러치축 (변속기 입력축)	클러치 디스크가 받은 기관의 동력을 변속기로 전달
	클러치 커버	압력판, 릴리스 레버, 클러치 스프링 등이 조립되어 플라이휠에 함께 설치되는 부분
	클러치 페달	• 자유간극(유격) : 페달을 밟은 후부터 릴리스 베어링이 릴리스 레버에 닿을 때까지 페달이 이동한 거리 • 자유간극이 너무 작으면 클러치가 미끄러지며 이 미끄럼으로 인해 클러치 디스크가 과열되어 손상 • 자유간극이 너무 크면 클러치 차단이 불량하여 변속기의 기어 변속 시 소음이 발생하고 기어가 손상 • 자유간극을 두는 이유 : 변속기어의 물림 용이, 클러치판의 미끄럼 방지, 클러치판의 마멸 감소
	클러치 스프링	압력판에 압력을 발생시키는 작용
	압력판	클러치 페달을 놓으면 클러치 스프링의 장력에 의해 클러치판을 플라이휠에 밀어붙이는 역할
	릴리스 베어링	페달을 밟았을 때 릴리스 포크에 의해 변속기 입력축 길이 방향으로 이동하여 회전 중인 릴리스 레버를 눌러 기관의 동력을 차단
	릴리스 포크	릴리스 베어링 컬러에 끼워져 릴리스 베어링에 페달의 조작력을 전달하는 작용
조작기구	기계식	페달을 밟는 힘을 케이블을 거쳐 릴리스 포크로 전달하여 릴리스 베어링을 이동시키는 방식
	유압식	클러치 페달을 밟으면 유압이 발생하는 마스터 실린더와 이 유압을 받아서 릴리스 포크를 이동시키는 슬레이브 실린더 등으로 구성
★ 이상현상	클러치가 미끄러지는 이유	• 클러치 라이닝, 클러치판, 압력판 마멸 • 클러치판의 오일 부착 및 클러치 페달의 자유간극 작음 • 클러치 스프링의 장력이 약하거나 자유 높이 감소
	클러치 차단 불량 원인	• 클러치 페달의 자유간극 큼 • 유압 계통에 공기 침입 • 클러치판의 흔들림이 큼 • 릴리스 베어링의 손상·파손 • 클러치 각 부의 심한 마멸
	클러치의 떨림 원인	• 클러치 링키지 이상 • 댐퍼 스프링 및 쿠션 스프링 파손
	클러치의 소음 원인	• 릴리스 베어링 마멸 • 클러치 허브 스플라인부 헐거움

(2) 변속기

① 기능과 구비조건

기 능	클러치와 추진축 또는 클러치와 종감속 기어장치 사이에 설치되어 기관의 동력을 건설기계의 주행상태에 알맞도록 회전력과 속도를 바꿔 구동바퀴에 전달하는 장치
구비조건	• 단계 없이 연속적으로 변속될 것 • 소형·경량이고 조작이 쉬울 것 • 신속·정확·정숙하게 작동할 것 • 전달 효율이 좋고 수리하기 쉬울 것

② 변속기 조작기구 : 로킹볼(기어 빠짐 방지), 스프링, 인터 로크(기어 이중 물림 방지), 후진 오조작 방지 기구 등이 설치

③ 트랜스퍼 케이스 : 험한 도로 및 구배 도로에서 구동력을 증가시키기 위해 기관의 동력을 앞뒤 모든 차축에 전달하도록 하는 장치로 앞바퀴 구동레버와 고속 및 저속 변속레버로 구성

④ 오버드라이브 : 평탄한 도로의 주행 시 기관의 여유 출력을 이용하여 추진축의 회전속도를 기관의 회전속도보다 빠르게 하는 장치

⑤ 변속기의 이상

기어 변속이 잘 안 되는 원인	• 클러치 페달 유격의 과대 • 싱크로나이저 링의 마멸 • 변속 레버 선단과 스플라인 홈의 마모
주행 중 변속기어가 잘 빠지는 원인	• 각 기어의 과도한 마멸 • 시프트 포크의 마멸 • 인터로크 및 로킹볼의 마모 • 베어링 또는 부싱의 마멸 • 기어축이 휘었거나 물림이 약한 경우
주행 중 변속기에서 소음이 나는 원인	• 기어 및 축 지지 베어링의 심한 마멸 • 기어오일 및 윤활유가 부족하거나 규정품이 아닌 경우

자주나와요 꼭 암기

1. 기계식 변속기가 장착된 건설기계장비에서 클러치가 미끄러지는 원인은? 클러치 압력판 스프링이 약해짐, 클러치 페달의 자유간극(유격)이 작음, 클러치판(디스크)의 마멸이 심함
2. 건설기계에서 변속기의 구비조건은? 전달효율이 좋아야 한다.
3. 변속기의 필요성은? 기관의 회전력을 증대시킨다. 시동 시 장비를 무부하 상태로 한다. 장비의 후진 시 필요로 한다.

신유형

1. 수동변속기가 장착된 건설기계에서 기어의 이중 물림을 방지하는 장치는? 인터록 장치
2. 기계식 변속기의 클러치에서 릴리스 베어링과 릴리스 레버가 분리되어 있을 때로 맞는 것은? 클러치가 연결되어 있을 때
3. 클러치가 연결된 상태에서 기어변속을 하면 일어나는 현상은? 기어에서 소리가 나고 기어가 상한다.

(3) 자동변속기

① 자동변속기의 장단점

장 점	• 기어의 변속 조작을 하지 않아도 되므로 운전 편리 • 조작 미숙에 의한 기관 정지가 적어 운전자 피로 감소 • 출발, 가속 및 감속이 원활하고 주행 시 진동·충격 흡수 • 과부하가 걸려도 직접 기관에 가해지지 않으므로 기관을 보호하고 각 부분의 수명 연장
단 점	• 구조가 복잡하고 값이 비싸며, 연료 소비율이 약 10% 정도 많아짐 • 건설기계를 밀거나 끌어서 시동할 수 없음

② 유체클러치 ★

기능		기관의 회전력을 오일의 운동에너지로 바꾸고 이 에너지를 다시 동력으로 바꿔 변속기에 전달하는 장치
구조	펌프 (임펠러)	크랭크축에 연결되어 플라이휠과 함께 회전하며 유체의 구동펌프 역할
	터빈(러너)	펌프의 유체 구동을 받아 회전하며 변속기에 동력 전달
	가이드링	오일의 와류를 방지하여 전달 효율 증가

③ 토크컨버터 : 유체클러치를 개량하여 유체클러치보다 회전력의 변화를 크게 한 것으로 스테이터, 펌프, 터빈 등이 상호운동을 하여 회전력을 변환

자주나와요 꼭 암기

유체클러치에서 와류를 감소시키는 장치는? **가이드링**

신유형

1. 토크컨버터의 3대 구성요소는? **스테이터, 펌프, 터빈**
2. 변속 클러치가 기관의 동력이 액슬축까지 전달되지 않도록 하는 장치는? **클러치 컷 오프 밸브**

④ 유성 기어장치 : 토크컨버터의 토크 변환능력을 보조하고 후진조작을 하기 위한 장치로 토크컨버터의 뒷부분에 결합되어 있고 유압제어장치에 의해 차의 주행상태에 따라 자동적으로 변속

변속기구	다판 디스크 클러치	한쪽의 회전 부분과 다른 한쪽의 회전 부분을 연결하거나 차단하는 작용
	브레이크 밴드와 서보기구	유성 기어장치의 선기어, 유성기어 캐리어 및 링기어의 회전운동을 필요에 따라 고정시키기 위해 브레이크 밴드를 사용하며 서보기구에 의해 작동
	프리휠	오직 한쪽 방향으로만 회전(일방향 클러치)

⑤ 유압조절기구

오일펌프	자동변속기가 요구하는 적당한 유량과 유압을 제공하고 윤활과 작동유압을 발생시키는 부분으로 주로 내접형 기어펌프 사용
밸브 보디	• 오일펌프에서 공급된 유압을 각 부로 공급하는 유압회로 형성 • 종류 : 매뉴얼밸브(오일 회로 단속), 드로틀밸브(드로틀 압력 발생), 시프트밸브(제어기구에 오일을 단속), 거버너밸브(속도에 알맞은 유압 형성), 압력조정밸브(토크컨버터에서의 오일 역류 방지), 어큐뮬레이터(변속 충격 흡수)

(4) 드라이브 라인

기능		뒤차축 구동방식의 건설기계에서 변속기의 출력을 구동축에 전달하는 장치
구조	추진축	• 변속기로부터 종감속 기어까지 동력을 전달하는 축 • 강한 비틀림을 받으면서 고속회전하므로 비틀림이나 굽힘에 대한 저항력이 크고 두께가 얇은 강관의 원형 파이프 사용
	슬립 이음	추진축 길이의 변동을 흡수하여 추진축의 길이 방향에 변화를 주기 위해 사용
	자재 이음	• 두 축이 일직선상에 있지 않고 어떤 각도를 가진 2개의 축 사이에 동력을 전달할 때 사용하여 각도 변화에 대응 • 회전속도의 변화를 상쇄하기 위해 추진축 앞뒤에 둠

(5) 뒤차축 어셈블리

종감속 기어	구동 피니언과 링기어로 구성되어 변속기 및 추진축에서 전달되는 회전력을 직각 또는 직각에 가까운 각도로 바꿔 앞차축 및 뒤차축에 전달하고 동시에 최종적으로 감속
LSD (자동 제한 차동 기어장치)	미끄럼으로 공전하고 있는 바퀴의 구동력을 감소시키고 반대쪽 저항이 큰 구동바퀴에 공전하고 있는 바퀴의 감소된 분량만큼의 동력을 더 전달시킴으로써 미끄럼에 따른 공회전 없이 주행할 수 있도록 하는 장치
차동 기어장치	양쪽 바퀴의 회전수 변화를 가능케 하여 울퉁불퉁한 도로를 전진 및 선회할 때 무리 없이 원활히 회전하게 하는 장치
액슬축(차축)	• 바퀴를 통하여 차량의 중량을 지지하는 축 • 구동축(동력을 바퀴로 전달하고 노면에서 받는 힘을 지지)과 유동축(차량의 중량만 지지)이 있음
액슬 하우징	종감속 기어, 차동 기어장치 및 액슬축을 포함하는 튜브 모양의 고정축

② 조향장치

(1) 정의 및 기능

정의	차량의 진행 방향을 운전자가 의도하는 바에 따라 임의로 조작할 수 있는 장치로 조향핸들을 조작하면 조향기어에 그 회전력이 전달되며 조향기어에 의해 감속하여 앞바퀴의 방향을 바꿀 수 있도록 되어 있음
기능	• 조향핸들을 돌려 원하는 방향으로 조향 • 운전자의 핸들 조작력이 바퀴를 조작하는 데 필요한 조향력으로 증강 • 선회 시 좌우 바퀴의 조향각에 차이가 나도록 함 • 선회 시 저항이 적고 옆방향으로 미끄러지지 않도록 함 • 노면의 충격이 핸들에 전달되지 않도록 함

(2) 조향장치기구의 분류

① 역할에 따른 분류 ★

조향 조작 기구	조향핸들 (조향휠)	스포크나 림의 내부에는 강이나 경합금 심이 들어 있고 바깥쪽은 합성수지로 성형
	조향축	• 조향핸들의 회전을 조향기어의 웜으로 전하는 축 • 35~50°의 경사를 두고 설치
	탄성체 이음	조향기어와 축의 연결 시 오차를 완화하고 노면으로부터의 충격을 흡수하여 조향핸들로 전달되지 않도록 하기 위해 조향핸들과 축 사이에 설치된 장치
조향기어기구		조작력의 방향을 바꿔줌과 동시에 회전력을 증대하여 조향링크기구에 전달
조향 링크 기구	피트먼암	조향핸들의 움직임을 드래그링크나 센터링크로 전달하는 것
	드래그 링크	일체차축방식 조향기구에서 피트먼암과 너클암(제3암)을 연결하는 로드로, 피트먼암을 중심으로 원호운동을 함
	센터링크	독립차축방식 조향기구에서 좌·우 타이로드와 연결
	타이로드	• 독립차축방식 조향기구에서는 센터링크의 운동을 양쪽 너클암으로 전달하며 2개로 나누어져 볼이음으로 각각 연결 • 일체차축방식 조향기구에서는 1개의 로드로 되어 있고 너클암의 움직임을 반대쪽의 너클암으로 전달하여 양쪽 바퀴의 관계를 바르게 유지
	너클암 (제3암)	일체차축방식 조향기구에서 드래그링크의 운동을 조향너클에 전달하는 기구
	조향 너클	킹핀을 통해 앞차축과 연결되는 부분과 바퀴 허브가 설치되는 스핀들 부로 되어 있어 킹핀을 중심으로 회전하여 조향작용
	킹 핀	차축과 조향너클을 조립하는 굵은 핀

12

② 차축방식에 따른 분류
  ㉠ 일체차축방식 : 조향핸들, 조향축, 조향기어박스, 너클암, 드래그링크, 타이로드, 피트먼암 등
  ㉡ 독립차축방식 : 일체차축방식과 다른 점은 드래그링크가 없고 타이로드가 둘로 나누어짐

참고

조향핸들★

조향핸들이 무거운 원인	조향핸들이 한쪽으로 쏠리는 원인
• 조향기어의 백래시 작음 • 앞바퀴 정렬 상태 불량 • 타이어의 공기 압력 부족 • 타이어의 마멸 과다 • 조향기어박스 내의 오일 부족 • 유압계통 내의 공기 혼합	• 앞바퀴 정렬 상태 및 쇼크업소버의 작동 상태 불량 • 타이어의 공기 압력 불균일 • 허브 베어링의 마멸 과다 • 앞 액슬축 한쪽 스프링 파손 • 뒤 액슬축이 차량 중심선에 대하여 직각이 되지 않았음

자주나와요 암기

1. 조향바퀴의 토인을 조정하는 곳은? 타이로드
2. 조향핸들의 조작을 가볍고 원활하게 하는 방법은?
   동력조향 사용, 바퀴의 정확한 정렬, 공기압을 적정압으로 조정

(3) 동력조향장치

기 능	기관의 동력으로 오일펌프를 구동시켜 발생한 유압을 이용하는 동력장치를 설치하여 조향핸들의 조작력을 가볍게 하는 장치
이 점	• 조향 조작이 경쾌·신속 • 노면으로부터 진동이나 충격을 흡수하여 조향휠에 전달되는 것을 방지 • 앞바퀴 시미현상 방지
분 류	링키지형	동력 실린더를 조향 링키지 중간에 둔 것
	일체형	동력 실린더를 조향기어박스 내에 설치한 형식
구 조	동력부	• 동원원이 되는 유압을 발생시키는 부분 • 구성 : 오일펌프, 제어밸브, 압력조절밸브
	작동부	• 유압을 기계적 에너지로 바꿔 앞바퀴의 조향력을 발생하는 부분 • 복동식 동력 실린더 사용
	제어부	• 조향핸들의 조작으로 작동장치의 오일 회로를 개폐하는 부분 • 안전체크밸브 : 제어밸브 속에 있으며, 기관이 정지된 경우, 오일펌프의 고장, 회로에서의 오일 누출 등의 원인으로 유압이 발생하지 못할 때 조향핸들의 조작을 수동으로 할 수 있도록 해주는 밸브

(4) 앞바퀴 정렬

① 필요성
  ㉠ 조향핸들에 복원성을 주고, 조향핸들의 조작을 확실하게 하고 안전성을 줌
  ㉡ 타이어 마멸 감소

② 요소

구 분	의 미	역 할
캠 버	차량을 앞에서 보면 그 앞바퀴가 수직선에 대해 어떤 각도를 두고 설치되어 있는 것	• 앞차축의 처짐 및 회전 반지름을 적게 하고 조향핸들의 조작을 가볍게 함 • 볼록 노면에 대하여 앞바퀴를 직각으로 둘 수 있음
캐스터	차량의 앞바퀴를 옆에서 보면 조향너클과 앞차축을 고정하는 킹핀이 수직선과 어떤 각도를 두고 설치되는 것	• 주행 중 조향바퀴에 방향성을 부여 • 조향 시 직진 방향으로의 복원력을 줌
킹핀 경사각 (조향축 경사각)	차량을 앞에서 보면 킹핀의 중심선이 수직에 대하여 어떤 각도를 두고 설치되는 것	• 조향핸들의 조작력을 적게 함 • 앞바퀴 시미현상 방지 • 조향 시에 앞바퀴의 복원성을 부여하여 조향휠의 복원이 용이
토 인	차량의 앞바퀴를 위에서 내려다보면 바퀴 중심선 사이의 거리가 앞쪽이 뒤쪽보다 약간 좁게 되어 있는 것	• 앞바퀴 사이드슬립과 타이어 마멸 방지 • 캠버, 조향 링키지 마멸 및 주행 저항과 구동력의 반력에 의한 토아웃 방지 • 앞바퀴를 평행하게 회전시킴

3 현가장치

(1) 현가장치의 구조와 기능★

정 의		차축과 차체 사이에 스프링을 두고 연결하여 주행할 때 차축이 노면에서 받는 진동이나 충격을 차체에 직접 전달되지 않도록 하여 차체나 하물의 손상을 방지하고 승차감을 좋게 하는 장치
구 성	섀시 스프링	스프링은 차축과 프레임 사이에 설치되어 바퀴에 가해지는 충격이나 진동을 완화하고 차체에 전달되지 않게 함 판 스프링, 코일 스프링, 토션바 스프링, 고무 스프링, 공기 스프링
	쇼크업 소버	• 건설기계가 주행할 때 스프링이 받는 충격에 의해 발생하는 고유진동을 흡수하고 진동을 빨리 감쇠시켜 승차감을 좋게 하며 상하 운동에너지를 열로 바꾸는 작용 • 유압식 쇼크업소버 : 유체에 의한 저항을 이용하여 진동의 감쇠작용
	스테빌라이저	건설기계의 롤링을 작게 하고 가능한 빨리 평형상태를 유지하도록 하는 것

(2) 앞현가장치

프레임과 차축 사이를 연결하여 차의 중량을 지지하고, 바퀴의 진동을 흡수함과 동시에 조향기구의 일부를 설치하고 있는 장치

구 분	형 식	특 징
독립 현가식	• 프레임에 컨트롤 암을 설치하고 이것에 조향너클을 결합한 형식 • 소형차(승용차)에서 많이 사용	• 차의 높이를 낮게 할 수 있어서 차의 안정성 향상 • 조향바퀴에 옆방향으로 요동하는 진동이 잘 일어나지 않고 타이어와 노면의 접지성이 좋아짐 • 스프링 아래 무게가 가벼워 승차감이 좋아짐 • 휠 얼라이먼트가 변하기 쉬우며 타이어가 빨리 마모
차축 현가식	• 좌우의 바퀴가 1개의 차축으로 연결된 일체차축식 앞차축을 스프링으로 차체와 연결시킨 형식 • 강도가 크고 구조가 간단하여 건설기계(대형트럭), 버스에서 많이 사용	• 차축의 위치를 정하는 링크나 로드가 필요하지 않아 부품수가 적고 구조가 간단함 • 선회 시 차체의 기울기 적음 • 스프링 정수가 너무 작은 것은 사용할 수 없고 스프링 및 질량이 커서 승차감이 좋지 않음

신유형

1. 타이어식 건설기계에서 조향바퀴의 토인을 조정하는 것은? 타이로드
2. 무한궤도식 리코일 스프링의 주된 역할은? 충격 완화

(3) 뒤현가장치

차축 현가식	평행판 스프링식	• 언더형 현가방식 : 차축을 스프링 위에 설치 • 오버형 현가방식 : 차축을 스프링 아래에 설치
	토크 튜브식	• 승용차 등에서 뒤차축에 토크 튜브를 설치하고 그 앞쪽 끝을 프레임이나 변속기의 뒷부분에 볼 소킷을 이용하여 연결한 방식 • 토크 튜브가 뒤차축이 받는 반동 회전력이나 전후 방향의 힘을 받기 때문에 유연한 스프링을 사용할 수 있음
	코일 스프링식	트레일링 링크식에 속하는 것으로, 차축이 받는 반동 회전력이나 전후 방향의 힘은 컨트롤 로드를 통해 차체로 전달되고 옆방향의 힘은 래터럴 로드를 통해 차체에 전달하는 구조
독립 현가식	특 징	뒤현가장치를 독립현가식으로 하면 스프링 아래 무게를 가볍게 할 수 있어 승차감이나 로드 홀딩이 좋아지고 보디의 바닥을 낮출 수 있어 실내공간이 커짐
	스윙 차축식	차축을 중앙에서 2개로 분할하여 분할한 점을 중심으로 하여 좌우 바퀴가 상하운동을 하도록 한 것으로 코일 스프링을 많이 사용
	트레일링 암식	앞바퀴 구동차의 뒤현가장치로 많이 사용하며 뒷바퀴 구동차에서는 별로 사용되지 않음
	세미트레일링 암식	트레일링 암식과 스윙 차축식의 중간적인 현가장치
	다이애거널 링크식	일체식 암을 사용하고 그 끝으로 차축을 지지

(4) 공기현가장치

기 능	하중이 감소하여 차 높이가 높아지면 레벨링밸브가 작용하여 공기 스프링 안의 공기가 방출되고 하중이 증가하여 차 높이가 낮아지면 공기탱크에서 공기를 보충하여 차 높이를 일정하게 유지하도록 함
특 징	• 고주파 진동을 잘 흡수하고, 하중의 변화에 따라 스프링 상수가 자동적으로 변함 • 하중의 증감에 관계없이 고유 진동수는 거의 일정하게 유지 • 하중의 증감에 관계없이 차의 높이가 항상 일정하게 유지되어 차량이 전후좌우로 기우는 것을 방지 • 승차감이 좋고 진동을 완화하기 때문에 자동차의 수명이 길어짐

4 제동장치

(1) 역할과 구비조건

역 할	주행하고 있는 건설기계 속도를 감속·정지시키며 정차 중인 건설기계가 스스로 움직이지 않도록 하기 위한 장치
구비조건	• 작동이 확실하고 제동효과·신뢰성·내구성이 클 것 • 운전자에 피로감을 주지 말고 점검·정비가 쉬울 것

(2) 유압 브레이크

구 성	유압을 발생시키는 마스터 실린더, 이 유압을 받아서 브레이크 슈(또는 패드)를 드럼(또는 디스크)에 압착시켜 제동력을 발생시키는 휠 실린더(또는 캘리퍼) 및 마스터 실린더와 휠 실린더 사이를 연결하여 유압회로를 형성하는 파이프와 플렉시블 호스 등
특 징	• 마찰 손실 적고 페달 조작력이 작아도 됨 • 제동력이 모든 바퀴에 동일하게 작용 • 유압회로 내에 공기가 침입하면 제동력 감소 • 유압회로가 파손되어 오일이 누출되면 제동 기능 상실

구 조	브레이크 페달	• 조작력을 경감시키기 위해 지렛대 원리 이용 • 구비조건 : 밑판 간극, 페달 높이, 페달 유격 적당
	브레이크 파이프	마스터 실린더에서 휠 실린더로 브레이크액을 유도하는 관
	브레이크 호스	프레임에 결합된 파이프와 차축이나 바퀴 등을 연결하는 것(= 플렉시블 호스)
	마스터 실린더	• 브레이크 페달을 밟는 것에 의해 유압을 발생시킴 • 체크밸브 : 오일이 한쪽으로만 흐르게 하는 밸브로서 오일이 휠 실린더 쪽으로 나가게 하지만 유압과 장력이 평형이 되면 체크밸브와 시트가 접촉되어 오일 라인에 잔압을 형성하여 유지시킴 • 잔압을 두는 이유 : 조작을 신속히 해주고 휠 실린더로 오일 누출 방지 및 베이퍼 록 방지
	휠 실린더	마스터 실린더에서 압송된 유압을 받아 브레이크 슈를 드럼에 압착시킴
	브레이크 슈	휠 실린더의 피스톤에 의해 드럼과 접촉하여 제동력을 발생하는 부분
	브레이크 라이닝	브레이크 드럼과 직접 접촉하여 브레이크 드럼의 회전을 멈추고 운동에너지를 열에너지로 바꾸는 마찰재
	브레이크 드럼	바퀴와 함께 고속으로 회전하고 슈의 마찰력을 받아 제동력을 발생시키는 부분

참고

베이퍼 록
• 브레이크 회로 내의 오일이 비등하여 오일의 압력 전달 작용을 방해하는 현상
• 원인 : 브레이크 드럼과 라이닝의 끌림에 의한 가열, 긴 내리막길에서 과도한 풋 브레이크 사용 시, 브레이크오일 변질에 의한 비점의 저하 및 불량한 오일 사용 시

페이드 현상★
• 브레이크를 연속하여 자주 사용하면 브레이크 드럼이 과열되어 마찰계수가 떨어지고 브레이크가 잘 듣지 않는 것으로, 짧은 시간 내에 반복 조작이나 내리막길을 내려갈 때 브레이크 효과가 나빠지는 현상
• 조치방법 : 작동을 멈추고 열을 식힌다.

(3) 디스크 · 배력식 · 공기 · 주차 브레이크

구 분	특 징
디스크 브레이크	• 바퀴와 함께 회전하는 브레이크 디스크 양쪽에서 제동 패드를 유압에 의해 눌러서 제동하고 디스크가 대기 중에 노출되어 회전하므로 페이드 현상이 작은 자동 조정 브레이크 형식 • 부품의 평형이 좋고 한쪽만 제동되는 일이 없음 • 디스크에 물이 묻어도 제동력의 회복이 크고 디스크에 이물질이 쉽게 부착 • 자기 작동작용이 없어 고속에서 반복적으로 사용하여도 제동력 변화 적음 • 종류 : 대향 피스톤 고정 캘리퍼형, 싱글 실린더 플로팅 캘리퍼형
배력식 브레이크	• 오일 브레이크의 제동력을 강하게 하기 위한 보조 역할 • 종류 : 진공식 배력장치(흡입다기관의 진공과 대기 압력차 이용), 공기식 배력장치(압축공기와 대기 압력차 이용)
공기 브레이크	• 압축공기의 압력을 이용해서 브레이크 슈를 드럼에 압착시켜 제동을 하는 장치(대형 트럭, 건설기계, 트레일러 등에 많이 사용) • 차량 중량에 제한을 받지 않고 베이퍼 록의 발생 염려 없음 • 공기가 다소 누출되어도 제동 성능이 현저하게 저하되지 않음 • 구조가 복잡하고 값이 비싸며 페달 밟는 양에 따라 제동력 조절 • 공기 압축기 구동에 기관의 출력 일부 소모
주차 브레이크	• 센터 브레이크식 : 추진축에 설치된 브레이크 드럼을 제동, 보통 트럭이나 건설기계에 사용, 변속기 뒷부분에 설치 • 뒷바퀴 브레이크식 : 뒷바퀴 제동, 승용차에 사용, 일반적으로 풋 브레이크용 슈를 링크나 와이어 등을 이용해서 벌려 제동하는 형식

참고

브레이크의 이상 현상 ★

원 인	결 과
브레이크 페달을 밟았을 때 차량이 한쪽으로 쏠리는 경우	• 라이닝 간극 조정 불량 • 앞바퀴 정렬 불량 • 드럼의 변형 • 드럼슈에 그리스나 오일이 묻었을 때 • 쇼크업소버 작동 불량 • 좌우 타이어의 공기 압력 불균일
진공 배력식 브레이크에서 페달 조작이 무거운 경우	• 진공 파이프에 공기 유입 • 릴레이밸브 및 피스톤의 작동 불량 • 진공 및 공기밸브, 하이드로릭 피스톤, 진공 체크밸브 작동 불량
제동력이 불충분한 경우	• 브레이크 오일 부족 • 브레이크 라인 막힘 • 브레이크 계통 내에 공기 혼입 • 패드나 라이닝에 오일이 묻었거나 접촉 불량 • 휠 실린더, 마스터 실린더 오일 누출 • 브레이크 배력장치 작동 불량 • 휠실린더 오일 누출

자주나와요 꼭 암기

1. 유압브레이크에서 잔압을 유지시키는 역할을 하는 것은? 체크밸브
2. 긴 내리막길을 내려갈 때 베이퍼 록을 방지하는 운전방법은?
   엔진 브레이크의 사용
3. 타이어의 트레드에 대한 설명은?
   트레드가 마모되면 구동력과 선회능력이 저하된다.
   타이어의 공기압이 높으면 트레드의 양단부보다 중앙부의 마모가 크다.
   트레드가 마모되면 열의 발산이 불량하게 된다.

5 트랙장치와 바퀴

(1) 트랙장치 ★

	역할	트랙에 의해 건설기계를 이동시키는 장치
구성	트랙 프레임	위에는 상부 롤러, 아래에는 하부 롤러, 앞에는 유동륜을 설치
	트랙 아이들러 (전부 유동륜)	트랙의 진행 방향을 유도하고 요크를 지지하는 축 끝에 조정 실린더가 연결되어 트랙 유격 조정
	트랙	• 프런트 아이들러, 상·하부 롤러, 스프로킷에 감겨 있고 스프로킷에서 동력을 받아 구동 • 트랙 유격(상부 롤러와 트랙 사이의 간격) – 유격이 규정값보다 크면 트랙이 벗겨지기 쉽고 롤러 및 트랙 링크의 마멸이 촉진되고 반대로 유격이 너무 적으면 암석지 작업을 할 때 트랙이 절단되기 쉬우며 각종 롤러, 트랙 구성 부품의 마멸 촉진 – 유격 조정방법: 조정너트를 렌치로 돌려서 조정(구형의 경우), 프런트 아이들러 요크축에 설치된 그리스 실린더에 그리스(GAA)를 주유하면 트랙 유격이 작아지고 그리스를 배출시키면 유격이 커짐
	상부 롤러	트랙 아이들러와 스프로킷 사이에서 트랙이 처지는 것을 방지하고 동시에 트랙의 회전 위치를 정확하게 유지
	하부 롤러	트랙터의 전중량을 균등하게 트랙 위에 분배하면서 전동하고 트랙의 회전 위치를 정확히 유지
	리코일 스프링	주행 중 트랙 전면에서 오는 충격을 완화하여 차체의 파손을 방지하고 원활한 운전이 될 수 있도록 함
	스프로킷 (기동륜, 구동륜)	• 종감속 기어를 거쳐 전달된 동력을 최종적으로 트랙에 전달해 줌 • 스프로킷 이상 마모를 방지하기 위해서는 트랙의 장력을 조정

자주나와요 꼭 암기

1. 무한궤도식 건설기계에서 트랙의 구성품으로 맞는 것은?
   슈, 슈볼트, 링크, 부싱, 핀
2. 무한궤도식 건설기계에서 트랙 장력 조정은?
   장력 조정 실린더
3. 무한궤도식 건설기계에서 트랙 장력이 지나치게 크면?
   트랙 핀, 부싱내·외부, 스프로킷 등이 마모

(2) 타이어

① **기능 및 요건**: 휠에 끼워져 일체로 회전하며 주행 중 노면에서의 충격을 흡수하고 제동, 구동 및 선회할 때에 노면과의 미끄럼이 적어야 함

② **분류**
   ㉠ 공기 압력: 고압 타이어($4.2 \sim 6.3 kgf/cm^2$)
   저압 타이어($2.1 \sim 2.5 kgf/cm^2$)
   ㉡ 튜브 유무: 튜브 있는 타이어, 튜브 없는 타이어
   ㉢ 형상: 보통(바이어스) 타이어, 레디얼 타이어, 스노우 타이어, 편평 타이어

③ **호칭 치수**
   ㉠ 보통 타이어: 고압 타이어(타이어 외경 × 타이어 폭 - 플라이 수(PR) 예 32×6-8PR), 저압 타이어(타이어 폭 - 타이어 내경 - 플라이 수(PR) 예 7.00-16-10PR)
   ㉡ 레디얼 타이어

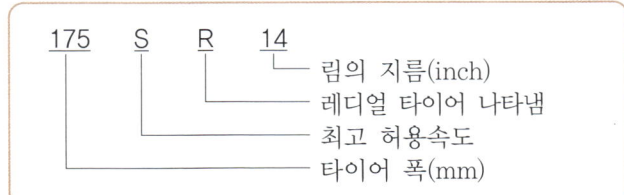

④ **구조** ★

카커스	튜브의 고압 공기에 견디고 하중·충격에 변형되어 완충작용을 함
브레이커	외부로부터의 충격을 흡수하고 트레드에 생긴 상처가 카커스에 미치는 것을 방지
비 드	• 타이어가 림과 접하는 부분 • 와이어가 서로 접촉하여 손상되는 것을 막고 비드 부분의 늘어남을 방지하여 타이어가 림에서 벗어나지 않도록 함
트레드	• 노면과 접촉되는 부분으로 내부의 카커스와 브레이커를 보호하기 위해 내마모성이 큰 고무층으로 되어 있고 노면과 미끄러짐을 방지하고 방열을 위한 홈(트레드 패턴)이 파져 있음 • 트레드 패턴의 필요성: 타이어 내부에서 발생한 열을 발산, 구동력이나 선회 성능 향상, 트레드에서 생긴 절상 등의 확대 방지, 타이어의 옆방향 및 전진 방향의 미끄럼 방지

⑤ **스탠딩웨이브 현상**: 고속주행 시 공기가 적을 때 트레드가 받는 원심력과 공기 압력에 의해 트레드가 노면에서 떨어진 직후 찌그러짐이 생기는 현상(방지책: 공기압 10~13% 높임)

⑥ **수막현상(하이드로 플래닝)**: 비가 올 때 노면의 빗물에 의해 타이어 노면에 직접 접촉되지 않고 수막만큼 떠 있는 상태

⑦ **휠 밸런스**: 회전하는 바퀴에 평형이 잡혀 있지 않으면 원심력에 의해 진동이 발생하고 타이어의 편마모 및 조향휠의 떨림이 발생

(3) 휠

① **기능**: 타이어를 지지하는 림과 림을 허브에 지지하는 부분으로 구성되어 허브와 림 사이를 연결

② **요건**: 휠 타이어와 함께 차량의 전중량을 분담 지지하고 제동 및 주행 시의 회전력, 노면으로부터의 충격, 선회할 때의 원심력, 차량이 기울었을 때 발생하는 옆방향의 힘 등에 견디고 가벼워야 함

자주나와요 쏙 암기

1. 타이어의 구조에서 직접 노면과 접촉되어 마모에 견디고 적은 슬립으로 견인력을 증대시키는 부분의 명칭은? **트레드(tread)**
2. 트랙에서 스프로킷이 이상 마모되는 원인은? **트랙의 이완**

제4장 건설기계 작업장치

1 기중기(크레인)

(1) 기중기의 기능 및 분류

① 기능 : 무거운 하물의 적재 및 적하, 기중 작업, 토사의 굴토 및 굴삭 작업, 수직 굴토, 항타 및 항발 작업 등 특수 기중 작업을 수행

② 분류

무한궤도식 (크롤러형)	• 크롤러 위에 상부 회전체와 작업장치를 설치 • 접지 폭이 넓어 안전성이 좋으며 지반이 고르지 않거나 연약한 지반에서도 작업이 가능
트럭 탑재식	• 트럭의 차대 또는 트럭 형식 기중기의 전용 차체로 제작된 부분에 상부 회전체와 작업장치를 설치 • 트럭 운전실과 기중기 조종실이 별도로 설치된 • 기동성이 좋고 기중 작업을 할 때 안전성이 크지만 습지나 모래땅 및 험하고 좁은 장소에서의 작업이 곤란
휠 식 ★	• 무한궤도식 기중기의 구동륜을 타이어로 바꾼 것 • 무한궤도식에 비해 기동성은 좋지만 안전성은 낮으며, 비교적 주행로가 형성된 작업장에 적합함

(2) 주요 구조 및 작업장치 기능

상부 회전체	메인 클러치	기관의 동력을 트랜스퍼 체인을 통하여 주행장치나 작업장치로 전달
	트랜스퍼 체인	메인 클러치를 통해서 받은 기관의 동력을 모든 축에 직각으로 전달하고 작업장치의 충격이 기관에 미치지 않도록 함
	잭 축	드럼축과 수평 리버싱축에 동력을 전달
	리버싱축	• 수직 리버싱축 : 수평 리버싱축의 베벨기어로부터 동력을 받아 수직 스윙축과 수직 주행축을 구동 • 수평 리버싱축 : 동력을 90˚ 수직으로 전달
	수직 스윙축	상부 회전체가 좌우 선회할 수 있도록 동력을 전달하는 축
	작업 클러치	밴드를 반지름 방향으로 벌려서 드럼이나 하우징의 안쪽 면에 닿게 하여 그의 마찰력으로 동력전달
	작업 브레이크	케이블이 풀리지 않도록 하는 제동 작용과 케이블을 감을 때와 풀 때 제동이 풀리는 구조로 됨
	호이스트 드럼	유압식 사용, 호이스트 드럼축을 유압모터가 구동하면 클러치를 통하여 감속 기어를 거쳐 호이스트 드럼을 회전시키면서 케이블을 감음
	프레임	• 선회프레임 : 360˚ 선회할 수 있는 프레임 • 갠트리프레임 : 선회프레임 최상단에 설치되는 A자형 프레임
	선회장치 (스윙 볼레이스)	하부 주행체 상단에서 상부 회전체를 360˚ 회전하도록 함
	하부 구동체	수직 주행축, 수평 주행축, 스프로킷
작업 장치	기중기 붐	마스터 붐, 보조 붐, 지브 붐
	전부(작업) 장치	훅, 클램셀(수직 굴토 작업, 토사 상차 작업), 드래그라인(배수로 작업, 수중 굴삭 작업), 셔블, 백호, 파일 드라이버(항타 작업)

작업안전장치	아웃 리거(기중작업 시 전도 방지), 과권 경보장치(로프 절단 및 기계 파손 방지), 붐 전도 방지장치, 붐 기복 정지장치, 과부하 방지장치, 해지장치(훅에 설치)
와이어 로프	탄소강의 경강 선재인 소선과 이것을 꼬아서 만든 스트랜드를 심강 또는 중심선을 넣고 꼬아서 만든 것 • 점검사항 : 킹크 발생, 절단된 소선의 수, 공칭 지름의 감소
활차	하물을 매달아 올려서 이동하거나 힘의 방향을 바꿀 때 혹은 힘을 증가시킬 때 사용하는 홈이 있는 바퀴

(3) 동력전달장치 ★

① 상부 회전체 : 기관 → 메인 클러치 → 변속기 → 구동 체인 → 구동 기어 → 케이블 → 수평 스윙축 → 피니언 기어

② 하부 구동체 : 수직 스윙축 → 수직 트라벨축 기어 → 수평 트라벨축 → 트라벨축 클러치 → 트랙

(4) 작업 방법 ★

인양 및 운반	• 기중기의 수평 균형을 맞춘다. • 선회 시 접촉되지 않도록 장애물과 최소 60cm 이상 이격시킨다. • 인양 물체를 서서히 올려 지상 약 30cm 지점에서 정지하여 확인한다. • 인양 물체의 중심이 높으면 물체가 기울 수 있다. • 2인 이상의 고리걸이 작업 시에는 상호 간에 소리를 내면서 행한다. • 운반 시 붐을 가능한 짧게 한다. • 이동방향과 붐의 방향을 일치시킨다. • 지면에서 가깝게 양중 상태를 유지하며 이동한다. • 규정 무게보다 초과하여 적재하지 않는다. • 하물이 흔들리지 않게 유의한다. • 선회 작업 시 사람이 다치지 않도록 한다.
항 타	• 작업 시 붐을 상승시키지 않는다. • 항타할 때 반드시 우드 캡을 씌운다. • 호이스트 케이블의 고정 상태를 점검한다.
작업 안전 사항	• 붐의 각을 20˚ 이하, 78˚ 이상으로 하지 말아야 한다. • 작업 하중을 초과하지 않아야 한다. • 붐의 길이와 각도에 따라 정격하중을 조정해야 한다. • 지정된 신호수의 신호에 따라 작업을 해야 한다. • 하물의 훅 위치는 무게 중심에 걸리도록 해야 한다. • 크레인 작업 시 경우에 따라서는 수직 방향으로 달아 올린다. • 작업 중 시계가 양호한 방향으로 선회한다. • 작업 중인 크레인의 작업반경 내에 접근하지 않는다. • 크레인을 주행할 때는 반드시 선회 로크를 고정시킨다. • 트럭 크레인, 휠 크레인 등을 주차할 경우 반드시 주차 브레이크를 걸어 둔다. • 고압선 아래를 통과할 때는 충분한 간격을 두고 신호자의 지시에 따른다.

자주나와요 쏙 암기

1. 기중기에서 와이어로프의 마모가 심한 원인은? **와이어로프의 급유 부족, 활차 베어링의 급유 부족, 활차 홈이 과도하게 마모된 경우**
2. 기중 작업에서 물체의 무게가 무거울수록 붐 길이와 각도는 어떻게 하는 것이 좋은가? **붐 길이는 짧게, 각도는 크게**
3. 기중기의 주행 중 점검사항은? **훅의 걸림 상태, 주행 시 붐의 최고 높이, 붐과 캐리어의 간격**

신유형

1. 기중기 로드 차트에 포함되어 있는 정보는? **작업반경, 기중기 구성 내용, 기중기 본체 형식**
2. 기중기의 와이어로프 끝을 고정시키는 장치는? **소켓장치**
3. 기중기 크램셀 장치에서 태그라인의 역할은? **와이어케이블이 꼬이고, 버킷이 요동되는 것을 방지한다.**

2 도저

(1) 도저의 기능 및 분류

① 기능 : 트랙터 앞에 부속장치인 블레이드(토공판)를 설치하여 송토(흙 운반), 굴토(흙 파기), 삭토(흙 깎기) 및 확토(흙 넓히기) 작업을 수행하는 장비(※ 앞에 블레이드를 부착한 것이 도저, 버킷을 부착하면 로더, 뒷면에 운반기를 부착하면 스크레이퍼)

② 분류

주행장치	• 크롤러형(무한궤도식) : 접지 면적이 넓고 접지 압력이 적어 습지, 사지, 부정지에서 작업이 용이 • 휠형(타이어식) : 기동성과 이동성이 양호하며, 평탄 지면이나 포장 도로에서 작업하기에 효과적
★ 블레이드 설치 방식	• 불도저(스트레이트 도저) : 직선 송토 작업, 굴토 작업, 거치른 배수로 매몰 작업 등에 적합 • 앵글 도저 : 매몰 작업, 측능 절단(산허리 깎기) 작업, 제설 작업, 지균 작업 등에 효과적 • 틸트 도저 : V형 배수로 굴삭, 언 땅 및 굳은 땅 파기, 나무 뿌리 뽑기, 바위 굴리기 등에 적합 • 레이크 도저 : 블레이드 대신 레이크를 설치한 것으로 40~50cm 이하의 나무뿌리나 잡목을 제거. • 트리밍 도저 : 좁은 장소에서 곡물, 설탕, 철광석, 소금 등을 내밀거나 끌어 당겨 모으는데 효과적으로 사용 • U형 도저 : 석탄, 나무 조각, 부드러운 흙 등 비교적 비중이 적은 것의 운반 처리에 적합

(2) 주요 구조 및 작업장치 기능

작업 장치	블레이드 (토공판, 삽)	트랙터의 앞쪽에 부착되며 상하좌우 및 앞뒤로 움직이면서 작업
	리 퍼	도저의 뒤쪽에 설치되며 굳은 지면, 나무뿌리, 암석 등을 파헤치는 데 사용
	토잉 윈치 (권양기)	도저의 뒤쪽에 설치되며 어떤 물체 등을 끌어당길 때 사용
	드로우 바	견인용 장비를 끌기 위한 고리로서 트랙터 뒤쪽에 부착
동력 전달 장치	메인 클러치	기관의 동력을 변속기에 전달·절단
	변속기	기관의 동력을 도저의 주행상태에 맞도록 회전력·속도를 변화
	베벨기어	변속기에서 받은 동력을 90°로 전달하며 조향 클러치에 동력 전달
	조향 클러치	도저의 방향전환 시 동력을 전달·차단하여 방향 바꿈
	최종 구동기어	조향 클러치로부터 동력을 받아 최종적으로 기관의 동력을 감속하여 구동력을 증대시켜 스프로킷으로 전달
	조향 브레이크	도저를 정지시키거나 진행 방향 바꿈
	스프로킷	최종 구동기어로부터 동력을 받아 트랙 구동
	트랙 프레임	상하로는 자유로이 움직이나 옆으로는 움직일 수 없음
	트 랙	트랙 프레임을 거친 동력은 최종적으로 트랙을 구성
유압장치		도저 블레이드의 상하좌우의 움직임과 리퍼의 제어 등에 사용(펌프, 유압실린더, 제어밸브, 유압호스)

참고

도저의 동력 전달 순서

기 관
- 메인 클러치 → 변속기 → 베벨기어 → 조향 클러치 → 조향 브레이크 → 최종구동기어 → 스프로킷 → 트랙
- 토크컨버터 → 자재이음 → 변속기 → 베벨기어 → 조향 클러치 → 조향 브레이크 → 스프로킷 → 트랙
- 메인 유압펌프 → 컨트롤밸브 → 주행모터 → 파이널 드라이브 기어 → 스프로킷 → 트랙

(3) 작업 방법 ★

	덤불 및 나무	• 나무를 벌채한 후에 블레이드를 10~15cm 정도 땅속에 넣고 뿌리를 절단하면서 도저를 전진한다. • 벌개된 물질이나 퇴적물을 제거하는 작업 : 파진 곳에 밀어 넣어 지면이 평행해질 때까지 반복 작업을 한다.
벌개 작업	수 목	• 지름 10~25cm 정도의 나무 : 삽날을 높이 올려 나무를 밀어 쓰러뜨림 → 날을 뿌리 밑에 밀어 넣고 뿌리를 파내는 것처럼 밀어 제거 • 지름 30cm 이상의 나무 : 제1측면을 깎음 → 제2측면과 제3측면을 차례로 깎음 → 제1측면에 경사면을 만들어 나무를 넘어뜨림
	암 석	• 암석을 제거할 때는 불도저의 전 힘을 날의 좁은 부분에 집중시키고 날의 한 귀퉁이를 이용하여 작업하며 삽날의 한 끝을 기울이면 암석을 제거하는 데 편리하다. • 암석이 큰 경우 암석을 중심으로 삼면을 파헤치고 파지 않는 쪽에서 삽날을 암석 밑에 넣어 밀어야 한다. 이때 앞으로 계속하여 암석을 굴러낸다.
홈 송토		블레이드로 같은 통로를 반복하여 흙을 밀면 양쪽에 흙이 쌓여 언덕이 생기는데, 이 언덕을 이용하여 계속적으로 흙이 흩어지는 것을 방지하고 작업량을 증가시킨다.
삽 맞대기		몇 개의 블레이드를 나란히 하여 저속으로 흙을 미는 방법으로 15~100m 이내의 송토 작업에 있어 작업량을 증가시킨다.
성 토		• 쌓아올리는 흙은 보통 15~20cm 정도의 두께로 하고 트랙으로 다진다. • 성토하여 올라갈 때는 날의 흙이 전부 떨어질 때까지 밀고 후진한다. • 후진 시 날을 올리면 차 전방에 여분의 중량이 가해져 도저 앞이 성토한 흙속에 박히게 되므로 이완된 성토 위를 후진 시는 삽날을 낮게 하고 주행하여야 한다.
약한 지반		• 회전할 경우에는 나무 그루터기 뿌리 또는 통나무를 받치고 회전한다. • 지반이 약한 성토지에서 후진 시 갑자기 삽날을 들어 올리지 않고, 얼마간 뒤로 후진하여 도저 삽날에 있는 흙을 제거하도록 한 후에 삽날을 들어 올려야 한다. • 연약 지반에서는 조향을 하지 않고 통과하고, 습지 통과 시에는 멈추지 말고 저속으로 통과한다.
경사면		• 경사면의 굴삭 : 위에서부터 시작하여 내려옴 • 급한 경사지를 하강할 때 : 삽날을 내리고 브레이크를 사용하거나 삽날을 내리고 후진하며 하강

자주나와요 ★ 암기

1. 잡목이나 작은 나무뿌리를 제거하는 데 적합한 장비는? **레이크 도저**
2. 도저로 낮은 지반에 흙을 쌓아올리거나 제방을 쌓아올리는 작업의 종류는? **성토 작업**
3. 무한궤도식 건설기계에서 트랙 전면에 오는 충격을 완화시키기 위해 설치하는 것은? **리코일 스프링**
4. 도저의 방향 전환 시 동력을 전달·차단하여 방향을 바꾸는 장치는? **조향 클러치**

신유형

1. 도저의 배토판의 좌·우측 끝단이 지면에 대하여 상하로 움직일 때의 수직 변위량을 무엇이라 하는가? **틸트량**
2. 블레이드를 좌우 20~30° 정도 각을 줄 수 있어 측능 절단 작업에 적합한 장비는? **앵글 도저**
3. 불도저의 규격 표시는? **중량(t)**
4. 불도저 블레이드를 몇 cm 높이로 들어 올려 이동하는 것이 좋은가? **30~50cm**
5. 배토판의 하단에 장착되어 지면에 선접촉하는 좁고 긴 금속판은? **절삭날**
6. 무한궤도식 불도저는 기울기가 ( )인 지면에서 정지상태를 유지할 수 있는 제동장치 및 제동잠금장치를 갖추어야 한다. **30°**

③ 로더

(1) 로더의 기능 및 분류

① 기능 : 트랙터 앞에 셔블 전부장치를 가진 것으로 각종 토사나 자갈 및 골재 등을 퍼서 다른 곳으로 운반하거나 덤프차에 적재하는 장비

② 분류

주행장치	• 크롤러형 : 험악한 늪지나 모래 땅에서 작업 • 휠형 : 타이어 앞의 버킷으로 고속작업이 용이 • 쿠션형 : 튜브리스 타이어에 강철제 트랙을 감은 것으로 크롤러형과 휠형의 단점을 보완한 형식
버킷 용도	• 일반 버킷 : 일반 토사, 자갈 등의 적재에 적합 • 통나무 집게 : 원목 파이프 등의 길고 둥근 물체를 집어서 고정시킨 후 운반 • 다목적 버킷 : 버킷이 열리게 되어 있으며 일반 버킷 도저와 같은 송토 작업, 집게 작업 등을 동시에 작업 • 사이드 덤프 버킷 : 사이드 덤프 버킷을 사용하면 바로 옆으로 덤프할 수 있어 편리함 • 스켈리턴 버킷 : 강가에서 골재 채취 등에 적합 • 래크 블레이드 버킷 : 제초, 제석, 나무뿌리 뽑기, 지반이 매우 굳은 땅의 굴삭 등에 이용 • 록 버킷 : 돌, 자갈 등의 채취에 이용
적하방식	• 프런트 엔드형 : 트랙터 앞쪽에 버킷이 부착 • 사이드 덤프형 : 버킷을 좌우 어느 쪽으로나 기울일 수 있는 형식으로 터널이나 협소한 장소에서 트럭에 적재할 수 있으며 운반기계와 병렬작업을 할 수 있음 • 오버 헤드형 : 앞 부분에서 굴삭하여 장비 위를 넘어 후면에 덤프할 수 있는 형식으로 터널 공사 등에 효과적 • 스윙형 : 프런트 엔드형과 오버 헤드형을 함께 채택하여 전후 양쪽으로 덤프하는 형식 • 백호 셔블형 : 깊은 굴삭과 적재를 함께 할 수 있는 형식으로 수도 공사나 하수도 공사에 이용

(2) 주요 구조 및 작업장치 기능

작업장치		붐, 버킷, 클러치 컷오프밸브(브레이크 페달을 밟았을 때 변속 클러치가 떨어져 기관의 동력이 액슬축까지 전달되지 않도록 하는 장치)
동력 전달 장치	토크컨버터 변속기	토크컨버터와 유성기어 조합에 의해 부하 변동에 따라 알맞은 회전수와 토크 비율 조정
	디퍼렌셜기어	차동제한 장치가 있어 모래 땅, 습기 등에서 타이어가 미끄러지는 것 방지
	유성기어 감속기	선기어가 회전하면 고정된 링기어가 내면을 따라 유성기어가 움직이며 유성기어 캐리어가 바퀴를 구동하므로 바퀴는 감속되어 큰 구동력 발생
조향장치		조향 클러치식, 뒷바퀴 조향식, 허리꺾기 조향식
제동장치		이중공기, 유압 브레이크 계통

> **참고**
>
> **로더의 동력 전달 순서**
>
> 기관 ┬ 토크컨버터 → 변속기 → 트랜스퍼 기어 → 프로펠러 축과 유니버설 조인트 → 차동장치 → 파이널 드라이브 기어 → 휠
> ├ 토크컨버터 → 제1축 → 변속기 → 제2축 → 액슬 → 휠 → 제3축 → 액슬 → 휠
> └ 토크컨버터 / 메인 클러치 → 변속기 → 피니언 및 베벨기어 → 조향 클러치 → 조향 브레이크 → 최종구동기어 → 스프로킷 → 트랙
>
> **로더의 주행 가능 경사도**
> • 오르막 경사도 : 25°
> • 내리막 경사도 : 30~35°
> • 옆(측면) 경사도 : 10~16°

(3) 작업 방법 ★

깎아내기	• 버킷을 약 5° 기울여 출발하고 전진 시에 깎을 때 깊이는 버킷을 약간 올리던지 버킷을 약간 복귀시키는 것으로 조정한다. • 트럭이나 쌓여져 있는 물체로 이동할 때는 버킷을 지면에서 약 60cm 위로 올리고 한다.
굴 착	• 단단한 땅을 굴착할 때는 갈퀴를 붙이고 하며 밑면은 항시 평면이 되도록 굴착한다. • 돌출된 곳의 작업은 피하고, 굴삭 시 굴삭면에 직각으로 진입한다. 버킷의 날은 지면과 수평이 되도록 한다.
지면 고르기	작업 전에 파진 부분을 메우고 버킷을 약간 기울여야 하며, 지면을 고를 때에는 북쪽과 남쪽, 동쪽과 서쪽 순으로 진행한 다음 로더를 45° 회전시켜 작업한다.
송 토	견인력이 우수한 크롤러 로더, 즉 트랙터 셔블로서 평지에 흙을 굴삭 또는 송토하고자 할 때는 불도저의 송토 작업과 같은 요령으로 행한다.
퇴적 토사	• 토사에 파고들기 어려울 때는 버킷의 투스 부분을 상하로 움직이며 전진한다. • 흙을 퍼 실으면서 전진을 하면 하중이 증가하여 타이어가 헛돌기 시작한다. 이때 버킷을 조금 올려서 하중을 줄여준다. • 앞바퀴가 들린 상태에는 구동력이 저하되고, 뒷바퀴 파손의 위험이 크기 때문에 이런 상태로는 작업을 진행하지 않는다.
상차 적재	직진 후진법	페이로더가 흙더미로 직진하여 흙을 퍼 후퇴하면 덤프트럭이 셔블 전방에 들어가는데, 이때 로더는 직진으로 덤프트럭에 접근하여 적재함에 흙을 덤프한다.
	V형 덤프법	덤프트럭은 고정되어 있고 트랙터 셔블은 흙을 퍼서 후진한 후, 덤프트럭이 서 있는 쪽으로 방향을 바꿔 전진하여 적재함에 흙을 덤프한다.
	90° 회전법	• 좁은 장소에서 작업을 할 때 사용하는 방법이다. • 덤프트럭과 로더가 나란히 서고 로더가 흙을 퍼서 후진했다 90° 방향으로 돌려 트럭 적재함에 덤프한다.

> **자주나와요 꼭 암기**
>
> 1. 타이어식 로더가 무한궤도식 로더에 비해 가장 좋은 점은? 기동성
> 2. 로더의 작업 중 그레이딩 작업이란? 지면 고르기 작업
> 3. 적재물 운반 시 유의사항은?
> 장비가 전방으로 전도되면 즉시 버킷을 하강시켜 균형을 유지, 지면으로부터 60~90cm에 위치하고 이동
> 4. 로더로 상차 작업 대상물에 진입하는 방법은?
> 직진·후진법(I형), 90° 회전법(T형), V형 상차법(V형)
> 5. 로더 장비로 작업할 수 있는 가장 적합한 것은? 트럭과 호퍼에 토사 적재 작업

> **신유형**
>
> 1. 타이어식 로더의 엔진 시동 순서는?
> 주차브레이크 위치 확인 → 기어레버 중립 확인 → 파일럿 컷오프 스위치 잠금 확인 → 시동
> 2. 조종레버 조작 시 방향은?
>
> A : 버킷 상승
> B : 붐 하강
> C : 버킷 하강
> D : 붐 상승
>
> 3. 로더의 자동유압 붐 킥-아웃의 기능은? 붐이 일정한 높이에 이르면 자동적으로 멈추어 작업능률과 안정성을 기한다.
> 4. 버킷을 가장 높이 올린 상태에서 버킷을 45° 이상 아래쪽으로 기울였을 때 버킷투스와 지면과의 거리는? 최대덤프높이
> 5. 토사와 암석 분리에 주로 사용하는 버킷은? 스켈리턴 버킷

PART 02 유압일반

제1장 유압유

1 유압의 역할과 장단점

역할	• 액체에 능력을 주어 요구된 일을 시키는 것 • 기관이나 전동기가 가진 동력에너지를 실제 일에너지로 변화시키기 위한 에너지 전달 기관
장점	• 힘의 조정이 쉽고 정확 • 작동이 부드럽고 진동 적음 • 원격조작과 무단변속이 가능함 • 내구성이 좋고 힘이 강함 • 과부하 방지에 유리 • 동력의 분배 및 집중 용이
단점	• 오일의 온도에 따라 기계 속도 달라짐 • 오일이 가연성이므로 화재 위험 있음 • 호스 등의 연결이 정밀해야 하며 오일 누출 용이 • 기계적 에너지를 유압에너지로 바꾸는 데 따르는 에너지 손실 많음

2 작동유(유압유)

(1) 기능 및 구비조건

기능	동력 전달, 마찰열 흡수, 움직이는 기계요소 윤활, 필요한 기계요소 사이 밀봉
구비조건	• 비압축성 • 내열성이 크고 거품 적을 것 • 점도 지수 높을 것 • 불순물과 분리 잘 될 것 • 방청 및 방식성 • 적당한 유동성과 점성 • 실(seal) 재료와의 적합성 좋을 것 • 온도에 의한 점도 변화 적을 것 • 체적탄성계수 크고 밀도 작을 것 • 화학적 안정성 및 윤활 성능 클 것 • 유압장치에 사용되는 재료에 대해 불활성
작동유 첨가제	소포제, 유동점 강하제, 산화방지제, 점도지수 향상제 등

(2) 이상현상

작동유 과열 원인	• 작동유 노후화 • 작동유 부족 • 작동유 점도 불량 • 유압장치 내에서의 작동유 누출 • 오일냉각기 성능 불량 • 고열의 물체에 작동유 접촉 • 과부하로 연속 작업 하는 경우 • 유압회로에서 유압 손실 클 경우 • 작동유에 공동현상 발생
작동유 점도가 너무 클 때 나타나는 현상	• 유압이 높아짐 • 동력 손실이 커짐 • 열 발생의 원인이 됨 • 파이프 내의 마찰 손실 커짐 • 소음이나 공동현상 발생
작동유 점도가 지나치게 낮을 때 나타나는 현상	• 출력이 떨어짐 • 유동 저항 감소 • 유압실린더 속도 늦어짐

작동유 온도의 과도 상승 시 나타나는 현상		• 점도 저하 • 밸브 기능 저하 • 기계적인 마모 발생 • 열화 촉진 • 온도변화에 의한 유압기기의 열변형 • 작동유의 산화작용 촉진 • 유압기기 작동 불량 • 실린더 작동 불량 • 유압펌프 효율 저하 • 작동유 누출 증가
공기가 작동유 관 내에 들어갔을 경우	실린더 숨돌리기 현상	작동유의 공급이 부족할 때 발생하는 현상 → 피스톤 작동 불안정, 작동시간 지연, 작동유 공급이 부족해져 서지 압력 발생
	작동유의 열화 촉진	유압회로에 공기가 기포로 있으면 오일은 비압축성이나 공기는 압축성이므로 공기가 압축되면 열이 발생되고 온도 상승 → 상승압력과 오일의 공기 흡수량이 증가하고 오일 온도가 상승하면 작동유가 산화작용을 촉진하여 중압이나 분해가 일어나고 고무 같은 물질이 생겨서 펌프, 밸브 실린더의 작동 불량 초래
	공동현상 (캐비테이션)	• 작동유 속에 공기가 혼입되어 있을 때 펌프나 밸브를 통과하는 유압회로에 압력 변화가 생겨 저압부에서 기포가 포화상태가 되어 혼입되어 있던 기포가 분리되어 오일 속에 공동부가 생기는 현상 • 결과 : 오일 순환 불량, 유온 상승, 용적 효율 저하, 소음·진동·부식 등 발생, 액추에이터 효율 감소, 체적 감소 • 방지방법 : 적당한 점도의 작동유 선택, 흡입구멍의 양정 1m 이하, 수분 등의 이물질 유입 방지, 정기적인 오일필터 점검 및 교환
	공기★ 제거 방법	• 유압모터는 한 방향으로 2~3분간 공전시킨 후 공기빼기 • 공기가 잔류되기 쉬운 상부의 배관을 조금 풀고 유압펌프를 움직여서 공기빼기 • 유압펌프를 시동하여 회로 내의 오일이 모두 순환하도록 각 액추에이터 5~10분 정도 가동

자주나와요 꼭 암기

1. 사용 중인 작동유의 수분함유 여부를 현장에서 판정하는 것으로 적절한 방법은?
   오일을 가열한 철판 위에 떨어뜨려 본다.
2. 유압장치에서 오일에 거품이 생기는 원인은?
   오일이 부족할 때, 오일탱크와 펌프 사이에서 공기가 유입될 때, 펌프축 주위의 토출 측 실(seal)이 손상되었을 때
3. 온도변화에 따라 점도변화가 큰 오일의 점도지수는?
   점도지수가 낮은 것이다.
4. 유압유의 점검 사항은? 점도, 윤활성, 소포성
5. 오일의 무게를 맞게 계산하는 방법은?
   부피 L에다 비중을 곱하면 kgf가 된다.
6. 유압 작동부에서 오일이 새고 있을 때 가장 먼저 점검해야 하는 것은? 실(seal)
7. 유압실린더의 숨돌리기 현상이 생겼을 때 일어나는 현상은?
   작동 지연 현상이 생긴다. 서지압이 발생한다. 피스톤 작동이 불안정하게 된다.
8. 작동유의 열화 판정 방법은? 색깔, 냄새, 점도 등 작동유의 외관

신유형

1. 필터의 여과 입도수(mesh)가 너무 높을 때 발생할 수 있는 현상으로 가장 적절한 것은? 캐비테이션 현상
2. 윤활유가 열 때문에 건유되어 다량의 탄소잔류물이 생기는 현상은? 탄화

제2장 유압기기

1 유압장치

(1) 유압장치의 기본 구조

유압 발생장치	• 유압펌프나 전동기에 의해 유압을 발생하는 부분 • 작동유 탱크, 유압펌프, 오일필터, 압력계, 오일펌프 구동용 전동기(유압모터) 등으로 구성
유압기기 구동장치	• 유체 압력에너지를 기계적 에너지로 변환시키고 액추에이터 에 의해 왕복운동 또는 회전운동을 하는 부분 • 유압실린더, 유압전동기 등으로 구성
유압 제어장치	• 작동유의 필요한 압력, 유량, 방향을 제어하는 부분 • 압력제어밸브, 유량제어밸브, 방향제어밸브 등으로 구성

(2) 유압펌프

기관이나 전동기 등의 기계적 에너지를 받아서 유압에너지로 변환시키는 장치로 작동유의 유압 송출

① 종류 및 특징

구 분	기어펌프	베인펌프	플런저펌프★ (피스톤펌프)
최고압력	170~210kgf/cm^2	140~170kgf/cm^2	250~350kgf/cm^2
최고 회전수	2,000~3,000rpm	2,000~3,000rpm	2,000~2,500rpm
전체 효율	80~85	80~85	85~90
장 점	• 소형, 구조 간단하 여 고장이 적음 • 고속회전 가능, 가격 저렴 • 부하 및 회전변동이 큰 가혹한 조건에도 사용 가능 • 흡입력이 좋아 탱크 에 가압을 하지 않 아도 펌프질이 잘 됨	• 소음과 진동 적음, 로크가 안정 • 정비와 관리 용이 • 수명은 보통, 고속회전 가능 • 유압탱크에 가압을 가하지 않아도 펌프 질 가능	• 가변 용량 가능 • 가장 고압이며, 고효율 • 다른 펌프에 비해 수명 길
단 점	• 수명 짧고 소음 및 진동 큼 • 구동되는 펌프 회전 속도가 변화하면 흐름 용량이 바뀜	• 최고압력 및 흡입 성능 낮음 • 구조가 약간 복잡	• 흡입 성능 나쁘고 구조 복잡 • 소음 크고 최고회 전속도 약간 낮음

② 유압펌프의 이상현상

유압펌프 고장 시 나타나는 현상	• 작동 중 소음 큼 • 작동유의 배출 압력 낮음 • 샤프트 실(seal)에서 오일 누설 있음 • 작동유의 흐르는 양·압력 부족
유압펌프의 소음 발생 원인	• 흡입 라인 막힘 • 작동유 양 적고, 점도 너무 높음 • 유압펌프의 베어링 마모 • 작동유 속에 공기가 들어 있을 때 • 스트레이너 용량이 너무 작음 • 관과 펌프축 사이의 편심 오차 큼 • 흡입관 접합부분으로부터 공기 유입
유압펌프가 작동유를 배출하지 못하는 원인	• 작동유의 점도가 너무 높음 • 흡입관으로 공기 유입 • 오일탱크의 작동유 보유량 부족
유압펌프에서 오일은 배출되나 압력이 상승하지 않는 원인	• 유압펌프 내부의 이상으로 작동유가 누출될 때 • 릴리프밸브의 설정 압력이 낮거나 작동이 불량할 때 • 유압회로 중의 밸브나 작동기구에서 작동유 누출 될 때

(3) 유압 액추에이터(작동기구)

유압 모터	기 능	유압에너지를 이용하여 연속적으로 회전운동을 시키는 기기
	종 류	• 기어모터 : 외접 기어모터, 내접 기어모터 • 플런저 모터 : 액시얼 플런저 모터, 레디얼 플런저 모터
	장 점	• 무단 변속 용이ㅤㅤㅤㅤ• 작동이 신속·정확 • 변속·역전 제어 용이ㅤㅤ• 신호 시에 응답 빠름 • 속도나 방향 제어 용이ㅤ• 관성이 작고 소음 적음 • 소형·경량으로서 큰 출력을 냄
	단 점	• 작동유가 인화하기 쉬움 • 공기, 먼지가 침투하면 성능에 영향을 줌 • 작동유의 점도 변화에 의해 유압모터의 사용에 제약이 있음 • 작동유에 먼지나 공기가 침입하지 않도록 보수에 주의
유압 실린더		• 유압에너지를 이용하여 직선운동의 기계적인 일을 하는 장 치(동력 실린더) • 실린더의 누설 : 내부누설(최고압력에 상당하는 정하중을 로 드에 작용시킬 때 피스톤 이동 0.5mm/min), 외부누설(1 종·2종·3종 누설) • 실린더 쿠션기구 : 작동을 하고 있는 피스톤이 그대로의 속 도로 실린더 끝부분에 충돌하면 큰 충격이 가해지는데, 이를 완화시키기 위하여 설치한 것

자주나와요 꼭 암기

1. 유압장치의 구성요소는? 제어밸브, 오일탱크, 펌프
2. 일반적으로 유압펌프 중 가장 고압, 고효율인 것은? 플런저펌프
3. 유압모터의 장점은?
   소형, 경량으로서 큰 출력을 낼 수 있다. 변속·역전의 제어도 용이하다.
   속도나 방향의 제어가 용이하다.
4. 유압모터의 용량을 나타내는 것은? 입구압력(kgf/cm^2)당 토크
5. 유압실린더에서 실린더의 과도한 자연낙하 현상이 발생하는 원인은?
   컨트롤밸브 스풀의 마모, 릴리프밸브의 조정 불량, 실린더 내 피스톤 실(Seal)의 마모
6. 겨울철 연료탱크 내에 연료를 가득 채워두는 이유는?
   공기 중의 수분이 응축되어 물이 생기기 때문
7. 유압장치의 작동 원리는?
   파스칼의 원리

신유형

1. 안쪽 로터가 회전하면 바깥쪽 로터도 동시에 회전하는 유압펌프는?
   트로코이드 펌프(trochoid pump)
2. 유압회로 내에서 서지압(surge pressure)이란?
   과도하게 발생하는 이상 압력의 최댓값
3. 유압기기장치에 사용하는 유압호스로 가장 큰 압력에 견딜 수 있는 것은?
   나선 와이어 브레이드
4. 유압탱크의 주요 구성품은? 주유구, 유면계, 드레인플러그, 배플판, 스트레이너

(4) 유압제어밸브★

① 압력제어밸브

기 능	회로 내의 오일 압력을 제어하여 일의 크기를 결정하거나 유 압회로 내의 유압을 일정하게 유지하여 과도한 유압으로부터 회전의 안전을 지켜줌
릴리프밸브	회로 압력을 일정하게 하거나 최고압력을 규제해서 각부 기기 를 보호
감압밸브 (리듀싱밸브)	유압회로에서 분기회로의 압력을 주회로의 압력보다 저압으 로 해서 사용하고 싶을 때 이용
시퀀스밸브★	2개 이상의 분기회로를 갖는 회로 내에서 작동순서를 회로의 압력 등에 의해 제어하는 밸브
언로드밸브 (무부하밸브)	유압회로 내의 압력이 설정압력에 이르면 연쇄적으로 펌프로 부터의 전유량이 직접 탱크로 환류하도록 하여 펌프가 무부하 운전상태가 되도록 하는 제어밸브
카운터 밸런스밸브	윈치나 유압실린더 등의 자유낙하를 방지하기 위해 배압을 유 지하는 제어밸브

② 유량제어밸브

기능	회로 내에 흐르는 유량을 변화시켜서 액추에이터의 움직이는 속도를 바꾸는 밸브
교축밸브 (스로틀밸브)	조정핸들을 조작함에 따라 내부의 드로틀밸브가 움직여서 유도 면적을 바꿈으로써 유량이 조정되는 밸브
분류밸브	하나의 통로를 통해 들어온 유량을 2개의 액추에이터에 동등한 유량으로 분배하여 그 속도를 동기시키는 경우에 사용
압력 보상부 유량제어밸브	밸브의 입구와 출구의 압력차가 변해도 유량 조정은 변하지 않도록 보상 피스톤이 출구 쪽의 압력 변화를 민감하게 감지하여 미세한 운동을 하면서 유량 조정(= 플로컨트롤밸브)
특수 유량제어밸브	특수 유량제어밸브와 방향전환밸브를 조합한 복합밸브

③ 방향제어밸브

기능	유압펌프에서 보내온 오일의 흐름 방향을 바꾸거나 정지시켜서 액추에이터가 하는 일의 방향을 변화·정지시키는 제어밸브
스풀밸브	1개의 회로에 여러 개의 밸브 면을 두고 직선운동이나 회전운동으로 작동유의 흐름 방향을 변환시키는 밸브
체크밸브★	유압의 흐름을 한 방향으로 통과시켜 역류를 방지하기 위한 밸브
셔틀밸브	출구가 최고 압력쪽 입구를 선택하는 기능을 가지는 밸브
감속밸브	유압실린더나 유압모터를 가속, 감속 또는 정지하기 위해 사용하는 밸브(= 디셀러레이션밸브)
멀티플 유닛밸브	배관을 최소한으로 절약하기 위해 몇 개의 방향제어밸브를 그 회로에 필요한 릴리프밸브와 체크밸브를 포함하여 1개의 유닛으로 모은 밸브

④ 특수밸브

기능	건설기계의 특수성과 소형, 경량화하기 위해 그 기계에 적합한 밸브를 만들 필요가 있는데, 이를 위해 특별히 설계된 밸브
브레이크밸브	부하의 관성에너지가 큰 곳에 주로 사용하는 밸브
원격조작밸브	대형 건설기계의 수동 조작의 어려움을 제거하여 보다 간단한 조작을 위해 사용하는 밸브
클러치밸브	유압크레인의 권상 윈치 등의 클러치를 조작하는 데 사용하는 밸브

(5) 기타 부속장치

작동유 탱크	적정 유량 저장, 적정 유온 유지, 작동유의 기포 발생 방지 및 제거
배관	유압장치상의 배관은 펌프와 밸브 및 실린더를 연결하고 동력을 전달
오일필터 (여과기)	• 오일이 순환하는 과정에서 함유하게 되는 수분, 금속 분말, 슬러지 등 제거 • 종류 : 흡입 스트레이너(밀폐형 오일탱크 내에 설치하여 주로 큰 불순물 등 제거), 고압필터, 저압필터, 자석 스트레이너(펌프에 자성 금속 흡입 방지)
축압기★ (어큐뮬레이터)	• 유압펌프에서 발생한 유압을 저장하고 맥동을 소멸시키는 장치 • 축압기는 고압 질소가스를 충전하므로 취급 시에 주의하고 운반 및 유압장치의 수리 시에는 완전히 가스를 뽑아 둠 • 기능 : 압력 보상, 에너지 축적, 유압회로 보호, 체적 변화 보상, 맥동 감쇠, 충격 압력 흡수 및 일정 압력 유지 • 축압기 사용 시의 이점 : 유압펌프 동력 절약, 작동유 누출 시 이를 보충, 갑작스런 충격 압력 보호, 충격된 압력에너지의 방출 사이클 시간 연장, 유압펌프의 정지 시 회로 압력 유지, 유압펌프의 대용 사용 가능 및 안전장치로서의 역할 수행
패킹	실린더용 패킹	• U패킹 : 저압~고압까지 넓은 범위에서 사용 • 피스톤링(슬리퍼 실) : O링과 테프론을 조합한 것으로 피스톤 실에 많이 쓰임 • V패킹 : 절단면이 V형
---	---	---
	O링	고무제품으로 유압기기·고압기기에 널리 사용
	더스트 실 (dust seal)	유압실린더의 로드 패킹 외측에 장착되므로 윤활성이 좋지 않고 외기의 온도와 햇빛에 직접 노출되어 손상되기 쉬움(= 스크레이퍼)
	오일 실	유압회로의 작동유의 누출 방지를 위해 펌프, 모터축의 실에 사용되는 것
오일냉각기		• 유압의 적정온도인 40~60℃를 초과하면 점도 저하에 따른 유막의 단절, 누설량의 증대에 따른 기능 저하를 유발하여 유압장치의 작동을 원활하게 하지 못함 • 온도 상승의 원인은 회로 내의 동력 손실인데, 손실이 적을 경우에는 자연발화에 의해 온도 상승을 방지할 수 있으나 손실이 많은 경우 오일 냉각기를 설치하여 온도 조정

자주나와요 꼭 암기

1. 유압회로 내의 유압을 설정압력으로 일정하게 유지하기 위한 압력제어밸브는? **릴리프밸브**
2. 방향제어밸브를 동작시키는 방식은? **전자식, 수동식, 전자 유압 파일럿식**
3. 역류를 방지하는 밸브는? **체크밸브**
4. 오일펌프의 압력조절밸브를 조정하여 스프링 장력을 높게 하면 어떻게 되는가? **유압이 높아진다.**
5. 축압기의 용도는? **유압에너지의 저장, 충격흡수, 압력보상**
6. 유압실린더의 움직임이 느리거나 불규칙할 때의 원인은? **피스톤링이 마모되었다. 유압유의 점도가 너무 높다. 회로 내에 공기가 혼입되고 있다.**
7. 분기회로에 사용되는 밸브는? **리듀싱(감압)밸브, 시퀀스밸브**
8. 직동형 릴리프밸브에서 자주 일어나며 볼(ball)이 밸브의 시트(seat)를 때려 소음을 발생시키는 현상은? **채터링(chattering) 현상**
9. 유압장치에서 작동 유압에너지에 의해 연속적으로 회전운동을 함으로써 기계적인 일을 하는 것은? **유압모터**

신유형

1. 액추에이터를 순서에 맞추어 작동시키기 위하여 설치한 밸브는? **시퀀스밸브**
2. 건설기계기관에 설치되는 오일냉각기의 주 기능은? **오일 온도를 정상 온도로 일정하게 유지한다.**
3. 가스형 축압기(어큐뮬레이터)에 가장 널리 이용되는 가스는? **질소**
4. O-링의 구비조건은? **체결력 클 것, 탄성이 양호하고, 압축변형이 적을 것 등**

2 유압회로 및 유압기호

(1) 유압회로

구성	유압펌프, 유압밸브, 유압실린더, 유압모터, 오일필터, 축압기 등
기본 유압 회로	개방회로(오픈회로), 밀폐회로(클로즈드 회로), 탠덤회로, 병렬회로, 직렬회로
속도 제어 회로	미터 인 회로, 미터 아웃 회로, 블리드 오프 회로
유압 제어 회로	2개의 릴리프밸브를 사용하는 회로, 압력을 단계적으로 변화시키는 회로, 압력을 연속적으로 제어하는 회로
축압기 회로	• 보조 유압원으로 사용되고 이에 의해 동력을 크게 절약할 수 있으며 유압장치의 내구성을 향상시킬 수 있음 • 사용목적 : 압력 유지, 급속 작동, 충격 압력 제거, 맥동 발생 방지, 유압펌프 보조, 비상용 유압원 등
시퀀스 회로	전기방식, 기계방식, 압력방식
무부하 회로	• 펌프에서 발생한 유량이 필요 없게 되었을 때 이 작동유를 저압으로 탱크로 복귀시키는 회로 • 특징 : 동력 절약, 열 발생 감소, 펌프 수명 연장, 전체 유압장치의 효율 증대

(2) 유압기호

분류		명칭	상시 닫힘	상시 열림
압력 제어밸브		기본표시		
		릴리프밸브★		
		언로드밸브★ (무부하밸브)		
		시퀀스밸브		
		감압밸브		
유량 제어밸브		유량조절밸브		
		가변 드로틀 밸브 고정형		
	가변형	내부 드레인식		
		외부 드레인식		
체크밸브		체크밸브		
		파일럿식 체크밸브		
		셔틀밸브		
부속기관		오일탱크		
		스톱밸브		
		압력스위치		
		어큐뮬레이터		
		전동기		
		압력원		
		필 터		
		냉각기		
		압력계		
		온도계		
		유량계 순간지시식		

분류	구 분	1방향	2방향
펌프 및 모터 기호	정용량형 유압펌프		
	가변용량형 유압펌프★		
	정용량형 유압모터		
	가변용량형 유압모터		
	가변펌프·모터		

(3) 유압장치의 기호 회로도에 사용되는 유압 기호의 표시방법

① 기호에는 흐름의 방향을 표시한다.
② 각 기기의 기호는 정상상태 또는 중립상태를 표시한다.
③ 기호에는 각 기기의 구조나 작용압력을 표시하지 않는다.
④ 오해의 위험이 없을 때는 기호를 뒤집거나 회전할 수 있다.
⑤ 기호가 없어도 정확히 이해할 수 있을 때는 드레인 관로는 생략할 수 있다.

PART 03 건설기계관리법규 및 도로통행방법

제1장 건설기계관리법규

1. 목적 및 용어

(1) 목적

건설기계의 등록·검사·형식승인 및 건설기계사업과 건설기계조종사 면허 등에 관한 사항을 정하여 건설기계를 효율적으로 관리하고 건설기계의 안전도를 확보하여 건설공사의 기계화를 촉진한다.

(2) 용어 ★

건설기계		건설공사에 사용할 수 있는 기계
건설기계사업	건설기계대여업	건설기계의 대여를 업으로 하는 것
	건설기계정비업	건설기계를 분해·조립 또는 수리하고 그 부품품을 가공 제작·교체하는 등 건설기계를 원활하게 사용하기 위한 모든 행위를 업으로 하는 것
	건설기계매매업	중고건설기계의 매매 또는 그 매매의 알선과 그에 따른 등록사항에 관한 변경신고의 대행을 업으로 하는 것
	건설기계해체재활용업	폐기 요청된 건설기계의 인수, 재사용 가능한 부품의 회수, 폐기 및 그 등록말소 신청의 대행을 업으로 하는 것
중고건설기계		건설기계를 제작·조립 또는 수입한 자로부터 법률행위 또는 법률의 규정에 따라 취득한 때부터 사실상 그 성능을 유지할 수 없을 때까지의 건설기계
건설기계형식		건설기계의 구조·규격 및 성능 등에 관해 일정하게 정한 것

2. 건설기계의 등록·등록번호

(1) 건설기계의 등록

등록의 신청	건설기계 소유자의 주소지 또는 건설기계의 사용본거지를 관할하는 특별시장·광역시장·특별자치시장·도지사 또는 특별자치도지사에게 제출
등록 시 첨부서류	• 건설기계의 출처를 증명하는 서류 : 건설기계제작증(국내에서 제작한 건설기계), 수입면장 등 수입사실을 증명하는 서류(수입한 건설기계), 매수증서(행정기관으로부터 매수한 건설기계) • 건설기계의 소유자임을 증명하는 서류 • 건설기계제원표 • 보험 또는 공제 가입을 증명하는 서류
등록 신청기간	• 건설기계를 취득한 날부터 2월 이내 • 전시·사변 기타 이에 준하는 국가비상사태 : 5일 이내

자주나와요 꼭 암기

1. 건설기계를 등록할 때 필요한 서류는?
   건설기계제작증, 수입면장, 매수증서
2. 건설기계 등록신청은 누구에게 하는가?
   건설기계 소유자의 주소지 또는 건설기계의 사용본거지를 관할하는 특별시장·광역시장·도지사 또는 특별자치도지사
3. 건설기계 등록신청은 건설기계를 취득한 날로부터 얼마의 기간 이내에 하여야 하는가? 2월

(2) 미등록 건설기계의 사용 금지

임시운행 사유	임시운행 기간
• 등록신청을 하기 위해 건설기계를 등록지로 운행하는 경우 • 신규등록검사 및 확인검사를 받기 위해 건설기계를 검사장소로 운행하는 경우 • 수출을 하기 위해 건설기계를 선적지로 운행하는 경우 • 수출을 하기 위해 등록말소한 건설기계를 점검·정비의 목적으로 운행하는 경우 • 판매 또는 전시를 위해 건설기계를 일시적으로 운행하는 경우	15일 이내
신개발 건설기계를 시험·연구의 목적으로 운행하는 경우	3년 이내

(3) 등록사항의 변경신고 및 이전

변경신고자	• 건설기계의 소유자 또는 점유자 • 건설기계매매업자(매수인이 직접 변경신고하는 경우 제외)
변경신고기간	• 건설기계 등록사항에 변경이 있은 날부터 30일 이내 (상속의 경우에는 상속개시일부터 6개월) • 전시·사변 기타 이에 준하는 국가비상사태 : 5일 이내
변경신고 시 첨부서류	변경내용을 증명하는 서류, 건설기계등록증, 건설기계검사증 (건설기계등록증, 건설기계검사증은 자가용 건설기계 소유자의 주소지 또는 사용본거지가 변경된 경우는 제외)
등록이전	• 등록한 주소지 또는 사용본거지가 변경된 경우 (시·도 간의 변경이 있는 경우에 한함) • 그 변경이 있은 날부터 30일 이내 (상속의 경우에는 상속개시일부터 6개월) • 새로운 등록지를 관할하는 시·도지사에게 제출 • 첨부서류 : 건설기계 등록이전 신고서, 소유자의 주소 또는 건설기계의 사용본거지의 변경사실을 증명하는 서류, 건설기계등록증 및 건설기계검사증

(4) 등록말소 사유 ★

구분	사유	등록말소 신청기한
시·도지사의 직권으로 등록말소	• 거짓이나 그 밖의 부정한 방법으로 등록을 한 경우 • 정기검사 명령, 수시검사 명령 또는 정비명령에 따르지 아니한 경우 • 내구연한을 초과한 건설기계(정밀진단을 받아 연장된 경우는 그 연장기간을 초과한 건설기계)	—
그 소유자의 신청이나 시·도지사의 직권으로 등록말소할 수 있는 경우	• 건설기계를 폐기한 경우	사유가 발생한 날부터 30일 이내
	• 건설기계가 천재지변 또는 이에 준하는 사고 등으로 사용할 수 없게 되거나 멸실된 경우 • 건설기계해체재활용업을 등록한 자에게 폐기를 요청한 경우 • 구조적 제작 결함 등으로 건설기계를 제작·판매자에게 반품한 경우 • 건설기계를 교육·연구 목적으로 사용하는 경우	
	• 건설기계를 수출하는 경우	수출 전까지
	• 건설기계를 도난당한 경우	2개월 이내
	• 건설기계의 차대가 등록 시의 차대와 다른 경우 • 건설기계가 건설기계 안전기준에 적합하지 않게 된 경우 • 건설기계가 횡령 또는 편취당한 경우	—

(5) 등록의 표식 및 등록번호표

① 등록의 표식
- ㉠ 등록된 건설기계에는 등록번호표를 부착 및 봉인하고 등록번호를 새겨야 함
- ㉡ 건설기계 소유자는 등록번호표 또는 그 봉인이 떨어지거나 알아보기 어렵게 된 경우에는 시·도지사에게 등록번호표의 부착 및 봉인을 신청하여야 함

② 등록번호표의 색상 및 일련번호(2022.05.25.개정/2022.11.26.시행) ★

구 분		색 상	일련번호
비사업용	관용	흰색 바탕에 검은색 문자	0001~0999
	자가용		1000~5999
대여사업용		주황색 바탕에 검은색 문자	6000~9999

참고

등록번호표에 표시되는 모든 문자 및 외각선은 1.5mm 튀어나와야 한다.

③ 특별표지판 부착 대상 대형 건설기계 ★
- ㉠ 길이가 16.7m를 초과하는 건설기계
- ㉡ 너비가 2.5m를 초과하는 건설기계
- ㉢ 높이가 4.0m를 초과하는 건설기계
- ㉣ 최소 회전반경이 12m를 초과하는 건설기계
- ㉤ 총중량이 40톤을 초과하는 건설기계
- ㉥ 총중량 상태에서 축하중이 10톤을 초과하는 건설기계

④ 건설기계의 안전기준 용어
- ㉠ 자체중량 : 연료, 냉각수 및 윤활유 등을 가득 채우고 휴대 공구, 작업 용구 및 예비 타이어를 싣거나 부착하고, 즉시 작업할 수 있는 상태에 있는 건설기계의 중량
- ㉡ 최대 적재중량 : 적재가 허용되는 물질을 허용된 장소에 최대로 적재하였을 때 적재된 물질의 중량
- ㉢ 총중량 : 자체중량에 최대 적재중량과 조종사를 포함한 승차인원의 체중(1인당 65kg)을 합한 것

자주나와요 꼭 암기

1. 건설기계 등록번호표 제작 등을 할 것을 통지·명령하여야 하는 것은?
   신규등록을 하였을 때, 등록번호의 식별이 곤란한 때
2. 시·도지사는 건설기계등록원부를 건설기계 등록말소한 날부터 몇 년간 보존? **10년**
3. 건설기계 등록지를 변경한 때는 등록번호표를 시·도지사에게 며칠 이내에 반납하여야 하는가? **10일**

신유형

등록번호표 제작자는 등록번호표 제작 등의 신청을 받은 날로부터 며칠 이내에 제작하여야 하는가? **7일**

3 건설기계의 검사

(1) 검사의 종류 ★

신규등록검사	건설기계를 신규로 등록할 때 실시하는 검사
구조변경검사	건설기계의 주요 구조를 변경하거나 개조한 경우 실시하는 검사
정기검사	건설공사용 건설기계로서 3년의 범위에서 검사유효기간이 끝난 후에 계속하여 운행하려는 경우에 실시하는 검사와 운행차의 정기검사
수시검사	성능이 불량하거나 사고가 자주 발생하는 건설기계의 안전성 등을 점검하기 위해 수시로 실시하는 검사와 건설기계 소유자의 신청을 받아 실시하는 검사

참고

정기검사 유효기간 ★

기 종	연 식	검사유효기간
타워크레인	–	6개월
• 굴착기(타이어식) • 기중기 • 아스팔트살포기 • 천공기 • 항타 및 항발기 • 터널용 고소작업차	–	1년
• 덤프트럭 • 콘크리트 믹서트럭 • 콘크리트펌프(트럭적재식) • 도로보수트럭(타이어식) • 트럭지게차(타이어식)	20년 이하	1년
	20년 초과	6개월
• 로더(타이어식) • 지게차(1톤 이상) • 모터그레이더 • 노면파쇄기(타이어식) • 노면측정장비(타이어식) • 수목이식기(타이어식)	20년 이하	2년
	20년 초과	1년
• 그 밖의 특수건설기계 • 그 밖의 건설기계	20년 이하	3년
	20년 초과	1년

건설기계 기종의 명칭 및 기종번호

01 : 불도저	02 : 굴착기
03 : 로더	04 : 지게차
05 : 스크레이퍼	06 : 덤프트럭
07 : 기중기	08 : 모터그레이더
09 : 롤러	10 : 노상안정기
11 : 콘크리트뱃칭플랜트	12 : 콘크리트피니셔
13 : 콘크리트살포기	14 : 콘크리트믹서트럭
15 : 콘크리트펌프	16 : 아스팔트믹싱플랜트
17 : 아스팔트피니셔	18 : 아스팔트살포기
19 : 골재살포기	20 : 쇄석기
21 : 공기압축기	22 : 천공기
23 : 항타 및 항발기	24 : 자갈채취기
25 : 준설선	26 : 특수건설기계
27 : 타워크레인	

자주나와요 꼭 암기

1. 건설기계검사의 종류는? **신규등록검사, 정기검사, 구조변경검사, 수시검사**
2. 덤프트럭을 신규등록한 후 최초 정기검사를 받아야 하는 시기는? **1년**

(2) 검사의 연장·대행

검사연장	• 천재지변, 건설기계의 도난, 사고발생, 압류, 31일 이상에 걸친 정비 그 밖의 부득이한 사유로 검사신청기간 내에 검사를 신청할 수 없는 경우에는 그 기간을 연장할 수 있음 • 검사신청기간 만료일까지 검사연장신청서에 연장사유를 증명할 수 있는 서류를 첨부하여 시·도지사에게 제출하여야 함(검사대행자를 지정한 경우에는 검사대행자에게 제출함) • 검사를 연장하는 경우에는 그 연장기간을 6개월 이내로 함
검사대행	국토교통부장관은 건설기계의 검사에 관한 시설 및 기술능력을 갖춘 자를 지정하여 검사의 전부 또는 일부를 대행하게 할 수 있음

참고

검사대행자 지정 취소 및 정지 사유

지정 취소 및 사업 정지를 명할 수 있는 경우	• 국토교통부령으로 정하는 기준에 적합하지 아니하게 된 경우 • 검사대행자 또는 그 소속 기술인력이 준수사항을 위반한 경우 • 검사업무의 확인·점검을 위해 검사대행자에게 필요한 자료를 제출하지 않거나 거짓으로 제출한 경우 • 경영부실 등의 사유로 검사대행 업무를 계속하게 하는 것이 적합하지 않다고 인정될 경우 • 건설기계관리법을 위반하여 벌금 이상의 형을 선고받은 경우
지정 취소	• 거짓이나 그 밖의 부정한 방법으로 지정을 받은 경우 • 사업정지명령을 위반하여 사업정지기간 중에 검사를 한 경우

자주나와요 꼭 암기

1. 정기검사연기신청을 하였으나 불허통지를 받은 자는 언제까지 검사를 신청하여야 하는가? **정기검사신청기간 만료일부터 10일 이내**
2. 건설기계의 구조변경 범위에 속하는 것은? **건설기계의 길이·너비·높이 등의 변경, 조종장치의 형식변경, 수상작업용 건설기계 선체의 형식변경**

신유형

1. 건설기계검사를 연장 받을 수 있는 기간은?
   - 해외임대를 위하여 일시 반출된 경우 – 반출기간 이내
   - 압류된 건설기계의 경우 – 압류기간 이내
   - 건설기계사업을 휴업(휴지)하는 경우 – 해당 사업의 개시신고를 하는 때까지(휴지기간 이내)
2. 정기검사에 불합격한 건설기계에 대하여 정비명령은 며칠 이내에 해야 하는가? **10일 이내**

4. 건설기계사업

(1) 등록

건설기계사업	건설기계사업을 하려는 자는 사업의 종류별로 시장·군수 또는 구청장에게 등록
건설기계정비업	건설기계정비업의 등록을 하려는 자는 사무소의 소재지를 관할하는 시장·군수 또는 구청장에게 건설기계정비업 등록신청서를 제출
건설기계대여업	건설기계대여업을 등록하려는 자는 건설기계대여업을 영위하는 사무소의 소재지를 관할하는 시장·군수 또는 구청장에게 건설기계대여업 등록신청서를 제출
건설기계매매업	건설기계매매업을 등록하려는 자는 사무소의 소재지를 관할하는 시장·군수 또는 구청장에게 건설기계매매업등록신청서를 제출
건설기계해체재활용업	건설기계해체재활용업의 등록을 하려는 자는 시장·군수 또는 구청장에게 건설기계해체재활용 등록신청서를 제출

(2) 건설기계사업자의 변경신고 등

건설기계사업자의 변경신고	• 변경신고 사유가 발생한 날부터 30일 이내에 건설기계사업자 변경신고서에 변경사실을 증명하는 서류와 등록증을 첨부하여 건설기계사업의 등록을 한 시장·군수 또는 구청장에게 제출 • 신고를 받은 시장·군수 또는 구청장은 그 신고내용에 따라 등록증의 기재사항을 변경하여 교부하거나 보관 또는 폐기할 것
건설기계사업의 휴업·폐업 등의 신고	건설기계사업자가 그 사업의 전부 또는 일부를 휴업 또는 폐업하려는 때에는 건설기계사업휴업(폐업)신고서를 시장·군수 또는 구청장에게 제출

자주나와요 꼭 암기

건설기계관리법에 의한 건설기계사업은?
건설기계대여업, 건설기계매매업, 건설기계해체재활용업, 건설기계정비업

신유형

건설기계사업자가 영업의 양도를 할 때, 시장이나 군수는 건설기계사업자의 지위를 승계한 자의 신고수리 여부를 신고를 받은 날로부터 며칠 이내에 통지하는가?
10일

5. 건설기계조종사 면허

(1) 건설기계조종사 면허의 취득 ★

① 건설기계를 조종하려는 사람은 시장·군수 또는 구청장에게 건설기계조종사 면허를 받아야 한다.
② 덤프트럭, 아스팔트살포기, 노상안정기, 콘크리트믹서트럭, 콘크리트펌프, 천공기(트럭적재식), 특수건설기계 중 국토교통부장관이 지정하는 건설기계를 조종하려는 사람은 도로교통법에 따른 제1종 대형운전면허를 받아야 한다.
③ 5톤 미만의 불도저, 5톤 미만의 로더, 5톤 미만의 천공기(트럭적재식 제외), 3톤 미만의 지게차, 3톤 미만의 굴착기, 3톤 미만의 타워크레인, 공기압축기, 콘크리트펌프(이동식에 한정), 쇄석기, 준설선의 면허는 시·도지사가 지정한 교육기관에서 소형건설기계의 조종에 관한 교육과정의 이수로 기술자격의 취득을 대신할 수 있다.

(2) 건설기계조종사 면허의 결격사유

① 18세 미만인 사람
② 건설기계조종상의 위험과 장해를 일으킬 수 있는 정신질환자 또는 뇌전증환자로서 국토교통부령으로 정하는 사람
③ 앞을 보지 못하는 사람, 듣지 못하는 사람, 그 밖에 국토교통부령으로 정하는 장애인
④ 건설기계조종상의 위험과 장해를 일으킬 수 있는 마약·대마·향정신성의약품 또는 알코올중독자로서 국토교통부령으로 정하는 사람
⑤ 건설기계조종사 면허가 취소된 날부터 1년이 지나지 않았거나 건설기계조종사 면허의 효력정지 처분기간 중에 있는 사람(거짓 그 밖의 부정한 방법으로 건설기계조종사 면허를 받았거나 건설기계조종사 면허의 효력정지기간 중 건설기계를 조종하여 취소된 경우에는 2년)

(3) 건설기계조종사 면허의 종류

면허의 종류	조종할 수 있는 건설기계
불도저	불도저
5톤 미만의 불도저	5톤 미만의 불도저
굴착기	굴착기
3톤 미만의 굴착기	3톤 미만의 굴착기
로더	로더
3톤 미만의 로더	3톤 미만의 로더
5톤 미만의 로더	5톤 미만의 로더
지게차	지게차
3톤 미만의 지게차	3톤 미만의 지게차
기중기	기중기
롤러	롤러, 모터그레이더, 스크레이퍼, 아스팔트피니셔, 콘크리트피니셔, 콘크리트살포기 및 골재살포기
이동식 콘크리트펌프	이동식 콘크리트펌프
쇄석기	쇄석기, 아스팔트믹싱플랜트 및 콘크리트뱃칭플랜트
공기압축기	공기압축기
천공기	천공기(타이어식, 무한궤도식 및 굴진식을 포함한다. 다만, 트럭적재식은 제외), 항타 및 항발기
5톤 미만의 천공기	5톤 미만의 천공기(트럭적재식 제외)
준설선	준설선 및 자갈채취기
타워크레인	타워크레인
3톤 미만의 타워크레인	3톤 미만의 타워크레인 중 세부 규격에 적합한 타워크레인

(4) 건설기계조종사 면허의 취소·정지 ★

① 면허취소 사유
   ㉠ 거짓이나 그 밖의 부정한 방법으로 건설기계조종사 면허를 받은 경우
   ㉡ 건설기계조종사 면허의 효력정지기간 중 건설기계를 조종한 경우
   ㉢ 정기적성검사를 받지 아니하고 1년이 지난 경우
   ㉣ 정기적성검사 또는 수시적성검사에서 불합격한 경우
② 면허취소 또는 1년 이내의 면허효력을 정지시킬 수 있는 사유
   ㉠ 정신질환자 또는 뇌전증환자, 앞을 보지 못하는 사람·듣지 못하는 사람 및 그 밖에 국토교통부령으로 정하는 장애인, 마약·대마·향정신성의약품 또는 알코올중독자

ⓛ 건설기계의 조종 중 고의 또는 과실로 중대한 사고를 일으킨 경우
ⓒ 국가기술자격법에 따른 해당 분야의 기술자격이 취소되거나 정지된 경우
ⓔ 건설기계조종사 면허증을 다른 사람에게 빌려 준 경우
ⓜ 술에 취하거나 마약 등 약물을 투여한 상태 또는 과로·질병의 영향이나 그 밖의 사유로 정상적으로 조종하지 못할 우려가 있는 상태에서 건설기계를 조종한 경우

③ 건설기계의 조종 중 고의 또는 과실로 중대한 사고를 일으킨 경우의 처분기준

위반사항		처분기준
인명 피해	고의로 인명피해(사망, 중상, 경상 등을 말함)를 입힌 경우	취소
	과실로 중대재해가 발생한 경우	
	사망 1명마다	면허효력정지 45일
	중상 1명마다	면허효력정지 15일
	경상 1명마다	면허효력정지 5일
재산 피해	피해금액 50만 원마다	면허효력정지 1일 (90일을 넘지 못함)
건설기계의 조종 중 고의 또는 과실로 가스공급시설을 손괴하거나 기능에 장애를 입혀 가스의 공급을 방해한 경우		면허효력정지 180일

자주나와요 암기

1. 건설기계조종사 면허증의 반납사유는?
   면허의 효력이 정지된 때, 면허증의 재교부를 받은 후 잃어버린 면허증을 발견한 때, 면허가 취소된 때
2. 건설기계조종사 면허취소 또는 효력정지를 시킬 수 있는 자는?
   시장·군수 또는 구청장
3. 고의로 경상 1명의 인명피해를 입힌 건설기계조종사 처분기준은?   면허취소

신유형

1. 과실로 경상 6명의 인명피해를 입힌 건설기계조종사의 처분기준은?
   면허효력정지 30일
2. 건설기계조종사 면허증 발급 신청 시 첨부서류는?   국가기술자격증 정보, 신체검사서, 소형건설기계조종교육이수증(소형면허 신청 시), 증명사진
3. 건설기계조종사의 정기적성검사는 65세 미만인 경우 몇 년마다 받아야 하는가?
   10년

6 벌 칙★

(1) 2년 이하의 징역 또는 2천만 원 이하의 벌금
① 등록되지 않았거나 말소된 건설기계를 사용하거나 운행한 자
② 시·도지사의 지정을 받지 않고 등록번호표를 제작하거나 등록번호를 새긴 자
③ 등록을 하지 않고 건설기계사업을 하거나 거짓으로 등록을 한 자

(2) 1년 이하의 징역 또는 1천만 원 이하의 벌금
① 거짓이나 그 밖의 부정한 방법으로 등록을 한 자
② 등록번호를 지워 없애거나 그 식별을 곤란하게 한 자
③ 구조변경검사 또는 수시검사를 받지 아니한 자
④ 정비명령을 이행하지 않은 자
⑤ 매매용 건설기계를 운행하거나 사용한 자
⑥ 건설기계조종사 면허를 받지 아니하고 건설기계를 조종한 자
⑦ 건설기계조종사 면허를 거짓이나 그 밖의 부정한 방법으로 받은 자
⑧ 건설기계조종사 면허가 취소되거나 건설기계조종사 면허의 효력정지처분을 받은 후에도 건설기계를 계속하여 조종한 자
⑨ 건설기계를 도로나 타인의 토지에 버려둔 자

(3) 100만 원 이하의 과태료
① 등록번호표를 부착·봉인하지 않거나 등록번호를 새기지 않은 자
② 등록번호표를 가리거나 훼손하여 알아보기 곤란하게 한 자 또는 그러한 건설기계를 운행한 자

(4) 50만 원 이하의 과태료
① 임시번호표를 붙이지 않고 운행한 자
② 변경신고를 하지 않거나 거짓으로 변경신고한 자
③ 등록번호표를 반납하지 않은 자
④ 등록의 말소를 신청하지 않은 자

자주나와요 암기

1. 건설기계조종사 면허를 받지 않고 건설기계를 조종한 자에 대한 벌칙은?
   1년 이하의 징역 또는 1천만 원 이하의 벌금
2. 정비명령을 이행하지 아니한 자에 대한 벌칙은?   1,000만 원 이하의 벌금

신유형

1. 과태료 처분에 대하여 불복이 있는 경우 며칠 이내에 이의를 제기하여야 하는가?   처분의 고지를 받은 날부터 60일 이내
2. 건설기계등록번호표를 가리거나 훼손하여 알아보기 곤란하게 한 자에 대한 과태료는?   1차 위반 시 50만 원, 2차 위반 시 70만 원, 3차 이상 위반 시 100만 원(영 별표3)
3. 건설기계를 도로나 타인의 토지에 버려둔 자에 대한 벌금은?   1,000만 원 이하의 벌금

제2장 도로교통법

1 목 적

도로에서 일어나는 교통상의 모든 위험과 장해를 방지하고 제거하여 안전하고 원활한 교통을 확보함을 목적으로 한다.

2 도로통행방법에 관한 사항

(1) 차량신호등의 종류 및 의미

신호의 종류		신호의 의미
원 형 등 화	녹색의 등화	• 차마는 직진 또는 우회전할 수 있음 • 비보호좌회전표지 또는 비보호좌회전표시가 있는 곳에서는 좌회전할 수 있음
	황색의 등화	• 차마는 정지선이 있거나 횡단보도가 있을 때에는 그 직전이나 교차로의 직전에 정지하여야 하며 이미 교차로에 차마의 일부라도 진입한 경우에는 신속히 교차로 밖으로 진행하여야 함 • 차마는 우회전할 수 있고 우회전하는 경우에는 보행자의 횡단을 방해하지 못함
	적색의 등화	차마는 정지선, 횡단보도 및 교차로의 직전에서 정지해야 하고, 신호에 따라 진행하는 다른 차마의 교통을 방해하지 않고 우회전할 수 있음
	황색등화의 점멸	차마는 다른 교통 또는 안전표지의 표시에 주의하면서 진행할 수 있음
	적색등화의 점멸	차마는 정지선이나 횡단보도가 있을 때에는 그 직전이나 교차로의 직전에 일시정지한 후 다른 교통에 주의하면서 진행할 수 있음
화 살 표 등 화	녹색화살표의 등화	차마는 화살표시 방향으로 진행할 수 있음
	적색화살표 등화의 점멸	차마는 정지선이나 횡단보도가 있을 때에는 그 직전이나 교차로의 직전에 일시정지한 후 다른 교통에 주의하면서 화살표시 방향으로 진행할 수 있음
	황색화살표 등화의 점멸	차마는 다른 교통 또는 안전표지의 표시에 주의하면서 화살표시 방향으로 진행할 수 있음

자주나와요 꼭 암기

1. 통행의 우선순위는? **긴급자동차 → 일반자동차 → 원동기장치자전거**
2. 신호등에 녹색등화 시 차마의 통행방법은? **차마는 직진할 수 있다. 차마는 좌회전을 하여서는 안 된다. 차마는 우회전할 수 있다.**
3. 도로교통법상 가장 우선하는 신호는? **경찰공무원의 수신호**

신유형

1. 도로교통법상 3색 등화로 표시되는 신호등의 신호순서는?
   녹색(적색 및 녹색화살표)등화, 황색등화, 적색등화의 순이다.
2. 건설기계를 운전하여 교차로 전방 20m 지점에 이르렀을 때 황색등화로 바뀌었을 경우 운전자의 조치방법은?
   정지할 조치를 취하여 정지선에 정지한다.

(2) 차마의 통행방법

① 차마의 통행
  ㉠ 보도와 차도가 구분된 도로
   • 보도와 차도가 구분된 도로에서는 차도 통행
   • 도로 외의 곳에 출입 시 보도를 횡단하는 경우 차마의 운전자는 보도를 횡단하기 직전에 일시정지하여 좌측과 우측 부분 등을 살핀 후 보행자의 통행을 방해하지 않도록 횡단
   • 도로의 중앙 우측 부분 통행
  ㉡ 도로의 중앙이나 좌측 부분을 통행할 수 있는 경우
   • 도로가 일방통행인 경우
   • 도로의 파손, 도로공사나 그 밖의 장애 등으로 도로의 우측 부분을 통행할 수 없는 경우
   • 도로 우측 부분의 폭이 6m가 되지 않는 도로에서 다른 차를 앞지르려는 경우
   • 도로 우측 부분의 폭이 차마의 통행에 충분하지 않은 경우
   • 가파른 비탈길의 구부러진 곳에서 교통의 위험을 방지하기 위해 시·도경찰청장이 필요하다고 인정하여 구간 및 통행방법을 지정하고 있는 경우에 그 지정에 따라 통행하는 경우

② 자동차 등의 속도 ★
  ㉠ 비·안개·눈 등으로 인한 악천후 시의 감속운행

도로의 상태	감속운행속도
• 비가 내려 노면이 젖어 있는 경우 • 눈이 20mm 미만 쌓인 경우	최고속도의 20/100 감속
• 폭우, 폭설, 안개 등으로 가시거리가 100m 이내인 경우 • 노면이 얼어붙은 경우 • 눈이 20mm 이상 쌓인 경우	최고속도의 50/100 감속

  ㉡ 자동차의 운행속도

도로 구분			최고속도(km/h)	최저속도(km/h)
일반도로	주거·상업·공업지역		50 이내 (시·도경찰청장이 지정한 노선 또는 구간 : 60 이내)	제한없음
	그 외 지역		60 이내 (편도 2차로 이상의 도로 : 80 이내)	
자동차전용도로			90	30
고속도로	편도 2차로 이상	모든 고속도로	100	50
			화물(적재중량 1.5톤 초과)·특수·위험물운반 자동차 및 건설기계 80	
		지정·고시한 노선 또는 구간	120	50
			화물·특수·위험물운반 자동차 및 건설기계 90	
	편도1차로		80	50

자주나와요 꼭 암기

1. 최고속도의 100분의 20을 줄인 속도로 운행하여야 할 경우는?
   비가 내려 노면이 젖어 있는 경우, 눈이 20mm 미만 쌓인 경우
2. 노면의 결빙이나 폭설 시 평상시보다 얼마나 감속운행하여야 하는가? **100분의 50**
3. 자동차전용 편도 4차로의 도로에서 굴삭기와 지게차가 주행하는 차로는?
   3차로, 4차로

신유형

보도와 차도가 구분된 도로에서 중앙선이 설치되어 있는 경우 차마의 통행방법은? **중앙 우측 부분 통행**

③ 진로 및 교통정리가 없는 교차로에서의 양보

진로양보의 의무	• 모든 차(긴급자동차 제외)의 운전자는 뒤에서 따라오는 차보다 느린 속도로 가려는 경우에는 도로의 우측 가장자리로 피하여 진로를 양보 • 다만 통행 구분이 설치된 도로의 경우에는 그러하지 않음
교통정리가 없는 교차로에서의 양보운전	• 교통정리를 하고 있지 않는 교차로에 들어가려고 하는 차의 운전자는 이미 교차로에 들어가 있는 다른 차가 있을 때에는 그 차에 진로양보 • 교통정리를 하고 있지 않는 교차로에 들어가려고 하는 차의 운전자는 그 차가 통행하고 있는 도로의 폭보다 교차하는 도로의 폭이 넓은 경우에는 서행하고, 폭이 넓은 도로로부터 교차로에 들어가려고 하는 다른 차가 있을 때에는 그 차에 진로양보 • 교통정리를 하고 있지 않는 교차로에 동시에 들어가려고 하는 차의 운전자는 우측도로의 차에 진로양보 • 교통정리를 하고 있지 않는 교차로에서 좌회전하려고 하는 차의 운전자는 그 교차로에서 직진하거나 우회전하려는 다른 차가 있을 때에는 그 차에 진로양보

④ 횡단금지 및 안전거리 확보

횡단 금지	• 보행자나 다른 차마의 정상적인 통행을 방해할 우려가 있는 경우 차마를 운전하여 도로를 횡단하거나 유턴 또는 후진하면 안 됨 • 시·도경찰청장은 도로에서의 위험을 방지하고 교통의 안전과 원활한 소통을 확보하기 위해 특히 필요하다고 인정하는 경우에는 도로의 구간을 지정하여 차마의 횡단이나 유턴 또는 후진을 금지할 수 있음 • 길가의 건물이나 주차장 등에서 도로에 들어갈 때에는 일단 정지한 후에 안전한지 확인하면서 서행
안전거리 확보	• 같은 방향으로 가고 있는 앞차의 뒤를 따르는 경우에는 앞차가 갑자기 정지하게 되는 경우 그 앞차와의 충돌을 피할 수 있는 필요한 거리 확보 • 차의 진로를 변경하려는 경우에 그 변경하려는 방향으로 오고 있는 다른 차의 정상적인 통행에 장애를 줄 우려가 있을 때에는 진로를 변경하면 안 됨 • 위험방지를 위한 경우와 그 밖의 부득이한 경우가 아니면 운전하는 차를 갑자기 정지시키거나 속도를 줄이는 등의 급제동을 하면 안 됨

⑤ 앞지르기 및 끼어들기 ★

앞지르기	방법	• 다른 차를 앞지르려면 앞차의 좌측으로 통행 • 앞지르려고 하는 모든 차의 운전자는 반대방향의 교통과 앞차 앞쪽의 교통에도 주의를 충분히 기울여야 하며, 앞차의 속도·진로와 그 밖의 도로상황에 따라 방향지시기·등화 또는 경음기를 사용하는 등 안전한 속도와 방법으로 앞지르기를 해야 함 • 앞지르기를 하는 차가 있을 때에는 속도를 높여 경쟁하거나 그 차의 앞을 가로막는 등의 방법으로 앞지르기를 방해하면 안 됨

앞지르기	금지시기	• 앞차의 좌측에 다른 차가 앞차와 나란히 가고 있는 경우 • 앞차가 다른 차를 앞지르고 있거나 앞지르려고 하는 경우 • 도로교통법이나 도로교통법에 따른 명령에 따라 정지하거나 서행하고 있는 차 • 경찰공무원의 지시에 따라 정지하거나 서행하고 있는 차 • 위험을 방지하기 위하여 정지하거나 서행하고 있는 차
	금지장소	• 교차로 • 터널 안 • 다리 위 • 도로의 구부러진 곳, 비탈길의 고갯마루 부근 또는 가파른 비탈길의 내리막 등 시·도경찰청장이 안전표지로 지정한 곳
끼어들기 금지		도로교통법이나 도로교통법에 따른 명령 또는 경찰공무원의 지시에 따르거나 위험방지를 위해 정지 또는 서행하고 있는 다른 차 앞으로 끼어들지 못함

⑥ 철길건널목 및 교차로 통행방법

철길건널목의 통과★	• 건널목 앞에서 일시정지하여 안전한지 확인한 후에 통과(단, 신호기 등이 표시하는 신호에 따르는 경우에는 정지하지 않고 통과 가능) • 건널목의 차단기가 내려져 있거나 내려지려고 하는 경우 또는 건널목의 경보기가 울리고 있는 동안에는 그 건널목으로 들어가서는 안 됨 • 건널목을 통과하다가 고장 등의 사유로 건널목 안에서 차를 운행할 수 없게 된 경우에는 즉시 승객을 대피시키고 비상신호기 등을 사용하거나 그 밖의 방법으로 철도공무원이나 경찰공무원에게 그 사실을 알려야 함
교차로 통행방법	• 교차로에서 우회전 : 미리 도로의 우측 가장자리를 서행하면서 우회전 • 교차로에서 좌회전 : 미리 도로의 중앙선을 따라 서행하면서 교차로의 중심 안쪽을 이용하여 좌회전(단, 시·도경찰청장이 교차로의 상황에 따라 특히 필요하다고 인정하여 지정한 곳에서는 교차로의 중심 바깥쪽 통과 가능) • 우회전 또는 좌회전을 하기 위해 손이나 방향지시기 또는 등화로써 신호를 하는 차가 있는 경우에 그 뒤차의 운전자는 신호를 한 앞차의 진행을 방해하면 안 됨 • 신호기로 교통정리를 하고 있는 교차로에 들어가려는 경우에는 진행하려는 진로의 앞쪽에 있는 차의 상황에 따라 교차로(정지선이 설치되어 있는 경우에는 그 정지선을 넘은 부분)에 정지하게 되어 다른 차의 통행에 방해가 될 우려가 있는 경우에는 그 교차로에 들어가서는 안 됨 • 교통정리를 하고 있지 않고 일시정지나 양보를 표시하는 안전표지가 설치되어 있는 교차로에 들어가려고 할 때에는 다른 차의 진행을 방해하지 않도록 일시정지하거나 양보하여야 함

⑦ 서행 또는 일시정지할 장소 ★

서행할 장소	• 도로가 구부러진 부근 • 교통정리를 하고 있지 않는 교차로 • 비탈길의 고갯마루 부근 • 가파른 비탈길의 내리막 • 시·도경찰청장이 안전표지로 지정한 곳
일시정지할 장소	• 교통정리를 하고 있지 않고 좌우를 확인할 수 없거나 교통이 빈번한 교차로 • 시·도경찰청장이 안전표지로 지정한 곳

자주나와요 꼭 암기

1. 신호등이 없는 철길건널목 통과방법은?
   반드시 일시정지를 한 후 안전을 확인하고 통과한다.
2. 유도표시가 없는 교차로에서의 좌회전 방법은?
   교차로 중심 안쪽으로 서행한다.
3. 교차로 통과에서 가장 우선하는 것은? **경찰공무원의 수신호**
4. 건널목 안에서 차가 고장이 나서 운행할 수 없게 되었다. 운전자의 조치사항은?
   철도 공무 중인 직원이나 경찰 공무원에게 즉시 알려 차를 이동하기 위한 필요한 조치를 한다. 차를 즉시 건널목 밖으로 이동시킨다. 승객을 하차시켜 즉시 대피시킨다.

⑧ 정차 및 주차금지 ★

정차 및 주차금지 장소	• 교차로·횡단보도·건널목이나 보도와 차도가 구분된 도로의 보도 • 교차로의 가장자리나 도로의 모퉁이로부터 5m 이내인 곳 • 안전지대가 설치된 도로에서는 그 안전지대의 사방으로부터 각각 10m 이내인 곳 • 버스여객자동차의 정류지임을 표시하는 기둥이나 표지판 또는 선이 설치된 곳으로부터 10m 이내인 곳(단, 버스여객자동차의 운전자가 그 버스여객자동차의 운행시간 중에 운행노선에 따르는 정류장에서 승객을 태우거나 내리기 위해 차를 정차하거나 주차하는 경우 제외) • 건널목의 가장자리 또는 횡단보도로부터 10m 이내인 곳 • 소방용수시설 또는 비상소화장치가 설치된 곳으로부터 5m 이내인 곳 • 소방시설로서 대통령령으로 정하는 시설이 설치된 곳으로부터 5m 이내인 곳 • 시·도경찰청장이 도로에서의 위험을 방지하고 교통의 안전과 원활한 소통을 확보하기 위해 필요하다고 인정하여 지정한 곳
주차금지 장소	• 터널 안 및 다리 위 • 도로공사를 하고 있는 경우에는 그 공사 구역의 양쪽 가장자리로부터 5m 이내인 곳 • 다중이용업소의 영업장이 속한 건축물로 소방본부장의 요청에 의하여 시·도경찰청장이 지정한 곳으로부터 5m 이내인 곳 • 시·도경찰청장이 도로에서의 위험을 방지하고 교통의 안전과 원활한 소통을 확보하기 위해 필요하다고 인정하여 지정한 곳

자주나와요 꼭 암기

1. 모든 차가 반드시 서행하여야 할 곳은? **교통정리를 하고 있지 아니하는 교차로, 도로가 구부러진 부근, 비탈길의 고갯마루 부근, 가파른 비탈길의 내리막**
2. 교차로의 가장자리 또는 도로의 모퉁이로부터 관련법상 몇 m 이내의 장소에 정차 주차를 해서는 안 되는가? **5m**
3. 술에 취한 상태의 기준은? **혈중알코올농도 0.03% 이상**
   (만취 상태 : 혈중알코올농도 0.08% 이상)
4. 교통사고로 인하여 사람을 사상하거나 물건을 손괴하는 사고가 발생했을 때 우선 조치사항은? **그 차의 운전자나 그 밖의 승무원은 즉시 정차하여 사상자를 구호하는 등 필요한 조치를 취해야 한다.**
5. 승차인원·적재중량에 관하여 안전기준을 넘어서 운행하고자 하는 경우 누구에게 허가를 받아야 하는가? **출발지를 관할하는 경찰서장**
6. 야간에 자동차를 도로에 정차 또는 주차하였을 때 켜야 하는 등화는?
   미등 및 차폭등
7. 야간에 도로에서 차를 운행할 때 켜야 하는 등화의 종류 중 견인되는 자동차의 등화는? **미등, 차폭등 및 번호등**
8. 안전기준을 초과하는 화물의 적재허가를 받은 자는 그 길이 또는 그 폭의 양 끝에 몇cm 이상의 빨간 헝겊으로 된 표지를 달아야 하는가? **너비 30cm, 길이 50cm**

신유형

1. 제1종 보통면허로 운전할 수 있는 것은? **승차정원 15인승의 승합자동차, 적재중량 11톤급의 화물자동차, 원동기장치자전거**
2. 교통사고로 중상의 기준은? **3주 이상의 치료를 요하는 부상**

⚠ 참고

교통사고처리특례법상 12개 항목
• 신호·지시위반
• 중앙선 침범
• 속도위반(20km/h 초과)
• 앞지르기 방법 위반
• 철길건널목 통과방법 위반
• 보행자 보호의무 위반(횡단보도사고)
• 무면허운전
• 주취운전·약물복용 운전(음주운전)
• 보도침범·보도횡단방법 위반
• 승객추락방지의무 위반
• 어린이보호구역 내 안전운전의무 위반
• 화물고정조치 위반

PART 04 안전관리

제1장 안전관리

1 산업안전일반

(1) 산업안전

사업장의 생산 활동에서 발생되는 모든 위험으로부터 근로자의 신체와 건강을 보호하고 산업시설을 안전하게 유지하는 것

(2) 산업재해의 발생원리

① 산업재해의 정의

산업안전 보건법상의 정의	노무를 제공하는 사람이 업무에 관계되는 건설물·설비·원재료·가스·증기·분진 등에 의하거나 작업 또는 그 밖의 업무로 인하여 사망 또는 부상하거나 질병에 걸리는 것
국제노동기구 (ILO)의 정의	근로자가 물체나 물질, 타인과 접촉에 의해서 또는 물체나 작업 조건, 근로자의 작업동작 때문에 사람에게 상해를 주는 사건이 일어나는 것

② 산업재해 부상의 종류
  ㉠ 중상해 : 부상으로 인하여 2주 이상의 노동손실을 가져온 상해 정도
  ㉡ 경상해 : 부상으로 인하여 1일 이상 14일 미만의 노동손실을 가져온 상해 정도
  ㉢ 경미상해 : 부상으로 8시간 이하의 휴무 또는 작업에 종사하면서 치료를 받는 상해 정도

③ 재해의 발생 이론(도미노 이론)★ : 사고 연쇄의 5가지 요인들이 표시된 도미노 골패가 한쪽에서 쓰러지면 연속적으로 모두 쓰러지는 것과 같이 연쇄성을 이루고 있다는 것이다. 이들 요인 중 하나만 제거하면 재해는 발생하지 않으며, 특히 불안전한 행동과 불안전한 상태를 제거하는 것이 재해 예방을 위해 가장 바람직하다.

④ 사고의 요인★
  ㉠ 가정 및 사회적 환경(유전적)의 결함 : 빈부의 차나 감정의 영향, 주변 환경의 질적 요소 등은 인간의 성장 과정에서 성격 구성에 커다란 영향을 끼치며 교육적인 효과에도 좌우되고 유전이나 가정환경은 인간 결함의 주원인이 되기도 함
  ㉡ 개인적인 결함 : 유전이나 후천적인 결함 또는 무모, 신경질, 흥분성, 무분별, 격렬한 기질 등은 불안전 행동을 범하게 되고 기계적·물리적인 위험 존재의 원인이 됨
  ㉢ 불안전 행동 또는 불안전 상태 : 사고 발생의 직접 원인
  ㉣ 사고(Accident) : 인간이 추락, 비래물에 의한 타격 등으로 돌발적으로 발생한 사건
  ㉤ 재해(Injury) : 골절, 열상 등 사고로 인한 결과 피해를 가져온 상태

2 보호구 및 안전표지

(1) 보호구

① 정의 : 외부의 유해한 자극물을 차단하거나 또는 그 영향을 감소시킬 목적을 가지고 작업자의 신체 일부 또는 전부에 장착하는 보조 기구

② 구비조건 및 보관

구비 조건	• 착용이 간편하고 작업에 방해를 주지 않을 것 • 구조 및 표면 가공이 우수할 것 • 보호장구의 원재료의 품질이 우수할 것 • 유해·위험 요소에 대한 방호 성능이 완전할 것
보관	• 청결하고 습기가 없는 곳에 보관 • 주변에 발열체가 없도록 함 • 세척 후 그늘에서 완전히 건조시켜 보관 • 부식성 액체, 유기용제, 기름, 화장품, 산 등과 혼합하여 보관하지 않음 • 개인 보호구는 관리자 등에 일괄 보관하지 않음

③ 보호구의 종류별 특성★
  ㉠ 안전모 : 건설작업, 보수작업, 조선작업 등에서 물체의 낙하, 비래, 붕괴 등의 우려가 있는 작업이나 하물의 적재 및 하역작업 등에서 추락, 전락, 전도 등의 우려가 있는 작업에서 위험의 방지 또는 경감을 위해 반드시 착용

선택 방법	• 작업성질에 따라 머리에 가해지는 각종 위험으로부터 보호할 수 있는 종류의 안전모 선택 • 규격에 알맞고 성능 검사 합격품 • 가볍고 성능이 우수하며 충격 흡수성이 좋아야 함
착용 대상 사업장	• 2m 이상 고소 작업 • 낙하 위험 작업 • 비계의 해체 조립 작업 • 차량계 운반 하역작업

자주나와요 꼭 암기

1. 안전 보호구의 종류는? **안전화, 안전장갑, 안전모, 안전대**
2. 사고 발생이 많이 일어날 수 있는 원인에 대한 순서는?
   불안전 행위 > 불안전 조건 > 불가항력
3. 산업재해 분류에서 사람이 평면상으로 넘어졌을 때(미끄러짐 포함)를 말하는 것은? **전도**

신유형

1. 재해의 원인 중 생리적인 원인에 해당되는 것은? **작업자의 피로**
2. 사고의 결과로 인하여 인간이 입는 인명 피해와 재산상의 손실을 무엇이라 하는가? **재해**
   ✤ 자연적 재해 : 지진, 태풍, 홍수
3. 안전보호구 선택 시 유의사항은?
   • 보호구 검정에 합격하고 보호성능이 보장될 것
   • 작업 행동에 방해되지 않을 것
   • 착용이 용이하고 크기 등 사용자에게 편리할 것

  ㉡ 안전대 : 추락에 의한 위험을 방지하기 위해 로프, 고리, 급정지 기구와 근로자의 몸에 묶는 띠 및 그 부속품

착용 대상 사업장	• 2m 이상의 고소 작업 • 분쇄기 또는 혼합기의 개구부 • 슬레이트 지붕 위의 작업 • 비계의 조립, 해체 작업
사용 시 유의 사항	• 식물섬유제 로프는 습기, 산, 기타 약품에 상하기 쉬우므로 관리·점검 철저히 할 것 • 로프를 구조물에 매어다는 높이는 작업점보다 높게 할 것 • 한번 충격을 받은 안전대는 사용하지 말 것 • 벨트, 로프, 버클 등을 함부로 바꾸지 말 것 • 쇠가죽제 벨트는 무게가 걸리는 부분에 사용하면 위험하므로 사용에 특별한 주의를 요할 것

ⓒ 안전화, 보안경, 보안면

구 분	기 능	구비조건
안전화	물체의 낙하, 충격, 날카로운 물체로 인한 위험으로부터 발 또는 발 등을 보호하거나 감전이나 정전기의 대전을 방지하기 위한 것	• 제조하는 과정에서 앞발가락 끝부분에 선심을 넣어 압박 및 충격에 대하여 착용자의 발가락을 보호할 수 있는 구조 • 착용감이 좋고 작업에 편리 • 견고하게 제작하여 부분품의 마무리가 확실하고 형상은 균형이 있을 것 • 선심의 내측은 헝겊, 가죽, 고무 또는 플라스틱 등으로 감쌀 것
보안경	날아오르는 물체에 의한 위험 또는 위험물, 유해 광선에 의한 시력 장해를 방지하기 위한 것	• 착용 시 편안하고 세척이 쉬울 것 • 내구성이 있고 충분히 소독이 되어 있을 것 • 특정한 위험에 대해서 적절한 보호를 할 수 있을 것 • 견고하게 고정되어 착용자가 움직이더라도 쉽게 탈락 또는 움직이지 않을 것
보안면	유해광선으로부터 눈을 보호하고 용접 시 불꽃 또는 날카로운 물체에 의한 위험으로부터 안면을 보호하는 보호구	• 구조적으로 충분한 강도가 있고 가벼울 것 • 착용 시 피부에 해가 없고 수시로 세탁·소독이 가능할 것 • 금속은 방청 처리를 하고 플라스틱은 난연성일 것 • 투시부의 플라스틱은 광학적 성능을 가질 것

ⓓ 안전장갑

용접용 가죽제 보호장갑	불꽃, 용융 금속 등으로부터 손의 상해 방지
전기용 고무장갑	7,000V 이하의 전기 회로 작업에서의 감전 방지
내열장갑 (방열장갑)	로(爐)작업 등에서 복사열로부터 보호하기 위해 사용
산업위생 보호장갑	산, 알칼리 및 화학 약품 등으로부터 피부의 장해 또는 피부를 통한 피부 침투가 우려되는 물질을 취급하는 작업에 손 보호
방진장갑	착암기 등의 진동공구를 사용하면 진동 장해가 발생되므로 방진 장갑 착용

ⓔ 호흡용 보호구 ★

방진 마스크의 구비조건	• 여과 효율(분집·포집 효율)이 좋고 흡배기 저항이 낮을 것 • 사용적(유효공간)이 적을 것(180cm² 이하) • 중량이 가볍고 시야가 넓을 것 • 안면 밀착성이 좋고 피부 접촉 부위의 고무질이 좋을 것
방독 마스크 사용 시 유의 사항	• 수명이 지난 것은 절대로 사용하지 말 것 • 산소 결핍(일반적으로 16% 기준) 장소에서는 사용하지 말 것 • 가스의 종류에 따라 용도 이외의 것을 사용하지 말 것
호스 마스크	작업장 또는 작업 공간 내의 공기가 유해·유독 물질의 오염이나 산소 결핍 등으로 방진 마스크 또는 방독 마스크를 사용할 수 없는 불량한 작업 환경에서 주로 사용하는 보호구

② 작업장 안전

안전수칙	• 작업복과 안전장구는 반드시 착용 • 각종 기계를 불필요하게 회전시키지 않음 • 좌·우측 통행 규칙을 엄수 • 중량물 이동에는 체인블록이나 호이스트를 사용

(2) 안전보건표지

① 종류와 형태 ★

	101 출입금지	102 보행금지	103 차량통행금지	104 사용금지	105 탑승금지	106 금연
1. 금지표지	107 화기금지	108 물체이동금지	2. 경고표지	201 인화성물질 경고	202 산화성물질 경고	203 폭발성물질경고	204 급성독성물질 경고
	205 부식성물질 경고	206 방사성물질 경고	207 고압전기 경고	208 매달린 물체 경고	209 낙하물 경고	210 고온 경고	211 저온 경고
	212 몸균형 상실 경고	213 레이저광선 경고	214 발암성·변이원성·생식독성·전신독성·호흡기 과민성물질 경고	215 위험장소 경고	3. 지시표지	301 보안경 착용	302 방독마스크 착용
	303 방진마스크 착용	304 보안면 착용	305 안전모 착용	306 귀마개 착용	307 안전화 착용	308 안전장갑 착용	309 안전복 착용
4. 안내표지	401 녹십자표지	402 응급구호표지	403 들것	404 세안장치	405 비상용기구	406 비상구
	407 좌측비상구	408 우측비상구				

![자주나와요 꼭 암기]

1. 산업안전보건법상 안전표지의 종류는?
   금지표지, 경고표지, 지시표지, 안내표지
2. 작업현장에서 사용되는 안전표지 색은?
   • 빨간색 – 방화 표시   • 노란색 – 충돌·추락 주의 표시
   • 녹색 – 비상구 표시
3. 보호안경을 끼고 작업해야 하는 경우는?
   산소용접 작업 시, 그라인더 작업 시, 장비의 하부에서 점검 시, 정비 작업 시

【신유형】

1. 응급구호표지의 바탕색은? 녹색
2. 차광보안경의 종류는? 자외선용, 적외선용, 용접용, 복합용

② 안전보건표지의 색채, 색도 기준 및 색채 용도

색 채	색도 기준	용 도	사용 예
빨간색	7.5R 4/14	금지	정지신호, 소화설비 및 그 장소, 유해행위의 금지
		경고	화학물질 취급장소에서의 유해·위험경고
노란색	5Y 8.5/12	경고	화학물질 취급장소에서의 유해·위험 경고 이외의 위험경고, 주의표지 또는 기계방호물
파란색	2.5PB 4/10	지시	특정 행위의 지시 및 사실의 고지
녹색	2.5G 4/10	안내	비상구 및 피난소, 사람 또는 차량의 통행 표지
흰색	N9.5		파란색 또는 녹색에 대한 보조색
검은색	N0.5		문자 및 빨간색 또는 노란색에 대한 보조색

③ 기계·기기 및 공구의 안전

(1) 기계의 위험 및 안전 조건

① 기계 사고의 일반적 원인

인적 원인	교육적 결함	안전 교육 부족, 교육 미비, 표준화 및 통제 부족 등
	작업자의 능력 부족	무경험, 미숙련, 무지, 판단력 부족 등
	규율 부족	규칙, 작업 기준 불이행 등
	불안전 동작	서두름, 날림 동작 등
	정신적 결함	피로, 스트레스 등
	육체적 결함	체력 부족, 피로 등
물적 원인	환경 불량	조명, 청소, 청결, 정리, 정돈, 작업 조건 불량 등
	기계시설의 위험	가드(guard)의 불충분, 설계 불량 등
	구조의 불안전	방화 대책의 미비, 비상 출구의 불안전 등
	계획의 불량	작업 계획의 불량, 기계 배치 계획의 불량 등
	보호구의 부적합	안전 보호구, 보호의 결함 등
	기기의 결함	불량 기기·기구 등

② 기계 안전 일반

작업 복장	• 작업의 종류에 따라 규정된 복장, 안전모, 안전화 및 보호구 착용 • 작업복은 몸에 맞고 동작이 편해야 함 • 장갑은 작업용도에 따라 적합한 것을 착용하고 수건을 허리에 차거나 어깨·목 등에 걸지 않음 • 작업복의 소매와 바지의 단추를 풀면 안 되고 상의의 옷자락이 밖으로 나오지 않도록 함 • 오손되거나 지나치게 기름이 많은 작업복은 착용하지 않음 • 신발은 안전화를 착용하여 물체가 떨어져 부상당하거나 예리한 못이나 쇠붙이에 찔리지 않도록 함
통로의 안전	• 중요한 통로에는 통로표시를 하고 근로자가 안전하게 통행할 수 있게 할 것 • 옥내 통로를 설치 시, 걸려 넘어지거나 미끄러지는 위험이 없을 것 • 통로면으로부터 높이 2m 이내에는 장애물이 없도록 할 것 • 정상적인 통행을 방해하지 않는 정도의 채광·조명시설을 할 것
계단의 안전	• 계단 및 계단참을 설치할 때는 매 m²당 500kg 이상의 하중에 견딜 수 있는 강도를 가진 구조로 설치할 것 • 계단의 폭은 1m 이상으로 할 것 • 계단참은 그 높이가 3.7m를 초과하지 않도록 설치하고 중간의 계단참은 가로·세로의 길이가 각각 1m 이상이 되도록 할 것

(2) 기계의 방호

① 방호장치 : 기계·기구 및 설비 또는 시설을 사용하는 작업자에게 상해를 입힐 우려가 있는 부분에 작업자를 보호하기 위해 일시적 또는 영구적으로 설치하는 기계적·물리적 안전장치

종류	• 위치제한형 방호장치 : 위험구역에서 일정거리 이상 떨어지게 하는 방호장치 • 접근반응형 방호장치 : 감지하여 작동 중인 기계를 즉시 정지, 꺼지도록하는 장치 • 포집형 방호장치 : 작업자로부터 위험원을 차단하는 방호장치 • 격리형 방호장치 : 기계설비 외부에 차단벽이나 방호망을 설치하는 것

② 동력기계의 안전장치

종류	인터록 시스템(interlock system), 리미트 스위치(limit switch)
선정 시 고려 사항	• 안전장치의 사용에 따라 방호가 완전할 것 • 강도면·기능면에서 신뢰도가 클 것 • 현저히 작업에 지장을 가져오지 않을 것 • 보전성을 고려하여 소모 부품 등의 교환이 용이한 구조 • 정기 점검 시 이외는 사람의 손으로 조정할 필요가 없을 것 • 안전장치를 제거하거나 기능의 정지를 용이하게 할 수 없을 것

③ 기계설비의 방호장치 ★

동력전달장치의 안전대책	샤프트	세트 볼트, 귀, 머리 등의 돌출 부분은 회전 시 위험성이 높아서 노출되면 근로자의 몸, 복장이 말려들어 중대한 재해 발생
	벨트	• 벨트를 걸 때나 벗길 때는 기계를 정지한 상태에서 행함 • 운전 중인 벨트에는 접근하지 않도록 하고 벨트의 이음쇠는 풀리가 없는 구조로 하고 풀리에 감겨 돌아갈 때는 커버나 울로 덮개 설치
	기어	• 기어가 맞물리는 부분에 완전히 덮개를 함 • 기어가 완판형인 때에는 치차의 주위를 완전히 덮도록 기어 케이싱을 만들어야 하며 플랜지가 붙은 밴드형 덮개를 해야 함
	풀리	상면 또는 작업대로부터 2.6m 이내에 있는 풀리는 방책 또는 덮개로 방호
	스프로킷 및 체인	동력으로 회전하는 스프로킷 및 체인은 그 위치에 따라 방호가 필요 없는 것을 제외하고는 완전히 덮어야 함
방호덮개의 구분		• 가공물, 공구 등의 낙하 비래에 의한 위험을 방지하기 위한 것 • 위험 부위에 인체의 접촉 또는 접근을 방지하기 위한 것 • 방호덮개는 기계의 주위를 청소 또는 수리하는 데 방해되지 않는 한 작업상으로부터 15cm 띄어 놓고 완전히 에워싸서 노출시키지 말 것
방호망책의 설치		위험점에 작업자가 접근하여 신체 부위가 접촉함으로써 발생하는 재해를 예방하기 위해 방호망책을 설치하는데, 방호망책이 높을수록 방호망책에 가깝게 위험점을 둘 수 있음
방호망		동력으로 작동되는 기계·기구의 돌기 부분, 동력 전달 부분 및 속도 조절 부분에 방호망을 설치하는데, 방호망은 주유, 점검 등 일상 업무에 지장이 없도록 설치

(3) 공작기계의 안전대책 ★

밀링머신		• 작업 전에 기계의 이상 유무를 확인하고 동력스위치를 넣을 때 두세 번 반복할 것 • 절삭 중에는 절대로 장갑을 끼지 말 것 • 가공물, 커터 및 부속장치 등을 제거할 때 시동레버를 건드리지 말 것 • 강력 절삭 시에는 일감을 바이스에 깊게 물릴 것
플레이너		• 일감을 견고하게 장치하고 볼트는 일감에 가깝게 하여 죔 • 바이트는 되도록 짧게 나오도록 설치하고 일감 고정 작업 중에는 반드시 동력스위치 끌 것 • 일감의 일부분만을 강하게 죄면 일감에 휨과 비틀림이 생기므로 균일한 힘으로 죔
세이퍼		• 바이트는 되도록 짧게 고정, 보호안경 착용, 평형대 사용 • 작업공구를 정돈하고 알맞은 렌치나 핸들을 사용하고 시동하기 전에 행정 조정용 핸들을 빼놓을 것 • 바이스 조는 상하지 않도록 주의하고 거친 일감을 물릴 때는 연한 보호 금속판이나 두꺼운 종이를 끼워서 물릴 것
드릴링머신		• 장갑을 끼고 작업하지 말 것 • 드릴을 끼운 뒤에 척 렌치를 반드시 빼고 전기 드릴 사용 시에는 반드시 접지 • 드릴은 좋은 것을 골라 바르게 연마하여 사용하고 플레임 상처가 있거나 균열이 생긴 것은 사용하지 말 것
연삭기	구조면	• 구조 규격에 적당한 덮개를 설치하고 플랜지는 수평을 잡아서 바르게 설치 • 치수나 형상이 구조 규격에 적합한 숫돌을 사용하고 칩 비산 방지 투명판·국소 배기장치 설치 • 탁상용 연삭기에는 작업 받침대와 조정편 설치
	작업면	• 연삭숫돌에 충격 주지 않아야 하고 보호안경 쓸 것 • 작업 시작 전에 1분 이상 시운전하고 숫돌 교체 시는 3분 이상 시운전할 것 • 연삭할 때 생기는 분진의 흡입을 막기 위해 마스크 착용 • 연삭숫돌을 부시로써 죌 때에는 부시가 균형 있게 연삭숫돌에 밀착되도록 설치

프레스	• 작업 전에 공회전하여 클러치 상태를 점검하고 복귀 작용, 스프링의 강도와 브레이크 효과 점검 • 작업대를 교환한 후 반드시 시운전을 해 보고 연속작업이 아닐 때는 반드시 스위치 끌 것 • 2명 이상의 조로 편성하여 작업할 때는 서로 정확한 신호와 안전한 동작을 할 것 • 장갑을 사용하지 않으며, 손질, 급유 작업을 하거나 조정할 때는 기계를 반드시 멈추고 작업

> 📝 **참고**
>
> **드릴 작업 시 주의사항**
> • 작업 시 면장갑을 착용 금지
> • 작업 중 칩 제거 금지
> • 균열이 있는 드릴 사용 금지
> • 칩을 털어낼 때 칩털이를 사용
> • 작업이 끝나면 드릴을 척에서 빼놓음
> • 재료는 힘껏 조이거나 정지구로 고정

(4) 각종 위험 기계·기구의 안전대책

롤러기(Roller)		• 롤러기 주위 바닥은 평탄하고 돌출물이나 제거물이 있으면 안 되며 기름이 묻어 있으면 제거 • 상면 또는 작업상으로부터 2.6m 이내에 있는 기계의 벨트, 커플링, 플라이휠, 치차, 피니언, 샤프트, 스프로킷, 기타 회전운동 또는 왕복운동을 하는 부분은 표준 방호덮개를 할 것
★ 가스용접작업	아세틸렌 용접장치의 관리	• 발생기에서 5m 이내 또는 발생기실에서 3m 이내의 장소에서 흡연, 화기의 사용 또는 불꽃이 발생할 위험한 행위를 금지시킬 것 • 이동식 아세틸렌 용접장치의 발생기는 고온의 장소·통풍이나 환기가 불충분한 장소 또는 진동이 많은 장소 등에 설치하지 않도록 할 것
	가스 집합 용접장치의 관리	• 사용하는 가스의 명칭 및 최대 가스저장량을 가스장치실의 보기 쉬운 장소에 게시할 것 • 가스용기를 교환하는 때에는 안전담당자의 참여 하에 할 것 • 가스집합장치의 설치 장소에는 적당한 소화설비를 설치할 것 • 이동식 가스집합용접장치의 가스집합장치는 고온의 장소, 통풍이나 환기가 불충분한 장소 또는 진동이 많은 장소에 설치하지 않도록 할 것
보일러		• 압력방출장치, 압력제한 스위치의 정상 작동 여부를 점검할 것 • 고저 수위 조절장치와 급수 펌프와의 상호 기능상태를 점검할 것
압력용기		• 압력용기 등에 과압으로 인한 폭발을 방지하기 위해 압력방출장치를 설치할 것 • 다단형 압축기 또는 직렬로 접속된 공기 압축기에는 과압방지 압력방출장치를 각단마다 설치할 것
공기압축기		• 작업 시작 전의 점검사항 : 공기저장 압력용기의 외관상태, 드레인밸브의 조작 및 배수, 압력방출장치 기능, 언로드밸브 기능, 윤활유 상태, 회전부 덮개 또는 울, 연결 부위의 이상 유무 • 공기압축기를 점검·청소 시에는 반드시 전원스위치를 끌 것

> 📝 **참고**
>
> **가스용접의 안전사항**
> • 산소누설 시험에는 비눗물 사용
> • 용접가스를 들이마시지 않도록 함
> • 토치 끝으로 용접물의 위치를 바꾸거나 재를 제거하면 안 됨
> • 산소 봄베와 아세틸렌 봄베 가까이에서 불꽃조정을 피해야 함

(5) 수공구의 안전수칙

① 일반 작업장의 안전수칙

 ㉠ 작업 전에 반드시 자신의 자세와 장비를 세밀히 점검하고, 작업복과 안전장구를 착용할 것
 ㉡ 모든 기계는 사용 전에 반드시 점검하여 안전상태 확인
 ㉢ 기계 운전 시에는 면장갑을 착용하지 말 것
 ㉣ 인화성물질 및 화기 취급은 반드시 철저한 방화 조치 후 작업 실시
 ㉤ 위험장소 및 출입금지구역은 무단으로 출입하지 말 것
 ㉥ 작업은 항상 표준 작업을 준수하여 작업

② 통상적인 수공구의 안전수칙

 ㉠ 공구는 작업에 적합한 것을 사용하여야 하며 규정된 작업 용도 이외에는 사용하여서는 안 됨
 ㉡ 공구는 일정한 장소에 비치하여 사용하고 손이나 공구에 기름이 묻어 있을 때에는 완전히 제거하여 사용
 ㉢ 공구는 확실히 손에서 손으로 전하고 작업 종료 시에는 반드시 공구 수량이나 파손 유무를 점검·정비하여 보관
 ㉣ 전기 및 전기식 공구는 유자격자 및 감독자로부터 허가된 자만 사용
 ㉤ 사용 후 기름이나 먼지를 깨끗이 닦아 공구실에 반납

③ 각종 수공구의 안전수칙 ★

펀치 및 정	• 문드러진 펀치 날은 연마하여 사용 • 정 작업 시에는 작업복 및 보호안경 착용 • 정의 머리는 항상 잘 다듬어져 있어야 함
스패너 및 렌치	• 사용 목적 외에 다른 용도에 절대 사용하지 않기 • 힘을 주기적으로 가하여 회전시키고 앞으로 당겨서 사용 • 파이프를 끼우거나 망치로 때려서 사용하지 말 것 • 스패너는 볼트 및 너트 두부에 잘 맞는 것을 사용
줄	• 균열의 유무를 충분히 점검할 것 • 줄의 손잡이가 줄 자루에 정확하고 단순하게 끼워져 있는지 확인 • 줄 작업으로 생긴 쇳밥은 반드시 솔로 제거하고 줄의 손잡이가 일감에 부딪치지 않도록 할 것
해머	• 해머 자루는 단단히 박혀 있어야 함 • 해머의 고정상태 및 자루의 파손상태, 해머면에 홈이 변형된 것은 없는지 사용 전에 점검 • 기름이 묻은 해머는 즉시 닦은 후 작업하고 장갑을 착용하면 안 됨 • 좁은 장소나 발판이 불량한 곳에서의 해머작업은 반동에 주의

4 화재안전

(1) 화재의 분류 및 소화방법 ★

분류	의 미	소화방법
A급 화재 (일반화재)	목재, 종이, 석탄 등 재를 남기는 일반 가연물의 화재	포말소화기 사용
B급 화재 (유류화재)	가연성 액체, 유류 등 연소 후에 재가 거의 없는 화재(유류화재)	• 분말소화기 사용 • 모래를 뿌린다. • ABC소화기 사용
C급 화재 (전기화재)	통전 중인 전기기기 등에서 발생한 전기화재	이산화탄소소화기 사용
D급 화재 (금속화재)	마그네슘, 티타늄, 지르코늄, 나트륨, 칼륨 등의 가연성 금속화재	건조사를 이용한 질식효과로 소화

(2) 소화 방법

① 가연물질을 제거한다.
② 화재가 일어나면 화재 경보를 한다.

③ 배선의 부근에 물을 뿌릴 때에는 전기가 통하는지 여부를 확인 후에 한다.
④ 가스밸브를 잠그고 전기스위치를 끈다.
⑤ 산소의 공급을 차단한다.
⑥ 점화원을 발화점 이하의 온도로 낮춘다.

> **자주나와요 암기**
> 1. 복스렌치가 오픈렌치보다 많이 사용되는 이유는? 볼트·너트 주위를 완전히 감싸게 되어 있어 사용 중에 미끄러지지 않음
> 2. 벨트를 풀리에 걸 때 가장 올바른 방법은? 회전을 정지시킨 때
> 3. 목재, 종이, 석탄 등 일반 가연물의 화재는 어떤 화재로 분류하는가? A급 화재
> 4. 휘발유(액상 또는 기체상의 연료성 화재)로 인해 발생한 화재는? B급 화재

> **신유형**
> 1. 금속 표면이 거칠거나 각진 부분에 다칠 우려가 있어 매끄럽게 다듬질하고자 한다. 적합한 수공구는? 줄
> 2. 소켓렌치 사용에 대한 설명은? 큰 힘으로 조일 때 사용한다. 오픈렌치와 규격이 동일하다. 사용 중 잘 미끄러지지 않는다.
> 3. 드릴 작업 시 착용을 금지해야 하는 것은? 장갑

제2장 작업안전

1 가스배관의 손상방지 등

(1) 가스도매사업 및 일반도시가스사업 가스공급시설의 배관설비기준

① 배관을 지하에 매설하는 경우 : 지표면으로부터 배관 외면까지의 매설깊이
  ㉠ 가스도매사업 : 산이나 들에서는 1m 이상, 그 밖의 지역에서는 1.2m 이상
  ㉡ 일반도시가스사업 : 공동주택등의 부지 안에서는 0.6m 이상, 폭 8m 이상의 도로에서는 1.2m 이상, 폭 4m 이상 8m 미만인 도로에서는 1m 이상
② 배관의 외면으로부터 도로의 경계까지 수평거리 1m 이상, 도로 밑의 다른 시설물과는 0.3m 이상
③ 배관을 시가지 도로 노면 밑에 매설하는 경우 : 노면으로부터 배관의 외면까지 1.5m 이상

(2) 굴착공사 현장위치와 매설배관 위치를 공동으로 표시하기로 결정한 경우 굴착공사자와 도시가스사업자가 준수하여야 할 조치사항

① 굴착공사자는 굴착공사 예정지역의 위치를 흰색 페인트로 표시
② 도시가스사업자는 굴착예정지역의 매설배관 위치를 굴착공사자에게 알려주어야 하며 굴착공사자는 매설배관 위치를 매설배관 직상부의 지면에 황색 페인트로 표시

(3) 가스배관의 라인마크

① 도로 및 공동주택 등의 부지 내 도로에 도시가스배관 매설 시 50m마다 1개 이상 설치된다.
② 도시가스배관 주위를 굴착 후 되메우기 시 지하에 매몰하면 안 된다.

> **참고**
> **도시가스배관 주위 작업 시 주의사항**
> • 도시가스배관 주위를 굴착하는 경우 도시가스배관의 좌우 1m 이내의 부분은 인력으로 굴착한다.
> • 가스배관과 수평거리 2m 이내에서 파일박기를 하는 경우에는 도시가스사업자의 입회 아래 시험 굴착으로 가스배관의 위치를 정확히 확인한다.
> • 도시가스배관과 수평거리 30cm 이내에서는 파일박기를 할 수 없다.

(4) 가스의 종류

LPG (액화석유가스)	• 주성분은 프로판(C_3H_8)과 부탄(C_4H_{10})으로 가스를 상온에서 압축하여 액체로 만든 연료 • 액체상태일 때 피부에 닿으면 동상의 우려가 있고, 누출 시 공기보다 무거워 바닥에 체류하기 때문에 불꽃을 튀게 되면 큰 화재의 위험이 있음 • 원래 무색·무취이나 누출 시 냄새로 쉽게 감별할 수 있도록 부취제를 첨가함
LNG (액화천연가스)	• 주성분은 메탄(CH_4)으로 보통 가정에 공급하는 가스 • 액화석유가스와는 달리 공기보다 가벼워 위로 올라가고 무색·무취이므로 부취제를 첨가함

2 전기시설물의 안전 작업 시 주의사항

(1) 정전 작업 시의 기본적 준수사항

작업 전의 교육 철저	작업의 목적, 장소, 정전범위, 작업방법순서 및 작업분담, 단락접지의 설치위치, 다른 작업조와의 관계 따위에 관해 작업자들에게 철저한 교육 실시
정전 조작	정전을 위한 개폐기 조작은 반드시 책임자의 지시에 의해 행함
검전기에 의한 정전의 확인	작업에 임하기 전에 작업자는 반드시 검전기로 검전하여 충전 유무를 확인한 다음 작업에 임하도록 함
단락 접지의 설치	충전에 의한 감전을 방지하기 위해 고압선에는 반드시 단락 접지를 실시

(2) 정전 작업 시의 안전대책

작업 시작 전 (무전압 상태의 유지)	• 작업 지휘자 임명 • 개로(開路) 개폐기의 개방 보증 받음 • 검전기 사용하여 정전 확인 • 근접 활선에 대한 절연 방호 실시 • 단락 접지기구 사용하여 단락 접지 확인 • 전력 케이블, 전력 콘덴서 등의 잔류 전하 방전
작업 중	• 작업 지휘자의 작업 지휘에 따라 작업 • 단락 접지상태 수시 확인 • 근접 활선에 대한 방호상태 관리
작업 종료 시	• 단락 접지 기구 제거 • 작업자에 대한 감전 위해 없는지 확인 • 개폐기 투입하여 송전 재개

(3) 활선 작업 시의 안전대책

저압전선로	60V 이상 되는 전압의 노출 충전 부위에 접촉하게 되면 위험하므로 작업자에게 해당 전압에 절연 효과가 있는 보호용구를 착용시킬 것
고압전선로	노출 충전 부위 또는 작업자가 근접함으로써 감전의 위해가 존재하는 노출 충전 부위에는 절연용 방호용구를 장착함으로써 감전의 위해를 방지할 것
가공 전선로, 전기 기계 기구	노출 충전 부분의 주위에 울타리를 설치하거나 노출 충전 부분에 절연관 및 절연 피복 따위의 방호용구를 설치하는 것이 안전

> **자주나와요 암기**
> 1. 고압선로 주변에서 건설기계에 의한 작업 중 고압선로 또는 지지물에 접촉 위험이 높은 것은? 붐 또는 권상로프
> 2. 건설기계가 고압전선에 근접 또는 접촉으로 가장 많이 발생될 수 있는 사고유형은? 감전
> 3. 소화작업에 대한 설명은? 가열물질의 공급 차단, 산소의 공급을 차단, 점화원을 발화점 이하의 온도로 낮춤

쉽게 따는 必기 합격노트

02
기출분석문제

CBT 상시기출분석문제

2025년 로 더 기출분석문제
　　　　불도저 기출분석문제
　　　　기중기 기출분석문제

2024년 로 더 기출분석문제
　　　　불도저 기출분석문제
　　　　기중기 기출분석문제

2023년 로 더 기출분석문제
　　　　불도저 기출분석문제
　　　　기중기 기출분석문제

2022년 로 더 기출분석문제
　　　　불도저 기출분석문제
　　　　기중기 기출분석문제

2021년 제1회 로더 기출분석문제
　　　　제2회 로더 기출분석문제
　　　　불도저 기출분석문제
　　　　기중기 기출분석문제

2025 로더 기출분석문제

01 ★ 엔진오일이 많이 소비되는 원인이 아닌 것은?
① 기관의 압축압력이 높을 때
② 피스톤링의 마모가 심할 때
③ 실린더의 마모가 심할 때
④ 밸브 가이드의 마모가 심할 때

해설 윤활유 소비의 원인은 연소와 누설이다. 피스톤링, 실린더가 마모되면 윤활유가 연소실 내로 들어가 타게 되며 밸브 가이드가 마모되면 윤활유가 누출된다.

02 ★★ 건설기계조종사면허증의 반납 사유에 해당하지 않는 것은?
① 면허가 취소된 때
② 면허의 효력이 정지된 때
③ 시·도가 다른 지역으로 이사 간 때
④ 면허증의 재교부를 받은 후 잃어버린 면허증을 발견한 때

해설 건설기계조종사면허증의 반납(건설기계관리법 시행규칙 제80조)
- 면허가 취소된 때
- 면허의 효력이 정지된 때
- 면허증의 재교부를 받은 후 잃어버린 면허증을 발견한 때
- 본인의 의사에 따라 자진해서 반납할 때

03 ★★★ 12V용 축전지 2개를 직렬로 연결했을 때 전압과 용량은?
① 전압은 12V이고, 용량은 24V이다.
② 전압은 24V이고, 용량은 12V이다.
③ 전압과 용량은 변화가 없다.
④ 전압과 용량 모두 2배가 된다.

해설 축전지를 병렬로 연결하면 전류가 증가하고, 직렬로 연결하면 전압이 증가한다.

04 다음의 안전 보호구와 관련된 작업은?

① 그라인딩 작업
② 10m 높이에서 작업
③ 산소 결핍 장소 작업
④ 진동 장애 발생 작업

해설 보안경은 날아오르는 물체에 의한 위험 또는 위험물, 유해 광선에 의한 시력 장애를 방지하기 위한 것이다.
② 10m 높이에서 작업 : 안전벨트 착용
③ 산소 결핍 장소 작업 : 공기 마스크 착용
④ 진동 장애 발생 작업 : 방진 장갑 착용

05 ★★ 버킷을 가장 높이 올린 상태에서 버킷을 45° 이상 아래쪽으로 기울였을 때 버킷투스와 지면과의 거리는?
① 전경각
② 후경각
③ 최대덤프높이
④ 최대덤프거리

해설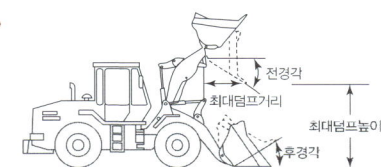

06 로더의 유압장치 일상점검 항목이 아닌 것은?
① 오일의 양 점검
② 변질상태 점검
③ 오일의 누유 여부 점검
④ 탱크 내부 점검

해설 유압장치에서 탱크 내부 점검은 일상점검 항목에 해당하지 않는 사항이다.

07 충전경고등 점검 시기로 가장 적당한 것은?
① 기관 가동 전과 가동 중
② 기관 가동 중에만
③ 기관 정지 시
④ 주간 및 월간 점검 시

해설 충전경고등 점검은 기관 가동 전과 가동 중에 한다.

08 기관 내에서 이물질 제거와 관련이 없는 것은?
① 오일 스트레이너
② 에어 클리너
③ 분사노즐
④ 오일 필터

해설 분사노즐은 실린더 헤드에 설치되어 있고, 분사 펌프에서 고압의 연료를 받아들여 실린더 내에 고압으로 분사한다.

09 로더의 버킷에 토사를 적재하고 이동 시 지면과의 간격으로 가장 적당한 것은?
① 장애물의 식별을 위해 지면으로부터 약 2m 높게 하여 이동한다.
② 화물을 적재하고 후진할 때는 다른 물체와 접촉을 방지하기 위해 약 3m 높이로 이동한다.
③ 작업 시간을 고려하여 항상 트럭적재함 높이만큼 위치하고 이동한다.
④ 안정성을 고려해 지면으로부터 약 60~90cm에 위치하고 이동한다.

해설 로더의 버킷에 토사를 적재한 후 이동할 때 지면과 너무 가까우면 장애물에 걸릴 수 있는 위험성이 많다. 가장 적당한 지면과의 간격은 60~90cm이다.

정답 01.① 02.③ 03.② 04.① 05.③ 06.④ 07.① 08.③ 09.④

10 ★ 직권식 기동전동기의 전기자 코일과 계자 코일의 연결은?

① 병렬로 연결되어 있다.
② 직렬로 연결되어 있다.
③ 계자 코일은 병렬, 전기자 코일은 직렬로 연결되어 있다.
④ 계자 코일은 직렬, 전기자 코일은 병렬로 연결되어 있다.

✏해설 직권전동기는 계자 코일과 전기자 코일이 직렬로 연결되어 있고, 분권전동기는 계자 코일과 전기자 코일이 병렬로 연결된 것이다.

11 ★★★ 아래의 제어밸브에 해당하는 것은?

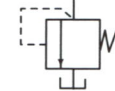

① 체크 밸브   ② 릴리프 밸브
③ 시퀀스 밸브   ④ 무부하 밸브

✏해설
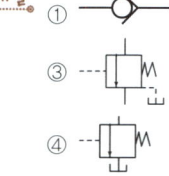

12 ★★ 로더의 버킷 용도별 분류 중 둥근 물체(파이프, 원목)를 집는데 적합한 버킷은?

① 스켈리턴 버킷   ② 사이드 덤프 버킷
③ 원목작업 버킷   ④ 래크 블레이드 버킷

✏해설 원목작업 버킷 : 통나무 집게라고도 부르며, 통나무나 파이프 등 길고 둥근 물체를 집어 고정시킨 후 운반하는 버킷

13 로더 시동 전 점검사항으로 가장 거리가 먼 것은?

① 연료의 양   ② 기관의 온도
③ 유압유의 양   ④ 냉각수 및 엔진오일의 양

✏해설 ② 기관의 온도 점검은 시동 후 엔진 워밍업이 된 후에 한다.

14 ★ 유압 작동유의 점도가 너무 높을 때 발생하는 현상으로 옳은 것은?

① 동력 손실의 증가   ② 내부 누설의 증가
③ 펌프 효율의 증가   ④ 마찰, 마모 감소

✏해설 작동유의 점도가 너무 높을 때 발생하는 현상
• 파이프 내의 마찰 손실이 커짐
• 동력 손실의 증가
• 열 발생의 원인 됨
• 유압이 높아짐
• 소음이 발생하고 캐비테이션(공동현상)이 일어남

15 ★★★ 건설기계정비업의 범위에서 제외되는 행위가 아닌 것은?

① 오일의 보충
② 브레이크 부품의 교체
③ 에어클리너엘리먼트의 교환
④ 트랙의 장력 조정

✏해설 건설기계정비업의 범위에서 제외되는 행위(건설기계관리법 시행규칙 제1조의3)
• 오일의 보충
• 에어클리너엘리먼트 및 휠터류의 교환
• 배터리·전구의 교환
• 타이어의 점검·정비 및 트랙의 장력 조정
• 창유리의 교환

16 ★ 오일 쿨러의 기능으로 가장 적절한 것은?

① 수분, 슬러지(Sludge) 등을 제거한다.
② 오일의 압을 일정하게 유지한다.
③ 오일 온도를 정상 온도로 일정하게 유지한다.
④ 오일 온도를 30℃ 이하로 유지하도록 한다.

✏해설 오일 쿨러(냉각기)는 작동유를 냉각시키며, 오일 온도를 정상 온도로 일정하게 유지하는 기능을 한다. 오일의 온도는 60℃ 이상이면 산화가 촉진되며 70℃가 한계이다.

17 전기회로의 안전사항으로 설명이 잘못된 것은?

① 전기장치는 반드시 접지하여야 한다.
② 퓨즈는 용량이 맞는 것을 끼워야 한다.
③ 전선의 접속은 접촉저항을 크게 하는 것이 좋다.
④ 모든 계기 사용 시 최대 측정범위를 초과하지 않도록 해야 한다.

✏해설 접촉저항(contact resistance)이 없거나 적을수록 전류의 흐름이 원활하다.

18 타이어식 로더의 허브에 있는 유성기어장치의 기능에 대한 설명으로 옳은 것은?

① 바퀴 회전을 정지
② 바퀴 회전속도의 감속, 구동력의 감속
③ 바퀴 회전속도의 감속, 구동력의 증가
④ 바퀴 회전속도의 증속, 구동력의 증가

✏해설 유성기어 감속기 : 선기어가 회전하면 고정된 링기어가 내면을 따라 유성기어가 움직이며 유성기어 캐리어가 바퀴를 구동하므로 바퀴는 감속되어 큰 구동력을 발생한다.

19 작업장에서의 안전관리와 관련한 설명으로 틀린 것은?

① 바닥에는 폐유를 뿌려 먼지 등이 일어나지 않도록 한다.
② 작업복과 안전장구는 반드시 착용한다.
③ 기계의 청소나 손질은 운전을 정지시킨 후 실시한다.
④ 각종 기계를 불필요하게 공회전시키지 않는다.

✏해설 작업장 바닥에 폐유를 뿌리게 되면 작업자가 미끄러지는 원인이 될 수 있다.

20 연료분사의 3대 요소에 속하지 않는 것은?

① 무화   ② 관통력
③ 발화   ④ 분포

정답 10. ② 11. ② 12. ③ 13. ② 14. ① 15. ② 16. ③ 17. ③ 18. ③ 19. ① 20. ③

21. 납산 축전지의 용량 결정과 관계없는 것은?
① 극판의 크기
② 극판의 수
③ 황산의 양
④ **셀의 수**

> 해설: 납산 축전지 용량은 극판의 크기와 수, 황산의 양에 의해 결정되며 셀의 수는 전압과 관련이 있다.

22. 브레이크 페달을 밟았을 때 변속 클러치가 떨어져 동력을 차단하는 장치는?
① **클러치 컷오프 밸브**
② 파일럿 컷오프 밸브
③ 릴리프 밸브
④ 리듀싱 밸브

> 해설: 클러치 컷오프 밸브는 브레이크 페달을 밟았을 때 변속 클러치가 기관의 동력이 액슬축까지 전달되지 않도록 하는 장치로서 경사 작업 시에는 이 밸브를 상향으로 하여 로더가 굴러 내려가는 것을 방지해야 한다.

23. 로더의 작업 중 그레이딩 작업이란?
① 굴착 작업
② 적재 작업
③ 깎아내기 작업
④ **지면 고르기 작업**

> 해설: 그레이딩(grading): 정지작업, 기복이 있거나 장애물이 있는 지반면을 평탄하게 다지는 것

24. 트랙이 벗겨지는 이유와 관계없는 것은?
① 트랙의 유격이 너무 클 때
② 트랙의 정렬이 불량 할 때
③ 고속 주행 중 급 선회 시
④ **트랙 슈 돌기 마모**

> 해설: 트랙이 벗겨지는 원인
> • 리코일 스프링의 장력이 부족한 경우
> • 프런트 아이들러, 상·하부 롤러 및 스프로킷의 마멸이 큰 경우
> • 경사지에서 작업하는 경우

25. 다음 표지가 의미하는 것은?

① 보행금지
② 작업금지
③ **사용금지**
④ 출입금지

> 해설: 안전·보건표지 중 사용금지를 나타낸다.

26. 로더를 점검할 때의 유의사항으로 틀린 것은?
① 주차브레이크를 제동위치에 놓아야 한다.
② 센터 핀 부위를 점검 전 전·후 프레임 로크장치를 체결한다.
③ 유압장치 점검 전, 엔진을 멈추고 프론트를 지면에 내려놓고 엔진을 정지시킨다.
④ **버킷을 지지하여 장치 앞바퀴를 들어 올린 후 장비 밑으로 들어가서 하부 점검을 한다.**

> 해설: 차량계 건설기계의 붐, 암 등을 올리고 그 밑에서 수리·점검작업 시에는 붐, 암 등이 갑자기 하강하는 걸 방지하기 위해 안전지주 또는 안전블록 등을 이용한 안전조치를 실시해야 한다.

27. 타이어식 로더의 장점과 거리가 먼 것은?
① 기동성이 우수하다.
② 작업 능률이 높다.
③ **습지 작업이 용이하다.**
④ 포장 노면에 손상을 주지 않는다.

> 해설: 타이어식 로더는 평탄한 작업장에서는 기동성이 우수하고 작업능률도 높지만 연약 지반이나 험지, 늪지에서는 작업이 힘들다.

28. 기관의 출력을 저하시키는 원인과 관계없는 것은?
① 실린더 내의 압력이 낮을 때
② 연료 분사량이 적을 때
③ 노킹이 일어날 때
④ **예열 장치가 불량할 때**

29. 실린더헤드 개스킷이 손상되었을 때 일어나는 현상으로 가장 옳은 것은?
① 엔진오일의 압력이 높아진다.
② 피스톤링의 작동이 느려진다.
③ **압축압력과 폭발압력이 낮아진다.**
④ 피스톤이 가벼워진다.

> 해설: 실린더헤드 개스킷은 실린더헤드와 블록의 접합면 사이에 끼워져 양면을 밀착시켜서 압축가스, 냉각수 및 기관오일의 누출을 방지하기 위해 사용하는 석면계열의 물질로, 이것이 손상되었을 때 압축압력과 폭발압력이 낮아진다.

30. 다음 중 튜브리스 타이어에 강철제 트랙을 감은 로더는?
① 휠 로더
② 크롤러형 로더
③ 트럭탑재형 로더
④ **쿠션형 로더**

> 해설: 쿠션형 로더는 튜브리스 타이어에 강철제 트랙을 감은 것으로 무한궤도형과 휠형의 단점을 보완한 것이다.

31. 일반적인 유압 실린더의 종류에 해당하지 않는 것은?
① 단동 실린더 피스톤형
② 단동 실린더 램형
③ **단동실린더 레이디얼형**
④ 복동 실린더 양로드형

> 해설: 유압 실린더는 유압 펌프에서 공급되는 유압을 직선 왕복 운동으로 변환시키는 역할을 한다.
> • 단동 실린더: 피스톤형, 램형, 플런저형
> • 복동 실린더: 편로드형, 양로드형

정답 21.④ 22.① 23.④ 24.④ 25.③ 26.④ 27.③ 28.④ 29.③ 30.④ 31.③

★★★
32 타이어형 로더의 조향 방식에 해당하지 않는 것은?

① 4륜 조향 ② 후륜 조향
③ 측면 조향 ④ 허리꺾기 조향

✏️**해설** 타이어형 로더의 조향 방식에는 전륜 조향, 후륜 조향, 허리꺾기 조향 방식 등이 있다.

---

33 다음 중 토사와 암석 분리에 주로 사용하는 버킷은?

① 일반 버킷 ② 스켈리턴 버킷
③ 사이드 덤프 버킷 ④ 래크 블레이드 버킷

✏️**해설** ① 일반 버킷 : 일반 토사, 자갈 등의 적재에 적합
③ 사이드 덤프 버킷 : 옆으로 덤프할 수 있어 편리함
④ 래크 블레이드 버킷 : 제초, 제석, 나무뽑기 등에 이용

---

34 기관이 작동 중 라디에이터 캡 쪽으로 물이 상승하면서 연소가스가 누출될 때의 원인은?

① 실린더 헤드의 균열
② 분사노즐의 동 와셔 불량
③ 물 펌프에서 누설
④ 라디에이터 캡 불량

✏️**해설** 기관이 작동 중 라디에이터 캡 쪽으로 물이 상승하면서 연소 가스가 누출될 때의 원인은 실린더 헤드의 균열이나 개스킷의 파손이다.

★★
35 피스톤과 실린더 사이의 간극이 너무 클 때 일어나는 현상은?

① 엔진의 출력 증대 ② 압축압력 증가
③ 실린더 소결 ④ 엔진오일의 소비 증가

✏️**해설** 엔진오일이 연소실 내부로 유입되어 타게 되므로 엔진오일이 줄어든다. 이를 보충하다 보면 엔진오일 소비가 증가한다.

---

36 과급기 케이스 내부에 설치되며 공기의 속도에너지를 압력에너지로 바꾸는 장치는?

① 임펠러 ② 디퓨저
③ 터빈 ④ 디플렉터

★★★
37 휠 로더의 붐과 버킷 레버를 동시에 당겼을 때의 작동으로 옳은 것은?

① 붐만 하강한다.
② 버킷만 오므려진다.
③ 붐은 하강하고 버킷은 펴진다.
④ 붐은 상승하고 버킷은 오므려진다.

✏️**해설** 붐과 버킷 레버를 동시에 당기면 붐은 상승하고, 버킷은 오므려진다.

---

38 해머 사용 시 안전에 주의해야 될 사항으로 틀린 것은?

① 해머 사용 전 주위를 살펴본다.
② 담금질한 것은 무리하게 두들기지 않는다.
③ 해머를 사용하여 작업할 때에는 처음부터 강한 힘을 사용한다.
④ 대형해머를 사용할 때는 자기의 힘에 적합한 것으로 한다.

✏️**해설** 주위 상황을 살펴 안전을 확인한 후 목적물을 한두 번 가볍게 친 다음 본격적으로 두드린다. 처음부터 크게 휘두르지 말고 목적물에 잘 맞기 시작한 후부터 차차 힘차게 두드린다.

★★
39 로더의 작업 방법으로 맞는 것은?

① 굴삭 작업 시에는 버킷을 올려 세우고 작업을 하며 적재 시에는 전경각 35°를 유지해야 한다.
② 굴삭 작업 시에는 버킷을 수평 또는 약 5° 정도 앞으로 기울이는 것이 좋다.
③ 작업 시에는 변속기의 단수를 높이면 작업 효율이 좋아진다.
④ 단단한 땅을 굴삭 시에는 그라인더로 버킷을 날카롭게 만든 후 작업을 하며 굴삭 시에는 후경각 45°를 유지해야 한다.

✏️**해설** 로더로 굴삭 작업을 할 때에는 버킷을 수평 또는 약 5° 정도 기울여야 굴삭이 가능하다.

---

40 다음 중 유압모터의 종류에 해당하는 것은?

① 가솔린 모터 ② 디젤 모터
③ 보올 모터 ④ 플런저 모터

✏️**해설** 유압모터의 종류에는 기어형 모터, 베인형 모터, 피스톤형 모터(플런저 모터) 등이 있다.

★
41 로더 작업 중 안전수칙으로 옳지 않은 것은?

① 후진 시에는 뒤를 신중히 살핀다.
② 버킷에 토사를 채우지 않았을 때는 항상 높이 들고 이동한다.
③ 버킷에 토사를 담아 급경사를 내려갈 때는 후진으로 이동한다.
④ 앞바퀴를 교환할 때는 버킷으로 지면을 누르고 고임목을 고인다.

✏️**해설** ② 휠 로더 작업을 할 때는 버킷을 지표면에서 약 40~50cm 들고 이동한다.

---

42 교차로의 가장자리 또는 도로의 모퉁이로부터 관련법상 몇 m 이내의 장소에 주차 및 정차를 해서는 안 되는가?

① 4m ② 5m
③ 6m ④ 10m

✏️**해설** 교차로의 가장자리나 도로의 모퉁이로부터 5m 이내인 곳에서는 차를 정차하거나 주차하여서는 아니 된다.

정답 32.③ 33.② 34.① 35.④ 36.② 37.④ 38.③ 39.② 40.④ 41.② 42.②

43 유압장치에서 유압탱크의 기능이 아닌 것은?

① 계통 내의 필요한 유량 확보
② 격판에 의한 기포 분리 및 제거
③ 탱크 외벽의 방열에 의해 적정온도 유지
④ **계통 내에 필요한 압력 설정**

해설 유압탱크의 기능은 ①, ②, ③ 이외에 스트레이너 설치로 회로 내 불순물 혼입 방지로 작동유 수명을 연장하는 역할을 한다.

44 앞지르기를 할 수 없는 경우에 해당되는 것은?

① **앞차의 좌측에 다른 차가 나란히 진행하고 있을 때**
② 앞차가 우측으로 진로를 변경하고 있을 때
③ 앞차가 그 앞차와의 안전거리를 확보하고 있을 때
④ 앞차가 양보 신호를 할 때

해설 앞차의 좌측에 다른 차가 앞차와 나란히 가고 있는 경우에는 앞차를 앞지르지 못한다.

45 건설기계조종사 면허의 적성검사 기준에 해당하지 않는 것은?

① 두 눈의 시력이 각각 0.3 이상일 것
② 시각은 150도 이상일 것
③ **18세 미만일 것**
④ 언어분별력이 80% 이상일 것

해설 18세 미만인 사람의 경우는 조종사 면허의 결격사유에 해당한다.

46 다음 중 유압장치의 구성 요소가 아닌 것은?

① 제어밸브
② **차동장치**
③ 오일탱크
④ 유압펌프

해설 차동장치는 엔진에 연결된 좌우 바퀴의 구동력을 나눠 분배하여, 좌우의 회전을 다르게 해주는 장치이다.

47 건설기계등록의 말소 신청 시 첨부하여 제출해야 하는 서류에 해당하지 않는 것은?

① 건설기계등록증
② 건설기계검사증
③ **인감증명서**
④ 등록말소사유를 확인할 수 있는 서류

48 드릴 작업 시 착용을 금지해야 하는 것은?

① 안전화
② **장갑**
③ 작업모
④ 작업복

해설 드릴 작업 시 드릴의 회전력에 장갑이 끼어 사고가 날 위험성이 크다. 따라서 장갑을 끼고 작업을 하지 않아야 한다.

49 화재의 분류에서 연결이 옳게 된 것은?

① A급 화재 - 유류 화재
② B급 화재 - 금속 화재
③ **C급 화재 - 전기 화재**
④ D급 화재 - 일반 화재

해설 화재의 분류
- A급 화재 - 일반 화재, 나무, 종이 등 일반 가연성 물체에 불이 붙어 난 후 재로 남게 됨
- B급 화재 - 유류 화재, 유류가 타고나서 재가 남지 않는 화재
- C급 화재 - 전기 화재, 누전, 합선, 과부하 등으로 전기에 의해 발생한 화재
- D급 화재 - 금속 화재, 철분, 마그네슘 등과 같이 반응성이 높은 알칼리 금속으로 인한 화재

50 건설기계 등록번호표를 가리거나 훼손하여 알아보기 곤란하게 한 자에게 부과하는 과태료는?

① **100만 원 이하**
② 300만 원 이하
③ 500만 원 이하
④ 1000만 원 이하

해설 건설기계 등록번호표를 가리거나 훼손하여 알아보기 곤란하게 한 자 또는 그러한 건설기계를 운행한 자에게는 100만 원 이하의 과태료를 부과한다(1차 위반 시 50만 원, 2차 위반 시 70만원, 3차 위반 시 100만 원).

51 유압실린더의 숨돌리기 현상이 생겼을 때 일어나는 현상이 아닌 것은?

① 피스톤 작동이 불안정하게 된다.
② 시간의 지연이 생긴다.
③ **작동유 공급이 과대해진다.**
④ 서지압이 발생한다.

해설 숨돌리기 현상이 발생하면 피스톤 작동이 불안정해지고 작동 시간의 지연이 발생하며 작동유 공급이 부족해지므로 서지압이 발생한다.

52 다음 중 산업재해의 원인이 다른 것은?

① 작업현장의 조명상태
② 기계의 배치 상태
③ **기계 운전 미숙**
④ 복장의 불량

해설 재해의 원인

인적 원인	관리상 원인	작업지식 부족, 작업 미숙, 작업방법 불량 등
	생리적인 원인	체력 부족, 신체적 결함, 피로, 수면 부족, 질병 등
	심리적인 원인	정신력 부족, 무기력, 부주의, 경솔, 불만 등
환경적 원인		시설물의 불량, 공구의 불량, 작업장의 환경 불량, 복장의 불량 등

53 검사에 불합격된 건설기계에 대한 정비 명령을 누가 하는가?

① 대통령
② 국토교통부장관
③ **시·도지사**
④ 시·도경찰청장

해설 시·도지사는 검사에 불합격된 건설기계에 대해서는 31일 이내의 기간을 정하여 해당 건설기계의 소유자에게 검사를 완료한 날(검사를 대행하게 한 경우에는 검사결과를 보고받은 날)부터 10일 이내에 정비명령을 해야 한다(건설기계관리법 시행규칙 제31조).

정답 43.④ 44.① 45.③ 46.② 47.③ 48.② 49.③ 50.① 51.③ 52.③ 53.③

건설기계 운전기능사

2025년 로더 기출분석문제

54 무한궤도식 로더의 주행 방법으로 틀린 것은?

① 연약한 땅은 피해서 주행한다.
② 요철이 심한 곳은 신속히 통과한다.
③ 가능하면 평탄한 길을 택하여 주행한다.
④ 돌 등이 스프로킷에 부딪치거나 올라타지 않도록 한다.

해설 요철이 심한 곳에서는 모든 장비는 서행으로 통과해야 한다.

★ 55 상시 닫혀 있다가 작동하는 유량제어 밸브에 해당하지 않는 것은?

① 교축 밸브
② 분류 밸브
③ 니들 밸브
④ 체크 밸브

해설 체크 밸브는 유압회로에서 오일의 역류를 방지하고, 회로 내의 잔류압력을 유지하는 방향제어 밸브이다.

56 다음 중 관공서용 건물번호판으로 옳은 것은?

①
②
③
④

해설
① 도로명판 기초번호판
② 일반용 오각형 건물번호판
③ 관공서용 건물번호판
④ 일반용 사각형 건물번호판

★★ 57 무한궤도식 로더에서 덤핑 클리어런스가 커지면?

① 롤링속도가 빨라진다.
② 주행속도가 빨라진다.
③ 상승속도가 빨라진다.
④ 버킷을 들어 올리는 높이가 높아진다.

해설 덤핑 클리어런스(dumping clearance)는 덤프 높이다. 따라서 덤핑 클리어런스가 커지면 버킷의 들림 높이도 커진다.

58 어큐뮬레이터의 기능으로 적합하지 않는 것은?

① 압력 보상
② 충격 흡수
③ 유량분배 및 제어
④ 유압 에너지의 저장

해설 어큐뮬레이터는 압력 보상, 충격 흡수, 유압 에너지의 저장 등을 한다.

59 유압·공기압 도면기호에서 압력스위치 기호 표시는?

① (타원형 기호)
② (압력계 기호)
③ (스위치 기호)
④ (체크 밸브 기호)

해설
① 축압기
② 압력계
④ 체크 밸브

★★★ 60 앞으로 싣고 환향하지 않고 측면으로 옮겨 실을 수 있는 방식은?

① 프론트 엔드형
② 사이드 덤프형
③ 오버 헤드형
④ 백호 셔블형

해설 버킷을 좌우 어느 쪽으로나 기울일 수 있는 형식으로 터널이나 협소한 장소에서 트럭에 적재할 수 있으며 운반기계와 병렬작업을 할 수 있다.

정답 54. ② 55. ④ 56. ③ 57. ④ 58. ③ 59. ③ 60. ②

2025 불도저 기출분석문제 — 건설기계 운전기능사

01 4행정 사이클 기관의 행정순서로 맞는 것은?
① 흡입 → 동력 → 압축 → 배기
② 압축 → 동력 → 흡입 → 배기
③ **흡입 → 압축 → 동력 → 배기**
④ 압축 → 흡입 → 동력 → 배기

★ 02 불도저의 작업에서 송토 길이로 가장 적합한 것은?
① **100m**   ② 250m
③ 1,000m   ④ 500m

해설) 불도저는 100m 이내의 단거리 작업에 적합하며 송토, 굴토, 삭토, 확보 작업 등을 한다.

03 축압기(Accumulator)의 사용목적이 아닌 것은?
① **에너지 발산**
② 충격압력 흡수
③ 일정압력 유지
④ 유압회로의 보호

해설) 어큐뮬레이터(축압기)는 유압펌프에서 발생한 유압을 저장하고 맥동을 소멸시키는 장치로 압력보상, 에너지 축적, 유압회로의 보호, 맥동감쇠, 충격압력 흡수, 일정압력 유지 등의 기능을 한다.

04 작업장에서 기계장치를 불안전하게 취급할 때 사고가 발생하는 원인으로 틀린 것은?
① 안전장치가 잘 되어 있지 않을 때
② **너무 넓은 장소에 설치되어 있을 때**
③ 적합한 공구를 사용하지 않을 때
④ 정리 정돈 및 조명장치가 잘 되어 있지 않을 때

해설) 장소가 좁은 공간에 기계장치를 설치할 경우 작업자의 이동공간이나 동작공간이 좁아져서 사고가 발생할 확률이 높아진다.

★★ 05 건설기계를 검사유효기간 끝난 후에 계속 운행하고자 할 때는 어느 검사를 받아야 하는가?
① 신규등록검사
② **정기검사**
③ 수시검사
④ 계속검사

해설) 건설공사용 건설기계로서 3년의 범위에서 검사유효기간이 끝난 후에 계속하여 운행하려는 경우에는 정기검사를 받아야 한다.

06 트랙의 구성품이 아닌 것은?
① 트랙 슈   ② 링크
③ 부싱   ④ **스윙기어**

해설) 트랙의 구성품 : 트랙 슈, 슈 볼트, 링크, 핀, 부싱, 더스트 실 등이 있다.

07 앞지르기 금지장소가 아닌 것은?
① 교차로, 도로의 구부러진 곳
② **버스 정류장 부근, 주차금지 구역**
③ 터널 안, 앞지르기 금지표지 설치장소
④ 경사로의 정상 부근, 급경사로의 내리막

해설) 앞지르기 금지장소
- 교차로, 터널 안, 다리 위
- 도로의 구부러진 곳, 비탈길의 고갯마루 부근 또는 가파른 비탈길의 내리막 등 시·도경찰청장이 도로에서의 위험을 방지하고 교통의 안전과 원활한 소통을 확보하기 위하여 필요하다고 인정하는 곳으로서 안전표지로 지정한 곳

★★★ 08 불도저의 방향을 전환하고자 할 때 가장 먼저 조작해야 하는 것은?
① 마스터 클러치 레버
② 변속 레버
③ 브레이크 유격
④ **조향 클러치 레버**

해설) 조향(환향) 클러치는 베벨 기어의 동력을 스프로킷(구동륜)으로 전달하고 차단함으로써 불도저의 진행 방향을 바꾸어 준다. 조향하고자 하는 쪽의 클러치 레버를 당기면 클러치가 분리되어 동력이 차단되므로 스프로킷으로 가는 동력도 차단되면서 불도저는 차단된 쪽으로 조향(환향)하게 된다.

★ 09 유압모터의 장점이 아닌 것은?
① 속도나 방향 제어가 용이
② **관성력이 크며 소음이 적음**
③ 소형 경량으로 큰 출력 가능
④ 변속, 역전의 제어가 용이

해설) 유압모터는 관성이 작다.

10 연소의 3요소가 아닌 것은?
① 가연성물질   ② 산소(공기)
③ 점화원   ④ **이산화탄소**

해설) 연소의 3요소 : 가연물(연소물질), 산소 공급원, 점화원(불)

정답 01.③ 02.① 03.① 04.② 05.② 06.④ 07.② 08.④ 09.② 10.④

건설기계 운전기능사

2025년 **불도저** 기출분석문제

11 불도저 블레이드를 몇 cm 높이로 들어 올려 이동하는 것이 좋은가?

① 10~20cm   ② 30~50cm

③ 60~70cm   ④ 70~90cm

12 다음 중 충전경고등 점등과 가장 관련이 없는 것은?

① 팬벨트의 장력 부족·단절

② 점화스위치의 접점 불량

③ 배선의 접속·연결부분 불량

④ 에어클리너의 불량

해설 충전경고등은 팬벨트의 장력 부족·단절, 점화스위치의 접점 불량, 배선의 접속·연결부분 불량, 조정기의 동작이 불안정할 때 켜진다. 그리고 충전계통의 발전기(제너레이터) 등을 점검해야 한다.

13 ★★ 건설기계의 등록이 말소된 경우 소유자는 몇일 이내에 등록번호표를 반납해야 하는가?

① 7일   ② 10일

③ 30일   ④ 60일

해설 등록된 건설기계의 소유자는 등록이 말소된 경우에는 10일 이내에 등록번호표의 봉인을 떼어낸 후 그 등록번호표를 국토교통부령으로 정하는 바에 따라 시·도지사에게 반납하여야 한다(건설기계관리법 제9조).

14 ★ 기관에서 윤활유의 사용목적으로 틀린 것은?

① 마멸 방지   ② 냉각 작용

③ 밀봉 작용   ④ 발화성 작용

해설 윤활의 기능 : 마멸 방지, 냉각 작용, 방청 작용, 세척 작용, 밀봉 작용, 응력분산 작용, 소음 완화, 감마 작용 등

15 다음 중 화재의 분류가 옳지 않은 것은?

① A급 화재 - 일반 가연물 화재

② B급 화재 - 유류 화재

③ C급 화재 - 가스 화재

④ D급 화재 - 금속 화재

해설 화재의 분류 중 C급 화재는 전기 화재를 말한다. 전기 화재 시에는 이산화탄소 소화기가 적합하다.

16 디젤기관이 시동되지 않을 때의 원인으로 옳지 않은 것은?

① 연료계통에 공기가 들어 있을 때

② 배터리 방전으로 교체가 필요한 상태일 때

③ 연료가 가득 찼을 때

④ 연료분사 펌프의 기능이 불량할 때

해설 ③ 연료가 부족할 때 시동이 걸리지 않을 수 있다.

17 건설기계 형식 승인은 누가 하는가?

① 국토교통부장관

② 시·도지사

③ 시장·군수 또는 구청장

④ 고용노동부장관

해설 건설기계를 제작·조립 또는 수입하려는 자는 해당 건설기계의 형식에 관하여 국토교통부령으로 정하는 바에 따라 국토교통부장관의 승인을 받아야 한다(건설기계관리법 제18조제2항).

18 ★★ 클러치가 끊어지지 않는 원인에 해당하는 것은?

① 클러치 페달의 유격이 너무 크다.

② 클러치 페달의 유격이 작다.

③ 클러치 디스크의 마모가 많다.

④ 압력판의 마모가 많다.

해설 클러치 페달의 유격이 크면 클러치 차단이 불량해진다.

19 리퍼(Ripper)는 불도저의 어느쪽에 설치되는가?

① 전면   ② 뒷면

③ 측면   ④ 상단

해설 리퍼는 불도저의 뒤쪽에 설치되며 굳은 지면, 나무뿌리, 암석 등을 파헤치는 데 사용이 된다.

20 ★ 유압장치에서 유압탱크의 기능에 해당하지 않은 것은?

① 계통내의 필요한 유량 확보

② 탱크 외벽의 방열에 의해 적정온도 유지

③ 차폐장치에 의해 기포발생 방지

④ 계통 내에 필요한 압력 설정

21 시동 전동기에서 자력선의 통로와 전동기의 틀이 되는 부분은?

① 계자코일   ② 계철

③ 브러시   ④ 정류자

해설 계철은 자력선의 통로와 전동기의 틀이 되는 부분으로, 안쪽에는 계자코일을 지지하여 자극이 되는 계자철심이 있다. 계자철심에는 계자코일이 감겨져 있어 전류가 흐르면 전자석이 된다.

① 계자코일 : 계자철심에 감겨져 자력을 발생시킨다.

③ 브러시 : 배터리의 전기를 정류자에 전달하는 구성품이다.

④ 정류자(코뮤테이터) : 브러시에서의 전류를 일정 방향으로만 흐르게 한다.

정답 11. ② 12. ④ 13. ② 14. ④ 15. ③ 16. ③ 17. ① 18. ① 19. ② 20. ④ 21. ②

22 딜리버리 밸브의 역할이 아닌 것은?

① 연료의 분사량 조절
② 연료의 역류방지
③ 연료라인의 잔압유지
④ 분사노즐의 후적방지

해설 조속기(거버너)가 연료의 분사량을 조절하여 기관의 회전속도를 제어하는 역할을 한다.

23 정차 및 주차금지 장소에 해당하는 것은?

① 건널목의 가장자리 또는 횡단보도로부터 15m 이내의 곳
② 교차로의 가장자리나 도로의 모퉁이로부터 10m 이내의 곳
③ 안전지대가 설치된 도로에서는 그 안전지대의 사방으로부터 5m 이내인 곳
④ 교차로・횡단보도・건널목이나 보도와 차로가 구분된 도로의 보도

해설 ① 건널목의 가장자리 또는 횡단보도로부터 10m 이내의 곳
② 교차로의 가장자리나 도로의 모퉁이로부터 5m 이내의 곳
③ 안전지대가 설치된 도로에서는 그 안전지대의 사방으로부터 10m 이내인 곳

24 도저의 작업장치에 대한 설명으로 틀린 것은? ★★★★

① 블레이드는 상하좌우로 작업이 가능하다.
② 블레이드는 도저의 전면에 설치되어 있다.
③ 토잉 윈치는 트랙터 앞쪽에 부착된다.
④ 드로우 바는 견인용 장비를 끌기 위한 고리이다.

해설 ③ 토잉 윈치(권양기)는 도저의 뒤쪽에 설치되어 어떤 물체를 끌어당길 때 사용하는 작업 장치이다.

25 건설기계에서 변속기의 구비조건으로 적합하지 않은 것은?

① 단계 없이 연속적으로 변속되어야 한다.
② 전달 효율이 좋고 수리하기 쉬워야 한다.
③ 대형이고, 고장이 없어야 한다.
④ 신속, 정확, 정숙하게 작동되어야 한다.

해설 ③ 소형, 경량이고, 조작이 쉬워야 한다.

26 액추에이터에 대한 설명으로 옳지 않은 것은?

① 방향제어밸브에 의해 속도가 제어된다.
② 유압모터와 유압실린더가 있다.
③ 유압에너지를 이용해 연속회전 운동을 시키는 기기이다.
④ 순서에 맞추어 작동시키기 위해 시퀀스밸브를 설치한다.

해설 ① 유량제어밸브에 의해 속도가 제어된다.

27 일반적으로 건설기계장비에 설치되는 좌・우 전조등 회로의 연결 방법은? ★

① 병렬
② 직렬
③ 직병렬
④ 단식 배선

해설 전조등은 좌・우에 1개씩 설치되어 있어야 한다. 일반적으로 건설기계에 설치되는 좌・우 전조등은 병렬로 연결된 복선식 구성이다.

28 불도저로 매립 작업 시 안전수칙으로 바르지 못한 것은? ★★

① 지반 상태를 점검하고 토사를 다듬으면서 작업한다.
② 저속으로 주행하며 작업량을 적절하게 유지한다.
③ 한 번에 약 300m 이상 최대한 먼 거리를 이동한다.
④ 작업반경 안에 사람의 출입을 제한해야 한다.

해설 ③ 불도저는 100m 이내의 단거리 작업(송토, 고르기, 메우기 등)에 적합하다.

29 오일의 열화상태 확인 방법으로 틀린 것은?

① 점도 상태로 확인
② 자극적인 악취의 유무 확인
③ 오일을 가열했을 때 냉각되는 시간 확인
④ 색깔의 변화나 수분・침전물의 유무 확인

해설 오일의 열화상태 확인 방법
• 점도 상태로 확인
• 자극적인 악취의 유무 확인
• 색깔의 변화나 수분・침전물의 유무 확인
• 흔들었을 때 생기는 거품이 없어지는 양상을 확인

30 기관에서 출력저하의 원인이 아닌 것은? ★★★

① 분사시기 늦음
② 배기계통 막힘
③ 흡기계통 막힘
④ 압력계 작동 이상

해설 노킹이 일어날 때, 밸브 간격이 맞지 않을 때, 연료분사량이 적을 때, 분사시기가 맞지 않을 때, 실린더 내의 압축압력이 낮을 때, 흡・배기 계통이 막혔을 때 등이다.

31 리퍼 작업에 대한 설명으로 옳지 않은 것은? ★

① 지면을 파헤치는 작업이다.
② 고속 전진으로 작업해서는 안 된다.
③ 15° 이상 선회할 때는 생크를 지면에서 들어올린다.
④ 트랙터의 앞쪽에 부착되어 상하, 좌우, 앞뒤로 움직이며 작업을 수행한다.

해설 ④ 블레이드(토공판, 삽)에 대한 설명이다.

정답 22.① 23.④ 24.③ 25.③ 26.① 27.① 28.③ 29.③ 30.④ 31.④

32 밀봉 압력식 라디에이터 캡을 사용하는 이유로 가장 적합한 것은?

① 엔진의 온도를 높이기 위해
② 냉각수의 비등점을 높이기 위해
③ 엔진의 온도를 낮추기 위해
④ 냉각수의 비등점을 낮추기 위해

✎해설 라디에이터 캡은 냉각수 주입구 뚜껑으로 냉각장치 내의 비등점을 높이고, 냉각 범위를 넓히기 위하여 압력식 캡이 사용된다.

33 벨트 취급에 대한 안전사항 중 틀린 것은?

① 교환 시 회전이 멈춘 상태에서 한다.
② 정지시킬 때는 손으로 잡아서 멈춘다.
③ 적당한 장력을 유지하도록 한다.
④ 풀리 부분은 커버나 덮개를 설치한다.

✎해설 벨트의 회전을 정지시킬 때 손을 사용하는 것은 절대 해서는 안되는 행동이다.

34 잡목이나 작은 나무뿌리를 제거하는 데 적합한 장비는?

① 앵글 도저
② 틸트 도저
③ 레이크 도저
④ 트리밍 도저

✎해설 레이크 도저는 블레이드 대신 레이크를 설치한 것으로 40~50cm 이하의 나무뿌리나 잡목을 제거하는 작업을 할 수 있다.

35 방향제어 밸브에 대한 설명과 가장 거리가 먼 것은?

① 상시 닫혀있는 상태의 밸브이다.
② 오일의 흐름을 바꾸는 밸브이다.
③ 오일의 흐름을 정지시키는 밸브이다.
④ 일의 방향을 변화시키는 밸브이다.

✎해설 방향제어밸브는 유압펌프에서 보내온 오일의 흐름 방향을 바꾸거나 정지시켜서 액추에이터가 하는 일의 방향을 변화·정지시키는 제어밸브를 말한다. 스풀 밸브, 체크 밸브, 셔틀 밸브, 감속 밸브 등이 있다.

36 다음 중 디젤기관만 가지고 있는 부품은?

① 연료펌프
② 오일펌프
③ 물펌프
④ 분사노즐

✎해설 분사노즐은 디젤기관의 연료장치 중 하나로 분사펌프에서 보낸 고압의 연료를 미세한 안개 모양으로 연소실 내에 분사하는 장치를 일컫는다.

37 트리밍 도저에 대한 설명에 해당하는 것은?

① 직선 송토 작업, 굴토 작업에 적합하다.
② 좁은 장소에서 곡물, 소금 등을 긁어모을 때 효과적이다.
③ 석탄, 나무 조각 등 비중이 적은 것의 운반에 적합하다.
④ 얼거나 굳은 땅을 파고 나무뿌리를 뽑는 데 적합하다.

✎해설 ① 불도저, ③ U형 도저, ④ 틸트 도저에 대한 설명이다.

38 릴리프 밸브에 대한 설명으로 옳지 않은 것은?

① 회로의 압력을 일정하게 한다.
② 최고압력을 규제해서 유압기기의 과부하를 방지한다.
③ 유압펌프와 제어밸브 사이에 설치되어 있다.
④ 릴리프 밸브가 닫힌 상태로 고장이 나거나 막히면 압력이 낮아진다.

✎해설 ④ 릴리프 밸브가 닫힌 상태로 고장이 나거나 막히면 유압 오일이 과열되고 압력이 높아진다.

39 건설기계의 소유자가 건설기계를 남의 토지에 방치한 자에 대한 벌칙은?

① 영업정지 5일
② 100만 원 이하의 벌금
③ 영업정지 7일
④ 1,000만 원 이하의 벌금

✎해설 건설기계를 도로나 타인의 토지에 버려둔 자는 1년 이하의 징역 또는 1천만 원 이하의 벌금에 처한다.

40 작업 시 사고 방지를 위한 방법으로 거리가 먼 것은?

① 힘에 맞는 공구를 사용한다.
② 적절한 통로 표시를 하여 근로자의 안전 통행을 보장한다.
③ 기계 운전 시 면장갑을 사용한다.
④ 사용공구의 정비를 꼼꼼하게 한다.

✎해설 작업장에서는 장비 상태를 세밀히 점검하고 작업복과 보호구를 착용해야 한다. 기계 운전 시에 면장갑을 착용하는 것은 위험하다.

41 도저의 주요 기능으로 옳지 않은 것은?

① 송토 작업
② 매립 작업
③ 인양 작업
④ 절토 작업

✎해설 도저는 트랙터 앞에 부속장치인 블레이드(토공판)을 설치하여 흙을 운반하는 송토 작업, 흙을 파는 굴토 작업, 흙을 깎는 삭토 작업, 흙을 넓히는 확토 작업, 매물 작업 등을 수행한다.

정답 32. ② 33. ② 34. ③ 35. ① 36. ④ 37. ② 38. ④ 39. ④ 40. ③ 41. ③

42 종합건설기계 정비업자만이 할 수 있는 정비 범위가 아닌 것은?
① 변속기의 분해·정비
② 롤러, 링크, 트랙슈의 재생
③ 프레임 조정
④ 유압장치의 탈부착 및 분해·정비

해설 유압장치의 정비는 전문정비업체에서도 할 수 있다.

43 다음 기호에 해당하는 것은?

① 정용량형 유압펌프
② 유압 압력계
③ 가변용량형 유압펌프
④ 압력 스위치

해설
 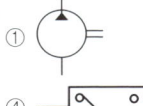

44 건설기계 등록번호표의 색칠 기준으로 옳은 것은
① 자가용 - 녹색판에 흰색 문자
② 관용 - 흰색판에 주황색 문자
③ 수입용 - 적색판에 흰색 문자
④ 영업용 - 주황색판에 검은색 문자

해설 건설기계 등록번호표의 색칠 기준
건설기계 등록번호표 색상이 관용/자가용은 흰색 바탕에 검은색 문자, 대여사업용은 주황색 바탕에 검은색 문자이다.

45 무한궤도식 도저에 대한 설명으로 옳지 않은 것은?
① 하부 롤러는 전체 중량을 트랙에 균등하게 배분한다.
② 트랙 구성품으로는 부싱, 핀, 동판, 롤러 등이 있다.
③ 하부 구동체의 트랙 프레임 종류로는 오픈 패널형이 있다.
④ 상부 롤러는 처짐을 방지하고 트랙 회전 위치를 바르게 한다.

해설 ② 트랙의 주요 구성품으로는 슈, 링크, 부싱, 핀 등이 있다.

46 먼지가 많은 장소에서 착용하여야 하는 마스크는?
① 방독마스크   ② 산소마스크
③ 방진마스크   ④ 일반마스크

해설 방진마스크는 분진, 미스트, 미세먼지 등이 호흡기를 통하여 체내에 유입되는 것을 방지하기 위한 보호구이다.

47 터보차저의 기능으로 옳게 설명한 것은?
① 기관 회전수를 조절한다.
② 냉각수 유량을 조절한다.
③ 윤활유 온도를 조절한다.
④ 실린더 내에 공기를 압축 공급한다.

해설 터보차저(과급기)는 엔진의 출력을 향상시키기 위하여 흡기다기관에 설치한 공기펌프이다.

48 건설기계의 출장검사가 허용되는 경우가 아닌 것은?
① 도서지역에 있는 건설기계
② 너비가 2.0m를 초과하는 건설기계
③ 최고속도가 시간당 35km 미만인 건설기계
④ 자체중량이 40톤을 초과하거나 축하중이 10톤을 초과하는 건설기계

해설 ② 너비가 2.5m를 초과하는 건설기계

49 안전점검의 주된 목적은?
① 법 및 기준의 적합 여부를 점검하여 예방책을 강구하는 데 있다.
② 위험을 사전에 발견하여 시정한다.
③ 안전작업 표준의 적합여부를 점검한다.
④ 시설 및 장비의 설계를 점검한다.

해설 생산성 향상과 재해로부터의 손실을 최소화하기 위하여 재해의 원인을 사전에 발견하고 시정하는 일련의 과정을 말한다.

50 스패너 작업 시 유의사항으로 틀린 것은?
① 작업 시 몸의 균형을 잡는다.
② 스패너의 입이 너트의 치수에 맞는 것을 사용해야 한다.
③ 필요에 따라 자루에 스패너 2개를 연결하여 작업할 수 있다.
④ 너트에 스패너를 깊이 물리고 조금씩 앞으로 당기는 식을 풀고 조인다.

51 건설기계 작업 시 주의사항으로 틀린 것은?
① 운전석을 떠날 경우 기관을 정지시킨다.
② 주행 시 작업장치는 진행방향으로 한다.
③ 주행 시는 평탄한 지면으로 주행한다.
④ 후진 시는 후진 후 사람 및 장애물 등을 확인한다.

해설 후진을 하기 전에 사고를 예방하기 위해 사람이나 장애물이 있는지 확인하고 진행하여야 한다.

정답 42.④ 43.③ 44.④ 45.② 46.③ 47.④ 48.② 49.② 50.③ 51.④

건설기계 운전기능사

2025년 **불도저** 기출분석문제

52 다음 도로명판의 설명으로 옳지 않은 것은?

92 중 앙 로 96
Jungang-ro

① 좌측으로 92번 이하인 건물들이 위치해 있다.
② 양방향용 도로명판이다.
③ 우측으로 96번 이하인 건물들이 위치해 있다.
④ 전방의 교차로는 중앙로이다.

해설 우측으로 96번 이상인 건물들이 위치해 있다.

53 기관을 시동 전 점검할 사항과 가장 거리가 먼 것은?

① 계기판 상태 점검
② 연료의 양 점검
③ 축전지의 충전상태 점검
④ 유압유의 양 점검

해설 작업 중 점검으로 계기판을 통해 장비의 정상 작동 여부를 확인할 수 있다.

54 다음 중 불도저의 규격 표시에 해당하는 것은?

① 중량(t)
② 굴착(mm)
③ 담는(m³)
④ 용량(ton)

해설 불도저의 규격은 작업가능상태의 중량(t)으로 표시한다.

55 작동유 온도가 과도하게 상승했을 때 나타나는 현상으로 옳지 않은 것은?

① 점도 저하
② 유압기기 작동 불량
③ 유압펌프 효율 저하
④ 작동유의 산화작용 방지

해설 ④ 작동유 온도가 과도하게 상승하면 작동유의 산화작용이 촉진된다.

56 브레이크에 페이드 현상이 일어났을 때의 조치 방법으로 적절한 것은?

① 속도를 조금 올려준다.
② 브레이크를 계속 밟아 열이 나게 한다.
③ 작동을 멈추고 열이 식도록 한다.
④ 주차 브레이크를 대신 사용한다.

57 해머 작업 시 틀린 것은?

① 장갑을 끼지 않고 작업을 한다.
② 작업에 알맞은 무게의 해머를 사용한다.
③ 처음에는 작게, 점차 크게 휘두른다.
④ 강한 타격력이 필요할 때는 연결대를 사용한다.

58 유압 작동유의 구비조건으로 옳지 않은 것은?

① 비압축성일 것
② 내열성이 클 것
③ 점도지수가 낮을 것
④ 인화점이 높을 것

해설 유압 작동유의 구비조건
• 비압축성일 것
• 내열성이 크고 거품이 적을 것
• 점도지수가 높을 것
• 인화점, 발화점이 높을 것

59 다음 ( )에 들어갈 내용으로 적합한 것은?

무한궤도식 불도저는 기울기가 (   )인 지면에서 정지상태를 유지할 수 있는 제동장치 및 제동잠금장치를 갖추어야 한다.

① 30° ② 70°
③ 50° ④ 90°

해설 건설기계안전기준에 관한 규칙 제8조(등판능력 및 제동장치)
• 무한궤도식 불도저는 기울기가 30도인 지면을 올라갈 수 있어야 한다.
• 무한궤도식 불도저는 기울기가 30도인 지면에서 정지상태를 유지할 수 있는 제동장치 및 제동잠금장치를 갖추어야 한다.

60 교류 발전기에서 작동 중 소음 발생 원인과 가장 거리가 먼 것은?

① 축전지가 방전되었다.
② 베어링이 손상되었다.
③ 벨트 장력이 약하다.
④ 고정 볼트가 풀렸다.

정답 52. ③ 53. ① 54. ① 55. ④ 56. ③ 57. ④ 58. ③ 59. ① 60. ①

48

2025 기중기 기출분석문제 — 건설기계 운전기능사

01. 기중기의 규격에 해당하는 것은? ★★
① 들어올림 능력(t)과 그 때의 작업 반경(m)
② 산적 용량(m³)
③ 배토판 넓이(m²)
④ 용량(ℓ)

해설 기중기는 주행차대에 상부선회체를 설치하여 붐 및 훅, 드래그라인, 크램셀 또는 버킷 등의 작업장치를 장착한 것으로 규격은 들어올림 능력(t)과 그 때의 작업반경(m)으로 한다.

02. 유압오일에서 온도에 따른 점도변화 정도를 표시하는 것은? ★
① 점도 지수
② 유압 지수
③ 오일 지수
④ 온도 지수

03. 유성기어 장치의 구성 부품에 해당하지 않는 것은?
① 헬리컬기어
② 선기어
③ 유성기어
④ 링기어

해설 유성기어 장치의 구성 부품으로는 선기어, 링기어, 유성기어, 유성캐리어로 등으로 구성이 있다. 헬리컬기어는 기어의 형식을 말한다.

04. 체인블록으로 무거운 물건 이동 시 안전상 가장 적절한 것은?
① 시간적 여유를 가지고 작업을 한다.
② 무조건 굵은 체인을 사용하여야 한다.
③ 내릴 때는 최대한 빠른 속도로 실시한다.
④ 무조건 최단거리 코스로 이동해야 한다.

05. 기중기에 오르고 내릴 때 주의해야 할 사항으로 옳지 않은 것은?
① 오르고 내리기 전에 계단과 난간의 손잡이를 깨끗이 닦는다.
② 오르고 내릴 때에는 항상 장비를 마주 본 상태에서 양손을 이용한다.
③ 오르고 내릴 때에 운전실 내의 조종 장치를 손잡이로 이용한다.
④ 이동 중일 때에는 절대 뛰어오르거나 뛰어내리지 않는다.

해설 ③ 오르고 내릴 때 조종장치를 손잡이로 이용하는 것은 매우 위험하다.

06. 냉각수가 순환하는 물 통로는? ★
① 워터펌프
② 라디에이터
③ 물재킷
④ 거버너

해설 물재킷은 실린더블록과 실린더헤드에 설치된 냉각수가 순환하는 물 통로이다.

07. 사고의 원인 중 가장 많은 부분을 차지하는 것은? ★★★
① 불가항력
② 불안전한 환경
③ 불안전한 행동
④ 불안전한 지시

해설 미국안전협회의 사고 원인 발생 분석에 따르면 안전사고 발생의 원인은 개인의 불안전한 행위 88%, 불안전한 환경 10%, 불가항력 2%이다.

08. 전구의 교체가 가능한 전조등에 해당하는 것은?
① 세미 실드빔형
② 분할형
③ 통합형
④ 실드빔형

해설 세미 실드빔형은 렌즈와 반사경은 일체이고 전구만 따로 교환할 수 있다.
④ 실드빔형 : 반사경에 필라멘트를 붙이고 여기에 렌즈를 녹여 붙인 후 내부에 불활성가스를 넣어 그 자체가 1개의 전구가 되도록 한 것

09. 유압펌프의 소음이 발생하는 원인이 아닌 것은? ★★
① 오일의 양이 적을 때
② 펌프의 속도가 느릴 때
③ 오일 속에 공기가 들어 있을 때
④ 오일의 점도가 너무 높을 때

해설 유압펌프의 소음이 발생할 수 있는 원인
• 펌프의 회전 속도가 너무 빠를 때
• 스트레이너가 막혀 흡입용량이 너무 작을 때
• 펌프 축의 편심 오차가 너무 클 때

10. 기중기의 붐 각을 40°에서 60°로 조작하였을 때의 설명으로 옳은 것은? ★
① 붐의 길이가 짧아진다.
② 입체 하중이 작아진다.
③ 작업 반경이 작아진다.
④ 기중 능력이 작아진다.

해설 기중기의 붐 각을 크게 하면 작업 반경이 작아지며, 기중 능력은 커지게 된다.

정답 01.① 02.① 03.① 04.① 05.③ 06.③ 07.③ 08.① 09.② 10.③

건설기계 운전기능사

2025년 **기중기** 기출분석문제

★★
11 트랙이 주행 중 벗겨지는 이유와 가장 거리가 먼 것은?

① 트랙의 상·하부 롤러가 마모 되었을 때
② 리코일 스프링의 장력이 부족할 때
③ 최종 구동기어가 마모되었을 때
④ 트랙의 중심 정렬이 불량할 때

✎**해설** 트랙장력이 너무 느슨할 때, 상부롤러가 마모 및 파손되었을 때, 고속 주행 시 급회전선회할 때, 타이어 트레드가 마모되었을 때가 주행 중 트랙이 벗겨질 수 있다.

12 최고속도의 100분의 50으로 감속 운행해야 할 경우가 아닌 것은?

① 노면이 얼어붙은 경우
② 안개로 가시거리가 100m 이내일 때
③ 눈이 20mm 이상 쌓인 때
④ 비가 내려 노면이 젖어 있을 때

✎**해설** ④ 최고속도의 100분의 20으로 감속 운행해야 할 경우이다.

13 카운터 웨이트의 기능으로 옳은 것은?

① 무거운 중량을 들 수 있도록 조절을 할 수 있다.
② 작업시 안정성을 주고 장비의 밸런스를 잡아준다.
③ 작업 시 접지면적을 높여준다.
④ 작업 시 접지압을 높여준다.

★★
14 등록된 건설기계를 직권으로 등록 말소할 수 있는 자는?

① 시·도지사
② 국토교통부장관
③ 경찰청장
④ 구청장

✎**해설** **시·도지사의 직권으로 등록 말소**
• 거짓이나 그 밖의 부정한 방법으로 등록한 경우
• 정기검사 명령, 수시검사 명령 또는 정비 명령에 따르지 아니한 경우
• 내구연한을 초과한 건설기계
• 건설기계를 폐기한 경우

15 공기청정기에 대한 설명으로 틀린 것은?

① 건식 공기청정기는 여과망으로 여과지를 사용한다.
② 건식 공기청정기의 여과기 세척은 압축공기로 불어낸다.
③ 습식 공기청정기 케이스 밑에 오일이 있어 오물을 여과한다.
④ 습식 공기청정기는 필터를 자주 교체해 주어야 한다.

✎**해설** 습식 공기청정기는 필터를 교체할 필요없이 청소를 해주어야 한다.

★★★
16 기중기에서 연약한 지반을 단단하게 만들기 위한 기초작업을 하는 작업장치는?

① 파일 드라이버
② 크램셀
③ 드래그 라인
④ 셔블

✎**해설** 파일 드라이버는 건물신축, 교량건설 등을 할 때 기초 작업에 사용하는 파일을 박는 작업장치이다.

17 건설기계 검사대행자 지정의 취소 사유 해당하지 않는 것은?

① 거짓이나 그 밖의 부정한 방법으로 지정을 받은 경우
② 부정한 방법으로 건설기계를 검사한 경우
③ 적정성이 조금 부족하다고 판단되는 경우
④ 경영 부실 등의 사유로 업무 이행에 적합하지 않은 경우

✎**해설** 국토교통부령으로 정하는 기준에 접합하지 않은 경우, 이법을 위반하여 벌금 이상의 형을 선고받은 경우 등이다.

18 전동공구 사용 시의 안전수칙과 가장 거리가 먼 것은?

① 보안경과 안전화를 반드시 착용한다.
② 회전을 유지한 채 작업대에 놓는다.
③ ON, OFF를 확실히 확인한다.
④ 전선코드의 취급을 안전하게 한다.

✎**해설** 전동공구 사용 시 작업 중 잠시 중단할 경우에라도 반드시 전원을 OFF 상태로 하여 회전이 멈춘 것을 확인한 다음에 안전하게 작업대에 놓아야 한다.

★★★★★
19 기중기의 작업안전장치를 모두 고른 것은?

A. 붐 전도 방지장치	B. 과부하 방지장치
C. 과속 방지장치	D. 회전 방지장치
E. 과권 경보장치	

① A, B, C
② B, C, D
③ C, D, E
④ A, B, E

✎**해설** A. 붐 전도 방지장치 : 붐의 제한 각도를 벗어나면 전도를 방지하기 위한 안전장치
B. 과부하 방지장치 : 정격하중 이상이 되면 과적을 알리고 작업을 중단시키는 안전장치
E. 과권 경보장치 : 와이어로프가 지나치게 감기지 않도록 규정 위치를 지나면 경보하는 장치

★
20 건설기계에서 변속기의 구비조건으로 가장 적절한 것은?

① 대형이고 고장이 없어야 한다.
② 조작이 쉬우므로 신속할 필요는 없다.
③ 연속적 변속에는 단계가 있어야 한다.
④ 전달 효율이 좋아야 한다.

✎**해설** **변속기 구비조건**
• 소형, 경량이고 조작이 쉬울 것
• 단계 없이 연속적으로 변속될 것
• 신속 정확하고 정숙하게 작동할 것
• 전달 효율이 좋고 수리하기 쉬울 것

정답 11. ③ 12. ④ 13. ② 14. ① 15. ④ 16. ① 17. ③ 18. ② 19. ④ 20. ④

50

21 다음 중 임계하중에 대한 설명으로 옳은 것은?
① 실제로 권상 가능한 화물의 총중량
② 들 수 있는 하중과 들 수 없는 하중과의 임계점
③ 정격 하중과 후크 블록 실링 및 기타 장치의 중량을 합한 총하중
④ 붐의 길이를 짧게 하고 경사각을 최대로 할 때에 견딜 수 있는 최대의 하중

해설 ① 정격하중
③ 정격 총 하중
④ 최대 정격 총 하중

22 인젝션 펌프의 부품이 아닌 것은?
① 조속기
② 타이머
③ 딜리버리 밸브
④ 스트레이너

해설 오일 스트레이너는 오일 펌프의 흡입구에 설치되어 큰 입자의 불순물을 제거한다.

23 와이어로프를 많이 감아 훅이 붐의 끝단과 충돌하는 것을 방지하는 안전장치는?
① 권과 방지장치
② 브레이크 장치
③ 과부하 방지장치
④ 비상 정지장치

24 타이어식 건설기계장비에서 동력전달장치에 속하지 않는 것은?
① 클러치
② 종감속 장치
③ 과급기
④ 구동 바퀴

해설 건설기계장비의 동력전달장치는 클러치, 변속기, 추진축, 드라이브 라인, 종감속 기어, 차동장치, 액슬축 및 구동 바퀴 등으로 구성된다.

25 다음 중 유압유의 구비조건으로 틀린 것은?
① 온도에 의한 점도변화가 적을 것
② 발화점이 낮을 것
③ 밀도가 작을 것
④ 열팽창계수가 작을 것

해설 유압유의 구비조건
• 방열성이 클 것
• 인화점·발화점이 높을 것
• 온도에 따른 점도 변화가 작고 점도지수가 높을 것
• 화학적으로 안정될 것

26 기중기의 기능에 대한 설명으로 거리가 먼 것은?
① 무거운 하물의 적재 및 적하
② 토사의 굴토 및 굴삭 작업
③ 경지정리 작업
④ 항타 및 항발 작업

해설 ③ 경지정리 작업은 모터그레이더 등으로 한다.

27 AC 발전기에서 전류가 발생되는 것은?
① 조속기
② 레귤레이터
③ 스테이터 코일
④ 전기자 코일

해설 AC 발전기의 로터가 전자석이 되어 회전하면 스테이터에서 전류(교류)가 발생하고 다이오드로 정류한다.

28 유압 액추에이터의 기능에 대한 설명으로 옳은 것은?
① 유압의 방향을 바꾸는 장치이다.
② 유압을 일로 바꾸는 장치이다.
③ 유압의 빠르기를 조정하는 장치이다.
④ 유압의 오염을 방지하는 장치이다.

해설 유압 액추에이터는 유체 에너지를 기계적 에너지로 변환하는 최종 작동장치(유압실린더, 유압모터 등)이다.

29 기중기의 3부 구성체에 해당하지 않는 것은?
① 상부 회전체
② 전부 장치
③ 공기압 장치
④ 하부 주행체

해설 기중기는 상부 회전체, 하부 주행체, 전부 장치로 구성된다.

30 2개 이상의 분기회로가 있을 때 순차적인 작동을 하기 위한 밸브는?
① 시퀀스 밸브
② 감압 밸브
③ 릴리프 밸브
④ 카운터 밸런스 밸브

해설 시퀀스 밸브는 압력 제어밸브로서 두 개 이상의 분기회로에서 유압회로의 압력에 의해 유압 액추에이터의 작동 순서를 제어한다.

정답 21.② 22.④ 23.① 24.③ 25.② 26.③ 27.③ 28.② 29.③ 30.①

31 축전지의 일반적인 충전방법으로 안정적인 것은?

① 급속 충전
② 전압 충전
③ 정격 충전
④ 냉각 충전

32 그림의 유압기호 중 어큐뮬레이터는?

① ○
② ◇
③ ⊙
④ (t)

해설 ② 필터
③ 압력원
④ 온도계

33 ★★ 줄걸이 작업 방법에 대한 설명으로 가장 거리가 먼 것은?

① 샤클의 헤드를 조이는 부분이 되도록 한다.
② 인양 각도는 60° 이상으로 하는 것이 좋다.
③ 인양 물체의 안정을 위해 2줄 걸이 이상을 한다.
④ 인양 용구는 안전율을 5이상 유지해야 한다.

해설 인양 각도는 60° 이내로 하는 것이 좋다.

34 타이어식 건설기계에서 조향바퀴의 토인을 조정하는 것은?

① 핸들
② 타이로드
③ 웜 기어
④ 드래그 링크

해설 토인은 조향바퀴의 사이드 스립과 타이어의 마멸을 방지하고 앞바퀴를 평행하게 회전시키기 위한 것으로, 지게차의 토인은 타이로드 길이로 조정한다.

35 호이스트 줄걸이용 와이어로프 사용 시 주의사항으로 틀린 것은?

① 와이어로프 사용 하중을 초과하지 않도록 한다.
② 하중물에 적합한 로프 슬링을 선택하여 사용한다.
③ 인양 각도는 80도 이내에서 하도록 한다.
④ 비틀림, 굽음은 즉시 수정하여 꼬이지 않도록 조절한다.

해설 인양 각도를 정확히 측정할 수 있는 경우는 인양 각도에 따른 하중의 변화를 고려한 사용하중 내에서 사용하고, 인양 각도는 60도 이내로 해야 한다.

36 ★ 유압장치에서 유압탱크의 구성품이 아닌 것은?

① 드레인 플러그
② 배플
③ 실린더 로드
④ 유면계

해설 **구성품**
• 스트레이너 : 흡입구에 설치되어 회로 내의 불순물을 제거
• 드레인 플러그 : 오일 탱트 내의 오일을 전부 배출시킬 때 사용하는 마개
• 배플 : 기포의 분리 및 제거 역할
• 유면계 : 오일의 적정량을 측정

37 ★★ 다음 중 교류 발전기의 부품이 아닌 것은?

① 로터
② 플라이 휠
③ 스테이터 코일
④ 슬립링

해설 플라이 휠은 엔진의 회전력을 전달하고, 변속기와의 연결을 돕는 역할을 한다.

38 기중기에서 수중 굴삭 작업을 하는 장치는?

① 크램셸
② 드래그라인
③ 셔블
④ 백호

39 대형 건설기계의 특별표지 부착 대상으로 틀린 것은?

① 총중량 40톤을 초과하는 건설기계
② 길이가 16.7미터를 초과하는 건설기계
③ 높이가 3.0미터를 초과하는 건설기계
④ 너비가 2.5미터를 초과하는 건설기계

해설 높이가 4.0미터를 초과하는 건설기계가 특별표지 부착 대상이다.

40 편도 2차로 이상에서 건설기계의 최저 속도는?

① 30km/h
② 50km/h
③ 60km/h
④ 80km/h

41 ★★★ 다음 중 기중기 붐에 설치하여 작업할 수 없는 것은?

① 훅
② 크램셸
③ 파일 드라이버
④ 스캐리 파이어

해설 ④ 스캐리 파이어는 그레이더에 사용되는 작업 장치이다.

42 ★ 다음 도로명판에 대한 설명으로 옳지 않은 것은?

종로 200m
Jong-ro

① 현 위치에서 다음에 나타날 도로는 종로이다.
② 종로는 8차선의 도로임을 알 수 있다.
③ 예고용 도로명판이다.
④ 전방 200m에 종로가 있음을 알려준다.

해설 예고용 도로명판으로 현위치에서 200m 전방에 종로가 있음을 알려준다.
② 대로는 도로의 폭이 8차선 이상, 로는 2~7차선, 길은 2차선 미만으로 위계명으로 되어 있다.

정답 31. ③ 32. ① 33. ② 34. ② 35. ③ 36. ③ 37. ② 38. ② 39. ③ 40. ② 41. ④ 42. ②

43 기중기에서 아웃트리거의 역할로 옳은 것은?
① 출력 증대 ② 전복 방지
③ 방향 전환 ④ 기복 제한

✎해설 아웃트리거는 타이어식 기중기에서 전·후·좌·우 방향에 안전성을 주어 작업 시 전도되는 것을 방지한다.

44 교통사고 발생 시 조치로 가장 적합한 것은?
① 즉시 정차 – 사상자 구호 – 신고
② 즉시 정차 – 신고 – 사상자 구호
③ 신고 – 사상자 구호 – 보험사 연락
④ 신고 – 피해 상황 파악 – 사고 현장 보존

45 해머 작업 시 설명으로 틀린 것은?
① 장갑을 끼지 않고 작업을 한다.
② 알맞은 무게의 해머를 사용한다.
③ 처음부터 강력하게 타격을 한다.
④ 작업 시 타격 면을 주시한다.

✎해설 처음에는 작게 휘두르고, 차차 크게 휘두른다.

46 기중기 와이어로프의 마모 원인이 아닌 것은?
① 와이어로프의 윤활 부족
② 활차 홈이 과도하게 마모된 경우
③ 활차 베어링의 급유 부족
④ 로프 감는 드럼 클러치의 슬립

47 오일의 여과방식이 아닌 것은?
① 자력식 ② 분류식
③ 전류식 ④ 샨트식

✎해설 오일의 여과방식 : 분류식, 전류식, 샨트식

48 양중 작업 시의 작업 기준으로 틀린 것은?
① 작업반경 내 하부 출입을 금지한다.
② 작업 시 해지장치를 사용하여야 한다.
③ 정격하중을 초과하는 하중을 걸어서 사용하지 말아야 한다.
④ 신호의 규정이 없으므로 작업자가 상황에 따라 신호한다.

✎해설 양중 작업 시에는 신호방법을 정하고 그 내용을 작업자에게 주지하고 준수하도록 해야 한다.

49 작업 중 기계장치에서 이상한 소리가 날 경우 작업자의 조치로 가장 적절한 것은?
① 속도를 내어 빠르게 작업한다.
② 장비를 멈추고 열을 식힌 후 작업한다.
③ 계속 작업하고 작업 종료 후에 조치한다.
④ 작업을 중단하고 장비를 점검한다.

50 작업 중 감김 재해가 많이 발생하는 것은?
① 기어 ② 커플링
③ 벨트 ④ 차축

51 기중기 작업에서 안전사항으로 적합한 것은?
① 측면으로 하며 비스듬히 끌어 올린다.
② 와이어로프가 인장력을 받기 시작할 때는 빨리 당긴다.
③ 지면과 약 30cm 떨어진 지점에서 정지한 후 안전을 확인하고 상승한다.
④ 가벼운 화물을 들어올릴 때는 붐 각을 안전각도 이하로 작업한다.

✎해설 ① 크레인 작업은 제한용량 이내에서 화물을 수직으로 달아 올린다.
④ 크레인 붐의 최대 제한각은 78°, 최소 제한각은 20°이다.

52 건설기계 등록신청은 건설기계를 취득한 날로부터 얼마의 시간 이내에 하여야 하는가?
① 1개월 ② 2개월
③ 6개월 ④ 1년

✎해설 건설기계 등록신청은 건설기계를 취득한 날(판매를 목적으로 수입된 건설기계의 경우에는 판매한 날)부터 2월 이내에 하여야 한다. 다만 전시·사변 기타 이에 준하는 국가비상사태하에 있어서는 5일 이내에 신청하여야 한다(건설기계관리법 시행령 제3조제2항).

53 유압회로에서 압력제어밸브 종류가 아닌 것은?
① 압력조정밸브
② 스로틀밸브
③ 릴리프밸브
④ 시퀀스밸브

✎해설 압력제어밸브에는 릴리프밸브, 리듀싱(감압)밸브, 시퀀스밸브, 언로드(무부하)밸브, 카운터밸런스밸브가 있다. 스로틀밸브는 유량을 조절해주는 원판형 밸브를 말한다.

정답 43.② 44.① 45.③ 46.④ 47.① 48.④ 49.④ 50.③ 51.③ 52.② 53.②

건설기계 운전기능사

2025년 **기중기** 기출분석문제

---

54 안전보호구의 착용 목적에 해당하는 것은?

① 복장 통일　　　　② 작업 능률
③ 인명 보호　　　　④ 질서 확립

✎해설 안전보호구는 외부의 유해한 자극물을 차단하거나 또는 그 영향을 감소시킬 목적을 가지고 작업자의 신체 일부 또는 전부에 장착하는 보조기구이다.

★★★
55 기중기 선회동작에 대한 설명으로 옳지 않은 것은?

① 상부 선회체는 종축을 중심으로 선회한다.
② 상부 선회체의 회전각도는 최대 180°이다.
③ 선회 록(lock)은 필요시 선회체를 고정하는 장치이다.
④ 기중기 형식에 따라 선회 작업영역의 범위가 다르다.

✎해설 기중기와 선회장치는 하부 주행체 상단에서 상부 회전체를 360° 회전하도록 한다.

---

56 유압 회로 내 압력이 비정상적으로 올라가는 원인에 해당되는 것은?

① 오일 파이프 파손
② 오일의 점도가 묽음
③ 오일 압력게이지 고장
④ 유압조정밸브 고착

✎해설 유압조정밸브가 닫힌 채로 고착•융착되면 유압회로 내 압력이 비정상적으로 높아지고 소음 등이 발생한다. ①, ②는 유압회로 내 압력이 낮아짐.

★
57 기관 운전 중에 진동이 심해질 경우 점검해야 할 사항으로 거리가 먼 것은?

① 기관의 점화시기 점검
② 연료계통의 공기 누설 여부 점검
③ 기관과 차체 연결 마운틴의 점검
④ 라디에이터의 냉각수 누설 여부 점검

✎해설 기관의 점화시기, 실린더 간 연료 분사량, 분사시기가 다르면 실린더마다 폭발 강도, 간격이 달라지고, 차체 연결 마운틴 손상, 각 피스톤의 중량이 크게 다를 경우 등의 경우 회전 속도가 균일하지 않아 진동이 발생하게 된다.

---

58 건설기계에서 시동전동기가 회전하지 않는 원인으로 옳지 않은 것은?

① 시동전동기의 소손
② 축전지 전압이 높음
③ 배선과 스위치 손상
④ 브러시와 정류자의 밀착 불량

✎해설 ② 축전지의 전압이 낮을 때 시동전동기가 회전하지 않는 원인이 된다.

★★★
59 유압장치의 고장 원인과 거리가 먼 것은?

① 작동유의 과도한 온도 상승
② 작동유에 공기, 물 등의 이물질 혼입
③ 조립 및 접속 불완전
④ 윤활성이 좋은 작동유 사용

✎해설 윤활성이 좋은 작동유를 사용하는 것은 고장을 발생시키는 원인과 거리가 먼 내용이며 작동유의 점도가 너무 크거나 작은 경우 등은 고장 원인과 관계가 있다.

★★
60 가동 중인 기관에서 기계적 소음이 발생할 수 있는 사항이 아닌 것은?

① 분사노즐 끝이 마모되어
② 냉각팬 베어링이 마모되어
③ 크랭크축 베어링이 마모되어
④ 밸브 간극이 규정치보다 커서

✎해설 분사노즐은 분사펌프에서 공급한 고압의 연료를 미세한 안개모양으로 연소실 내에 분사하는 장치를 말한다.

정답　54. ③　55. ②　56. ④　57. ④　58. ②　59. ④　60. ①

54

2024 로더 기출분석문제

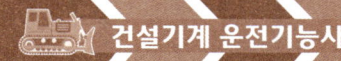

01 다음 중 착화성이 가장 좋은 연료는?
① 등유
② 중유
③ 경유
④ 휘발유

✎해설 착화성은 압축행정에 의해 흡입공기에 압력을 가하여 뜨거워진 공기에 연료를 분사시켜 연소되는 것으로 경유는 휘발유에 비하여 인화성은 떨어지나 착화성이 좋다.

02 ★★★ 로더로 주행 가능한 내리막 경사도는?
① 25°
② 35°
③ 40°
④ 45°

✎해설 로더의 주행 가능 경사도
• 오르막 경사도 : 25°
• 내리막 경사도 : 30°~35°
• 옆(측면) 경사도 : 10°~16°

03 건설기계 소유자는 등록한 주소지가 다른 시·도로 변경된 경우 어떤 신고를 해야 하는가?
① 등록사항 변경 신고를 한다.
② 등록이전 신고를 한다.
③ 건설기계소재지 변동신고를 한다.
④ 등록지의 변경 시에는 아무 신고도 하지 않는다.

✎해설 등록한 주소지가 시·도 간의 변동이 있을 경우에는 등록이전 신고를 하여야 한다.
등록이전 신고 시 제출서류(건설기계관리법 시행령 제6조)
• 건설기계등록이전신고서
• 소유자의 주소 또는 건설기계의 사용본거지의 변경사실을 증명하는 서류
• 건설기계등록증
• 건설기계검사증

04 ★★ 유압펌프에서 소음이 발생할 수 있는 원인이 아닌 것은?
① 흡입 라인이 막힘
② 작동유의 양이 많을 때
③ 유압펌프의 베어링 마모
④ 작동유 속에 공기가 들어 있을 때

✎해설 ② 작동유의 양이 적고, 점도가 너무 높을 때 유압펌프의 소음 발생 요인이 될 수 있다.

05 ★★★ 라디에이터의 보조탱크의 기능으로 옳지 않은 것은?
① 장기간 냉각수 보충이 필요하지 않다.
② 냉각수의 온도를 알맞게 유지시킨다.
③ 오버플로우가 발생하면 증기만 배출한다.
④ 냉각수의 부피가 팽창하는 것을 흡수한다.

✎해설 냉각수의 온도를 유지하는 것은 수온조절기의 기능이다.

06 ★★ 디젤기관의 엔진오일 압력이 규정 이상으로 높아질 수 있는 원인은?
① 기관의 회전속도가 낮다.
② 엔진오일의 점도가 지나치게 낮다.
③ 엔진오일의 점도가 지나치게 높다.
④ 엔진오일이 희석되었다.

✎해설 엔진의 윤활유 압력이 높은 원인은 윤활유를 이송해 주는 펌프압력이 과다하게 조정되거나 윤활유의 점도가 너무 높기 때문이다.

07 로더 버킷에 토사를 채울 때 버킷은 지면과 어떻게 놓고 시작하는 것이 좋은가?
① 45도 경사지게 한다.
② 평행하게 한다.
③ 상향으로 한다.
④ 하향으로 한다.

✎해설 로더의 작업 방법 : 토사에 접근할 때에는 버킷을 지면과 평평하게 수평으로 놓고 시작한다.

08 ★ 교류발전기에서 교류를 정류하고 역류를 방지하는 역할을 하는 것은?
① 슬립링
② 다이오드
③ 스테이터
④ 로터

✎해설 교류발전기에서 다이오드(정류기)는 스테이터 코일에 발생된 교류 전기를 정류하여 직류로 변환시키는 역할을 하며 축전지로부터 발전기로 전류가 역류하는 것을 방지한다.

정답 01.③ 02.② 03.② 04.② 05.② 06.③ 07.② 08.②

09 무한궤도식 건설기계에서 프론트 아이들러의 주된 역할은?

① 동력을 전달시켜 준다.
② 공회전을 방지하여 준다.
③ 트랙의 진행 방향을 유도시켜 준다.
④ 트랙의 회전을 조정해 준다.

✏️**해설** 무한궤도식 건설기계에서 프론트 아이들러는 트랙의 장력을 조정하고, 진행 방향을 유도하는 역할을 한다.

★★
10 로더 작업에서 트럭이나 쌓여 있는 흙 쪽으로 이동할 때, 버킷을 지면에서 약 몇m 정도 위로 하는 것이 좋은가?

① 0.3m
② 0.5m
③ 1m
④ 1.5m

✏️**해설** 트럭이나 쌓여져 있는 물체로 이동할 때에는 버킷을 지면에서 약 50~60cm 위로 올린다.

11 디젤기관에서 사용되는 공기청정기에 관한 설명으로 틀린 것은?

① 공기청정기는 실린더 마멸과 관계없다.
② 공기청정기가 막히면 배기색은 흑색이 된다.
③ 공기청정기가 막히면 출력이 감소한다.
④ 공기청정기가 막히면 연소가 나빠진다.

✏️**해설** 공기청정기의 기능이 나빠서 불순물이 기관에 들어가게 되면 피스톤의 왕복운동 시 실린더 벽과 피스톤 사이에 불순물이 끼게 되어 표면이 마멸될 수 있다.

★★★
12 타이어식 건설장비에서 조향바퀴의 얼라인먼트 요소와 관계 없는 것은?

① 캠버
② 캐스터
③ 토인
④ 부스터

✏️**해설**
④ 부스터 : 공압기, 유압, 전압 등을 가압하여 승압시키거나 증폭·확대하는 장치로 엔진의 터보 차저, 제동장치의 배력장치, 점화장치의 점화코일 등이 해당됨
① 캠버 : 차량을 앞에서 보면 그 앞바퀴가 수직선에 대해 어떤 각도를 두고 설치되어 있는 것
② 캐스터 : 차량의 앞바퀴를 옆에서 보면 조향너클과 앞차축을 고정하는 킹핀이 수직선과 어떤 각도를 두고 설치되는 것
③ 토인 : 차량의 앞바퀴를 위에서 내려다보면 바퀴 중심선 사이의 거리가 앞쪽이 뒤쪽보다 약간 좁게 되어 있는 것

★★
13 로더를 이용하여 적재물을 운반 때의 유의사항으로 옳은 것은?

① 버킷을 1.5m 이상 올려 운행한다.
② 하중을 버킷의 한 곳에 집중시킨다.
③ 고압선 아래에서는 버킷을 최대한 올려 차실을 보호하며 운행한다.
④ 장비가 전방으로 전도되면 즉시 버킷을 하강시켜 균형을 유지하도록 한다.

✏️**해설** 로더로 적재물을 운반할 때는 버킷을 0.6m 정도 올려 운행하고, 하중은 버킷 전체로 분산시키며 고압선 아래에서는 버킷을 낮추어 안전거리를 두고 운행하여야 한다.

★
14 건설기계의 정기검사신청기간 내에 정기검사를 받은 경우, 다음 정기검사 유효기간의 산정방법으로 옳은 것은?

① 정기검사를 받은 날부터 기산한다.
② 정기검사를 받은 날의 다음날부터 기산한다.
③ 종전 검사유효기간 만료일부터 기산한다.
④ 종전 검사유효기간 만료일의 다음날부터 기산한다.

✏️**해설** 정기검사기간 중에 정기검사를 받아 합격한 자동차의 검사유효기간은 종전 검사유효기간만료일의 다음날부터 기산한다(자동차관리법 시행규칙 제74조제3항).

15 타이어식 로더가 무한궤도식 로더에 비해 가장 좋은 점은?

① 기동성
② 견인력
③ 습지에서의 작업성
④ 비포장도로에서의 작업성

✏️**해설** 무한궤도식의 경우에는 습지나 비포장도로와 같이 정상적이지 않은 노면상태에서도 좋은 성능을 내는 장점이 있는 반면 기동성이 떨어지는 단점이 있다.

★★★
16 작업 중인 건설기계 기관에서 노킹이 발생하였을 때 기관에 미치게 되는 영향으로 옳지 않은 것은?

① 기관의 출력이 낮아진다.
② 기관의 회전수가 높아진다.
③ 기관이 과열된다.
④ 기관의 흡기 효율이 저하된다.

✏️**해설** 노킹 발생 시 기관에 미치는 영향
• 기관 과열 및 출력 저하(기관 회전수가 낮아짐)
• 엔진 손상
• 배기가스의 온도 저하
• 기관 흡기 효율 저하

17 로더의 주차 시 주의사항으로 옳지 않은 것은?

① 전선이 있는 곳에서는 차실과 닿지 않도록 주의한다.
② 전조의 조짐이 보일 때 후경각을 낮춰 조절한다.
③ 주차 브레이크를 작동시킨다.
④ 버킷이 지면에 닿지 않도록 한다.

✏️**해설** 로더의 작업 종료 후 버킷은 지면에 내려놓아야 한다.

18 4행정 기관의 윤활방식 중 오일펌프로 급유하는 방식은?

① 비산식
② 분사식
③ 압송식
④ 비산분무식

✏️**해설** 4행정 기관의 주된 윤활방식은 오일펌프로 공급하는 압송식이다.

정답 09. ③ 10. ② 11. ① 12. ④ 13. ④ 14. ④ 15. ① 16. ② 17. ④ 18. ③

19 로더를 90° 방향으로 진입하여 상차하는 적재 작업은?
① I형 ② V형
③ L형 ④ M형

해설: L형(90° 회전법)은 좁은 장소에서 작업을 할 때 사용하는 방법으로 덤프트럭과 로더가 나란히 서고 로더가 흙을 퍼서 후진한 후 90° 방향으로 돌려 트럭 적재함에 덤프하는 것이다.

20 에어클리너가 막혔을 때 배기가스의 색깔과 출력은?
① 검은색 배기가스 배출과 출력이 감소한다.
② 검은색 배기가스 배출과 출력은 무관하다.
③ 흰색 배기가스 배출과 출력은 무관하다.
④ 흰색 배기가스 배출과 출력은 증가한다.

해설: 에어클리너(공기청정기)가 막히면 공기흡입량이 줄어들어 엔진의 출력이 저하되고, 농후한 혼합비로 인한 불완전연소로 검은색 배기가스가 배출된다.

21 퓨즈에 대한 설명 중 옳지 않은 것은?
① 퓨즈는 가는 구리선으로 대용하여도 된다.
② 퓨즈는 정격 용량을 사용한다.
③ 퓨즈 용량은 A로 표시한다.
④ 퓨즈는 표면이 산화되면 끊어지기 쉽다.

해설: 퓨즈는 전기회로에서 단락에 의해 과대전류가 흐르는 것을 방지하기 위한 것으로 다른 용품으로 대용해서는 안 된다.

22 산업안전보건법상 안전보건표지에서 색체와 용도가 바르게 짝지어진 것은?
① 파란색 : 지시 ② 녹색 : 안내
③ 노란색 : 위험 ④ 빨간색 : 금지·경고

해설: 노란색 : 경고, 주의표지 또는 기계방호물

23 축압기(Accumulator)의 사용 목적이 아닌 것은?
① 압력 보상
② 유체의 맥동 감쇠
③ 유압회로 내 압력제어
④ 보조 동력원으로 사용

해설: 축압기(Accumulator) : 유압펌프에서 발생한 유압을 저장하고 맥동을 소멸시키는 장치, 압력보상, 에너지 축적, 유압회로의 보호, 맥동감쇠, 충격압력 흡수, 일정압력 유지 등의 기능을 한다.

24 로더의 적재 방법 중 버킷을 어느 쪽으로나 기울일 수 있어서 좁은 장소에서 사용하기 편리한 형식은?
① 스윙형 ② 사이드 덤프형
③ 오버 헤드형 ④ 프런트 엔드형

해설: 오버 헤드형은 앞 부분에서 굴삭하여 장비 위를 넘어 후면에 덤프할 수 있는 형식이다.

25 토크컨버터의 설명 중 맞는 것은?
① 구성품 중 펌프(임펠러)는 변속기 입력축과 기계적으로 연결되어 있다.
② 펌프, 터빈 스테이터 등이 상호 운동을 하여 회전력을 변환시킨다.
③ 엔진속도가 일정한 상태에서의 장비의 속도가 줄어들면 토크는 감소한다.
④ 구성품 중 터빈은 기관의 크랭크축과 기계적으로 연결되어 구성된다.

해설: 토크컨버터는 유체클러치를 개량하여 유체클러치보다 회전력의 변화를 크게 한 것이다. 펌프, 터빈, 스테이터는 토크컨버터의 3대 구성요소로, 크랭크축에 펌프를, 변속기 입력 축에 터빈을 두고 있으며, 오일의 흐름을 바꿔 주는 스테이터는 변속기 케이스의 고정된 축에 일방향 클러치를 통해 부착되어 있다.

26 유압계통 내의 최대 압력을 제어하는 밸브는?
① 체크밸브 ② 쵸크밸브
③ 오리피스밸브 ④ 릴리프밸브

해설: 릴리프밸브 : 회로의 압력을 일정하게 하거나 최고압력을 규제해서 유압기기의 과부하를 방지한다. 릴리프밸브가 닫힌 상태로 고장이 나거나 막히면 유압 오일이 과열되고 압력이 높아진다.

27 한쪽 방향지시등만 점멸 속도가 빠른 원인으로 옳은 것은?
① 전조등 배선 접촉 불량
② 플래셔 유닛 고장
③ 한쪽 램프의 단선
④ 비상등 스위치 고장

해설: 방향지시등은 양쪽 전구가 하나의 회로로 연결되어 있어서 전등 하나가 고장 또는 단선되거나 규정 용량의 전구를 사용하지 않았을 경우 남은 한쪽은 점멸하는 속도가 빠르게 된다.

28 그림의 유압기호는 무엇을 표시하는가?

① 가변유압 모터
② 유압 펌프
③ 가변토출 밸브
④ 가변흡입 밸브

29 최고속도의 100분의 20을 줄인 속도로 운행하여야 할 경우는?
① 노면이 얼어붙은 때
② 폭우, 폭설, 안개 등으로 가시거리가 100m 이내일 때
③ 눈이 20mm 이상 쌓인 때
④ 비가 내려 노면이 젖어 있을 때

해설: ①, ②, ③은 최고속도의 100분의 50을 줄인 속도로 운행하여야 하는 경우이다.

정답: 19.③ 20.① 21.① 22.③ 23.③ 24.③ 25.② 26.④ 27.③ 28.① 29.④

건설기계 운전기능사

2024년 **로더** 기출분석문제

30 로더 작업 중 기계장치에서 이상 신호가 날 경우 작업자의 행위로 옳은 것은?

① 작업 속도가 너무 빠른지 판단한다.
② 장비를 멈추어 열을 식힌 후 계속 작업한다.
③ 작업 종료 후 조치를 취한다.
④ 즉시 작동을 멈추고 점검한다.

✎**해설** 작업 중 기계장치에서 이상한 신호가 날 경우, 즉시 장비의 작동을 멈추고 점검하여 필요한 조치를 취하도록 한다.

31 중량물을 개인이 운반 시의 작업방법으로 틀린 것은?

① 가능하면 중량물을 양손으로 잡는다.
② 중량물 밑을 잡고 앞으로 운반하도록 한다.
③ 허리를 구부려서 작업을 수행한다.
④ 손가락만으로 잡지 말고 손 전체로 잡아서 작업한다.

✎**해설** 중량물을 개인이 운반하는 작업을 하는 경우에는 과도한 무게로 인하여 작업자의 목·허리 등 근골격에 무리한 부담을 주지 않도록 최대한 노력해야 한다.

32 다음 중 스켈리턴 버킷 용도의 설명으로 옳은 것은?

① 강가에서 골재 채취 작업 등을 할 때 사용한다.
② 자갈, 모래, 흙 등의 상차 작업에 사용한다.
③ 나무뿌리 뽑기, 제초, 제석 등에 사용한다.
④ 조향하지 않고 버킷의 흙을 옆으로 덤프 트럭에 상차할 수 있다.

✎**해설** 스켈리턴 버킷은 골재 채취장에서 주로 사용되는 토사와 암석 분리에 주로 사용한다.

★★
33 건설기계에 사용되는 유압 실린더의 구성품이 아닌 것은?

① 피스톤
② 로드
③ 어큐뮬레이터
④ 실(seal)

✎**해설** 어큐뮬레이터는 유압기기 중 유압 펌프에서 발생한 유압을 저장하고 맥동을 소멸시키는 장치이다.

34 철길건널목 통과방법에 대한 설명으로 옳지 않은 것은?

① 철길건널목에서는 앞지르기를 하여서는 안 된다.
② 철길건널목 부근에서는 주·정차를 하여서는 안 된다.
③ 철길건널목에 일시정지표지가 없을 때에는 서행하면서 통과한다.
④ 철길건널목에서는 반드시 일시정지 후 안전함을 확인한 후에 통과한다.

✎**해설** 모든 차의 운전자는 철길건널목을 통과하려는 경우에는 건널목 앞에서 일시정지하여 안전한지 확인한 후에 통과하여야 한다. 다만, 신호기 등이 표시하는 신호에 따르는 경우에는 정지하지 아니하고 통과할 수 있다.

★★★
35 로더 주행 중 조향 핸들이 무거운 이유로 거리가 먼 것은?

① 유압이 낮음
② 조향 오일 펌프 불량
③ 호스나 부품 속 공기의 침입
④ 오일펌프의 회전이 빠름

✎**해설** 조향 핸들이 무거운 이유
• 조향 오일 펌프가 불량하다.
• 조향 유압조절밸브가 불량하다.
• 조향 기어 박스 내의 조향 오일이 부족하다.
• 조향 기어의 백래시가 작다.
• 유압이 낮다.
• 호스나 부품 속에 공기가 침입했다.

★
36 장갑을 착용하면 위험한 작업으로 거리가 먼 것은?

① 해머 작업을 할 때
② 드릴 작업을 할 때
③ 무거운 물건을 들 때
④ 정밀기계 작업을 할 때

★★
37 유압유의 기능에 대한 설명으로 틀린 것은?

① 열을 방출한다.
② 동력을 전달한다.
③ 맞물린 부위의 간극을 밀봉한다.
④ 움직이는 부분에 대한 효율을 증대시킨다.

✎**해설** ① 유압유는 열을 흡수하는 기능을 한다.

38 안전을 위한 보호구 선택 시 유의사항으로 옳지 않은 것은?

① 구조와 끝마무리가 양호할 것
② 외관이 양호하지 않더라도 착용이 쉬울 것
③ 작업에 방해가 되지 않도록 할 것
④ 유해·위험요소에 대한 방호성능이 충분할 것

39 로더 시동 시 주의사항으로 가장 거리 먼 것은?

① 기온이 낮을 때는 예열 경고등이 소등되면 시동한다.
② 조작레버가 중립위치에 있는가를 확인 후 시동한다.
③ 시동되면 키에서 손을 신속히 놓는다.
④ 가속 페달을 세게 밟으며 시동을 한다.

★★★
40 유압모터의 특징 중 거리가 가장 먼 것은?

① 무단 변속이 가능하다.
② 속도나 방향의 제어가 용이하다.
③ 작동유의 점도변화에 의하여 유압모터의 사용에 제약이 있다.
④ 작동유가 인화되기 어렵다.

✎**해설** 유압모터의 단점으로 유압유가 인화되기 쉽다.

정답 30.④ 31.③ 32.① 33.③ 34.③ 35.④ 36.③ 37.① 38.② 39.④ 40.④

58

건설기계 운전기능사

2024년 로더 기출분석문제

41. 대형 건설기계의 도로통행 제한(특별표지판 부착)과 거리가 먼 것은?
① 높이　② 너비　③ **중량**　④ 길이

해설　총중량은 자체중량에 최대 적재 중량과 조종사를 포함한 승차인원의 체중(1인당 65kg)을 합한 것
특별표지판 부착 대상 대형 건설기계
- 길이가 16.7m를 초과하는 건설기계
- 너비가 2.5m를 초과하는 건설기계
- 높이가 4.0m를 초과하는 건설기계
- 최소 회전반경이 12m를 초과하는 건설기계
- 총중량이 40톤을 초과하는 건설기계
- 총중량 상태에서 축하중이 10톤을 초과하는 건설기계

42. 로더 작업 시 붐을 하강시키기 위한 조종레버 조작방법은?
① **조종레버를 민다.**
② 조종레버를 우측으로 움직인다.
③ 조종레버를 당긴다.
④ 조종레버를 좌측으로 움직인다.

해설
- 붐을 상승시킬 때 : 조종레버를 당긴다.
- 붐을 하강시킬 때 : 조종레버를 민다.

43. 유압모터의 용량을 나타내는 것은?
① **입구압력(kgf/cm²)당 토크**
② 유압작동부 압력(kgf/cm²)당 토크
③ 주입된 동력(HP)
④ 체적(cm³)

해설　유압모터의 용량은 입구압력(kgf/cm²)당 토크로 나타낸다.

44. 경음기가 작동하지 않는 원인과 가장 거리가 먼 것은?
① **배선이 굵다**
② 퓨즈의 단선
③ 경음기 릴레이 불량
④ 접점의 접지 불량

45. 유류 화재 시 소화방법으로 옳지 않은 것은?
① **다량의 물을 부어 끈다.**
② 모래를 뿌린다.
③ ABC소화기를 사용한다.
④ B급 화재 소화기를 사용한다.

해설　유류화재는 물로 소화할 수 없고, 모래 또는 ABC소화기, B급 화재 전용소화기를 이용하여 진압해야 한다.

46. 타이어식 로더의 작업과 가장 거리가 먼 것은?
① 상차　② 굴착　③ **나무뿌리 제거**　④ 견인

해설　나무뿌리 제거 작업은 불도저를 이용하는 것이 효과적이다.

47. 건설기계에 사용되는 유압실린더는 어떠한 원리를 응용한 것인가?
① 지렛대의 원리
② 베르누이의 정리
③ **파스칼의 원리**
④ 후크의 법칙

해설　유압장치와 제동장치의 모든 원리는 파스칼의 원리를 기초로 하여 작용된다.

48. 건설기계 조종 중 고의로 경상 1명의 인명피해를 입힌 경우 면허처분기준은?
① 면허효력정지 15일
② 면허효력정지 30
③ **면허 취소**
④ 면허효력정지 60

해설　건설기계 조종 중 고의로 인명피해(사망·중상·경상 등)를 입힌 경우 : 면허취소

49. 기관 과열 원인과 가장 거리가 먼 것은?
① 팬 벨트가 헐거울 때
② 물 펌프 작용이 불량할 때
③ **크랭크축 타이밍 기어가 마모되었을 때**
④ 방열기 코어가 규정 이상으로 막혔을 때

해설　기관이 과열되는 것은 냉각계통이 제대로 작동하지 않은 것이라 추측할 수 있다. 타이밍 체인은 냉각계통과는 관련이 없다.

50. 유압유의 압력에너지(힘)을 기계적 에너지(일)로 변환시키는 작용을 하는 것은?
① 어큐뮬레이터　② 유압밸브
③ **액추에이터**　④ 유압펌프

해설　유체 에너지를 기계적(일) 에너지로 변환하는 작동기구는 유압 액추에이터(유압실린더, 유압모터 등)이다.
① 어큐뮬레이터 : 유압유의 압력 에너지를 저장하는 용기이다.

51. 등록되지 아니한 건설기계를 사용하거나 운행한 자에 대한 처벌은?
① 100만 원 이하의 벌금
② 1년 이하의 징역 또는 1,000만 원 이하의 벌금
③ 1,000만 원 이하의 벌금
④ **2년 이하의 징역 또는 2,000만 원 이하의 벌금**

해설　2년 이하의 징역 또는 2천만원 이하의 벌금(건설기계관리법 제40조)
- 등록되지 아니한 건설기계를 사용하거나 운행한 자
- 등록이 말소된 건설기계를 사용하거나 운행한 자
- 시·도지사의 지정을 받지 아니하고 등록번호표를 제작하거나 등록번호를 새긴 자
- 무단 해체한 건설기계를 사용·운행하거나 타인에게 유상·무상으로 양도한 자
- 등록을 하지 아니하고 건설기계사업을 하거나 거짓으로 등록을 한 자

정답　41.③　42.①　43.①　44.①　45.①　46.③　47.③　48.③　49.③　50.③　51.④

건설기계 운전기능사

2024년 **로더** 기출분석문제

52 ★★ 다음 중 로더의 후경각에 해당하는 것은?

① 가
② 나
③ 다
④ 라

해설
가 : 전경각   나 : 최대덤프거리
다 : 최대덤프높이   라 : 후경각

53 사용한 공구를 정비 보관할 때 가장 옳은 것은?

① 사용 시 기름이 묻은 공구는 물로 깨끗이 씻어서 보관한다.
② 사용한 공구는 종류별로 묶어서 보관한다.
③ 사용한 공구는 녹슬지 않게 기름칠을 잘해서 작업대 위에 진열해 놓는다.
④ 사용한 공구는 면 걸레로 깨끗이 닦아서 공구상자 또는 공구보관으로 지정된 곳에 보관한다.

해설
공구는 대부분 쇠붙이로 만들기 때문에 습기를 피해야 한다. 습기에 의해 녹이 슨 공구는 안전사고의 원인이 될 수 있다.

54 정지 위치에서 로더의 붐이 저절로 하향한다. 다음 중 해당되지 않는 사항은?

① 붐 상승회로의 안전밸브에 이상이 있다.
② 메인 압력조절밸브에 이상이 있다.
③ 붐 하향회로의 안전밸브에 이상이 있다.
④ 붐 실린더의 패킹에 결함이 있다.

55 디젤기관의 연료 점화(착화) 방식은?

① 압축 착화
② 마그넷 점화
③ 전기 착화
④ 전기 점화

해설
가솔린기관은 전기 점화, 디젤기관은 압축 착화 방식이다.

56 ★ 로더 기관의 일상점검을 위한 내용으로 틀린 것은?

① 윤활유의 색깔과 점도를 확인한다.
② 기관 가동 상태에서 오일게이지를 점검한다.
③ 기관에서 윤활유가 누유되는 곳은 없는지 확인한다.
④ 윤활유 급유 레벨은 오일게이지의 'F'선까지 되도록 한다.

해설
오일게이지를 점검하기 위해서는 엔진을 세운 후 일정 시간이 지나 오일이 오일팬에 내려앉게 된 후 실시해야 한다. 기관의 가동 상태에서는 오일 상태를 점검할 수 없다.

57 ★★ 건설기계의 구조 변경 범위에 속하지 않는 것은?

① 건설기계의 기종 변경
② 건설기계의 길이, 너비, 높이 변경
③ 조종장치의 형식 변경
④ 수상작업용 건설기계 선체의 형식변경

해설
건설기계의 기종 변경, 육상 작업용 건설기계 규격의 증가 또는 적재함의 용량 증가를 위한 구조변경은 할 수 없다.

58 벨트 취급에 대한 안전사항 중 틀린 것은?

① 벨트 교환 시 회전을 완전히 멈춘 상태에서 한다.
② 벨트에는 적당한 장력을 유지하도록 한다.
③ 벨트의 회전을 정지시킬 때 손으로 잡고서 한다.
④ 고무벨트에는 기름이 묻지 않도록 한다.

59 ★★★★ 〈보기〉에서 설명하는 로더의 형식은?

> **보기**
>
> 앞뒤 차체를 2등분으로 나누어 그 사이를 핀과 조인트로 결합시킨 구조로, 회전반경이 작아 좁은 장소에서 작업이 용이함

① 허리꺾기식
② 오버 헤드식
③ 백호 셔블식
④ 사이드 덤프식

해설
허리꺾기식 조향식
• 안정성이 결여되고 핀과 조인트 부분의 고장이 빈번한 반면, 선호 반경이 작아 협소한 장소에서의 작업이 용이하다.
• 작업 시간을 단축시켜 작업 능률의 향상을 가져온다.

60 건설기계 매매업의 등록을 하고자 하는 자의 구비서류로 옳은 것은?

① 건설기계 매매업등록필증
② 건설기계 보험증서
③ 건설기계 등록증
④ 하자보증금예치증서 또는 보증보험증서

해설
건설기계 매매업의 등록을 하고자 하는 자의 구비서류
• 사무실의 소유권 또는 사용권이 있음을 증명하는 서류
• 주기장 소재지를 관할하는 시장·군수·구청장이 발급한 주기장시설보유서
• 5천만원 이상의 하자보증금예치증서 또는 보증보험서

정답 52. ④ 53. ④ 54. ② 55. ① 56. ② 57. ① 58. ③ 59. ① 60. ④

2024 불도저 기출분석문제

01 디젤기관의 구성품이 아닌 것은?
① 분사 펌프
② 공기 청정기
③ **점화 플러그**
④ 흡기 다기관

해설 디젤기관은 자기착화방식이므로 점화장치(점화 플러그)가 없다.

02 건설기계 등록의 말소와 관련해 멸실된 경우로 보는 것은?
① 폐기
② 거짓
③ **천재지변**
④ 도난

해설 건설기계가 천재지변 또는 이에 준하는 사고 등으로 사용할 수 없게 되거나 멸실된 경우 건설기계의 소유자는 시·도지사에게 등록 말소를 신청하여야 한다(건설기계관리법 제6조).

03 유압장치 작동 중 과열이 발생하는 원인으로 가장 적합한 것은?
① **오일의 양이 부족하다.**
② 오일펌프의 속도가 느리다.
③ 오일의 압력이 낮다.
④ 오일의 증기압이 낮다.

해설 유압오일이 과열되는 원인
• 유압오일의 부족
• 유압오일의 점도가 너무 높음
• 유압장치 내에서 유압오일이 누출됨
• 릴리프밸브가 닫힌 상태로 고장

04 도저의 기본구성 요소와 거리가 먼 것은?
① 블레이드
② **백레스트**
③ 조종장치
④ 트랙

해설 백레스트는 지게차의 작업장치로서 포크의 화물 뒤쪽을 받쳐주는 부분을 말한다.

05 작업장에서 휘발유 화재가 일어났을 경우 가장 적합한 소화 방법은?
① 소다 소화기의 사용
② **탄산가스 소화기의 사용**
③ 불의 확대를 막는 덮개의 사용
④ 물 호스의 사용

해설 유류화재 시 물을 부을 경우 기름이 물에 뜨면서 화재가 확산될 수 있으므로 CO_2 소화기(탄산가스 소화기), 모래, 담요, 방화커튼 등을 사용하여 최단시간 내에 소화한다.

06 실린더 내 피스톤의 충돌을 완화시키기 위해서 설치된 기구는?
① **쿠션기구**
② 밸브기구
③ 유량제어기구
④ 셔틀기구

해설 실린더 쿠션기구 : 작동을 하고 있는 피스톤이 그대로의 속도로 실린더 끝부분에 충돌하면 큰 충격이 가해진다. 이것을 완화시키기 위하여 설치한 것이 쿠션기구이다.

07 실드빔식 전조등에 대한 설명으로 틀린 것은?
① 대기조건에 따라 반사경이 흐려지지 않는다.
② 내부에 불활성 가스가 들어 있다.
③ 사용에 따른 광도의 변화가 적다.
④ **필라멘트를 갈아 끼울 수 있다.**

해설 실드빔식 전조등은 렌즈나 필라멘트를 교환하는 것이 불가능하다.

08 기관에서 배기상태가 불량하여 배압이 높을 때 발생하는 현상과 관련 없는 것은?
① 기관이 과열된다.
② **냉각수 온도가 내려간다.**
③ 기관의 출력이 감소된다.
④ 피스톤의 운동을 방해한다.

해설 기관에서 배출되는 배기가스는 약 600~900℃의 고온이며 이는 연소가스에서 방출되는 열의 35~39%에 해당한다. 따라서 배기 상태가 불량하게 될 경우 열이 빠져나가지 못하여 기관이 과열되거나 기관 출력이 감소되고, 배압에 의해 피스톤의 운동이 방해되는 현상이 나타난다.

09 무한궤도식 리코일 스프링의 주된 역할로 맞는 것은?
① 미끄러짐 방지
② **충격 완화**
③ 블레이드 지지
④ 하중 분산

해설 리코일 스프링은 주행 중 전면에서 트랙과 아이들러에 가해지는 충격을 완화하기 위한 장치이다.

10 잡목이나 작은 나무뿌리를 제거하는 데 적합한 장비는?
① **레이크 도저**
② 리퍼 도저
③ 불도저
④ 슬롯 도저

해설 레이크 도저는 블레이드 대신 레이크를 설치하고 나무뿌리나 잡목을 제거하는 데 사용한다.

정답 01.③ 02.③ 03.① 04.② 05.② 06.① 07.④ 08.② 09.② 10.①

건설기계 운전기능사

2024년 **불도저** 기출분석문제

11 겨울철 연료탱크 내에 연료를 가득 채워두는 이유는?

① 공기 중의 수증기가 응축되어 물이 생기기 때문이다.

② 연료가 적으면 증발하여 손실되기 때문이다.

③ 연료 게이지가 고장날 수 있기 때문이다.

④ 연료가 적으면 출렁거리기 때문이다.

해설 겨울철에 공기 중에 수증기가 응축되어 물이 생기게 되는데 연료가 가득차 있지 않으면 연료탱크에 공간이 생기므로 그 속의 수증기가 응결될 수 있으므로 이를 방지하기 위하여 연료를 가득 채워둔다.

12 불도저가 진흙에 트랙 일부가 묻힐 정도로 빠진 경우, 진흙에서 벗어나는 방법으로 가장 거리가 먼 것은?

① 유압잭으로 고이고, 이탈 주행한다.

② 블레이드를 높이 들고 긴 침목을 트랙 앞쪽에 와이어 로프로 묶고 전진 주행한다.

③ 삽으로 차체의 밑 부분과 트랙 밑 부분의 진흙을 파내고 벼 짚단을 깔고 주행한다.

④ 다른 도저의 윈치를 사용하여 벗어난다.

13 유압장치의 일상점검 항목이 아닌 것은?

① 오일의 양 점검

② 오일탱크 내의 응력 점검

③ 변질상태 점검

④ 오일의 누유 여부 점검

해설 유압장치에서 오일탱크 내부를 일상적으로 점검할 수 있는 사항은 아니다.

14 12V 2개를 직렬로 연결하였을 때 옳은 것은?

① 저항이 약해진다.

② 전류는 2배가 된다.

③ 용량은 줄어든다.

④ 전압은 2배가 된다.

해설 같은 축전지 2개를 직렬로 접속하면 전압은 2배가 되고, 용량은 같다. 전류는 같지만 저항은 증가를 한다.

15 물건을 여러 사람이 공동으로 운반할 때의 안전사항과 거리가 먼 것은?

① 명령과 지시는 한 사람이 한다.

② 최소한 한 손으로는 물건을 받친다.

③ 앞쪽에 있는 사람이 부하를 적게 담당한다.

④ 긴 화물은 같은 쪽의 어깨에 올려서 운반한다.

해설 여러 사람이 물건을 운반할 때에는 동작이 통일되기 위해 지시는 한 사람만 내려야 하고 모든 사람이 동일한 부하를 담당해야 한다. 또한 두 손을 모두 방향을 잡는데 쓰지 않고 최소한 한 손은 물건을 받치는 데 써야 한다.

★★★★ 16 불도저의 배도판 상승이 늦는 원인이 아닌 것은?

① 릴리프밸브의 조정이 불량할 때

② 유압작동 실린더의 내부누출이 있을 때

③ 펌프가 불량할 때

④ 작동유압이 너무 높을 때

해설 작동유압이 너무 낮을 때 유압 실린더 내로 작동유가 유입되는 시간이 길어지게 되므로 힘을 전달하는 데 시간이 지연되어 배토판 상승이 늦는 원인이 된다.

17 불도저에서 트랙을 쉽게 분리하기 위해 설치한 것은?

① 슈판   ② 링크

③ 마스터 핀   ④ 부싱

해설 무한궤도의 분리를 쉽게 하기 위해서 마스터 핀을 좌우 트랙에 1개씩 두고 있다.

★ 18 건설기계의 구조변경검사는 누구에게 신청하여야 하는가?

① 건설기계정비업소

② 자동차검사소

③ 검사대행자(건설기계검사소)

④ 건설기계폐기업소

해설 구조변경검사를 받으려는 자는 주요 구조를 변경 또는 개조한 날부터 20일 이내에 건설기계 구조변경 검사신청서를 시·도지사에게 제출하여야 한다. 다만 검사대행자를 지정한 경우 검사대행자에게 제출해야 한다(건설기계관리법 시행규칙 제25조 제1항).

19 유압 실린더를 지지하는 방식이 아닌 것은?

① 트러니언형   ② 푸트형

③ 플랜지형   ④ 유니언형

★★ 20 배토판의 하단에 장착되어 지면에 선접촉하는 좁고 긴 금속판은?

① 배토날   ② 절삭날

③ 하단날   ④ 토공날

해설 '절삭날'이란 배토판의 마모를 방지하기 위하여 배토판의 하단에 장착되어 지면에 선접촉하는 좁고 긴 금속판을 말한다. 이 경우 절삭날을 장착하지 아니한 불도저는 배토판의 하단을 절삭날로 본다(건설기계안전기준에 관한 규칙 제6조).

21 전해액이 20℃에서 완전 충전되었을 때 전해액의 비중은?

① 1.28   ② 1.35

③ 1.43   ④ 1.50

해설
• 전해액의 비중은 20℃에서 완전 충전되었을 때 1.280으로 표준 비중이라 하며, 황산의 도전성이 가장 높다.
• 완전 방전되었을 때에는 비중이 1.050 정도이다.
• 온도가 상승하면 비중이 작아지고, 온도가 낮아지면 비중이 커진다.
• 전해액의 비중은 온도 1℃ 변화에 대하여 0.0007이 변화한다.

정답 11. ① 12. ① 13. ② 14. ④ 15. ③ 16. ④ 17. ③ 18. ③ 19. ④ 20. ② 21. ①

22 급경사의 언덕길을 내려갈 때 안전한 조작방법으로 옳은 것은?
① 변속레버를 중립으로 한다.
② 지면에 닿지 않게 블레이드를 올려서 내려온다.
③ 변속레버를 저속으로 하고 엔진 브레이크를 사용한다.
④ 변속레버를 고속으로 하고 엔진 브레이크를 사용한다.

해설: 경사지를 내려갈 때는 반드시 엔진 브레이크를 사용하고 클러치로 동력을 차단하거나 변속레버를 중립에 두고 운행하면 절대 안 된다.

23 불도저의 블레이드 마모가 가장 적은 지형에 해당하는 것은?
① 갯벌
② 모래
③ 자갈
④ 암석

24 교류발전기의 특징으로 틀린 것은?
① 속도 변화에 따른 적용범위가 넓고 소형, 경량이다.
② 저속 시에도 충전이 가능하다.
③ 정류자를 사용한다.
④ 다이오드를 사용하기 때문에 정류 특성이 좋다.

해설: 교류발전기는 교류 전류의 위상차 변동을 자연스럽게 이용하는 것으로 직류발전기에서 필요한 정류자를 사용하지 않는다.

25 무한궤도식 건설기계에서 트랙이 벗겨지는 이유와 가장 거리가 먼 것은?
① 저속 운전을 하였을 때
② 트랙이 너무 이완되었을 때
③ 트랙 장력이 너무 헐거울 때
④ 트랙의 중심 정열이 맞지 않았을 때

해설: 트랙의 벨트가 너무 크면(이완되어 있으면) 트랙이 벗겨지기 쉽고, 트랙 장력이 너무 헐거울 때(유격이 규정값보다 크년) 트랙이 벗겨지기 쉽다.

26 유압오일의 온도가 상승할 때 나타날 수 있는 결과가 아닌 것은?
① 오일 누설 발생
② 펌프 효율 저하
③ 점도 상승
④ 유압밸브의 기능 저하

해설: 작동유 온도가 과도 상승 시 나타나는 현상
• 점도가 저하한다.
• 밸브들의 기능이 저하한다.
• 기계적이 마모가 생긴다.
• 중합이나 분해가 일어난다.
• 작동유의 산화 작용을 촉진한다.
• 유압 기기의 작동이 불량해진다.
• 실린더의 작동 불량이 생긴다.

27 산업안전보건법에 명시된 안전보건표지와 관련 없는 것은?
① 모양
② 색채
③ 내용
④ 재질

해설: 산업안전표지의 종류와 형태, 색채, 용도 및 설치, 부착장소, 그밖에 필요한 사항은 고용노동부령으로 정한다(산업안전보건법 제27조).

28 유압회로에서 감압 밸브에 대한 설명으로 맞는 것은?
① 최고 압력 규제로 각부 기기 보호
② 유압의 흐름을 한 방향으로 통과
③ 유량 조정은 변하지 않도록 보상
④ 유량 변동시 설정압의 변동 억제

해설: ① 릴리프 밸브
② 체크 밸브
③ 압력보상부 유량제어 밸브

29 불도저의 트랙에 동력을 전달하는 것은?
① 상부 롤러
② 하부 롤러
③ 아이들러
④ 스티어링 클러치

해설: ① 상부 롤러 : 트랙 아이들러와 스프로킷 사이에서 트랙이 처지는 것을 방지하고 동시에 트랙의 회전 위치를 정확하게 유지
② 하부 롤러 : 트랙터의 전중량을 균등하게 트랙 위에 분배하면서 전동하고 트랙의 회전 위치를 정확히 유지
③ 아이들러 : 트랙의 장력을 조정하면서 진로를 조정해 주어 주행 방향으로 트랙을 유도

30 클러치에 대한 설명으로 옳지 않은 것은?
① 원판 클러치는 기관의 동력 전달용이다.
② 클러치 페달의 작은 자유간극은 클러치 차단의 불량 원인이다.
③ 클러치 축은 동력을 변속기로 전달한다.
④ 클러치 연결 상태에서 기어변속을 하면 기어가 상하게 된다.

해설: 클러치 차단 불량 원인
• 클러치 페달의 자유간극 큼
• 유압 계통에 공기 침입
• 클러치판의 흔들림이 큼
• 릴리스 베어링의 손상

31 윤활유에 첨가하는 첨가제의 사용 목적으로 틀린 것은?
① 유성을 향상시킨다.
② 산화를 방지한다.
③ 점도지수를 향상시킨다.
④ 응고점을 높게 해준다.

해설: 작동유 첨가제
• 소포제 : 거품 방지제
• 유동점 강하제
• 산화방지제 : 산의 생성을 억제하고 금속표면에 부식 억제 피막을 형성하여 산화 물질의 금속에 직접 접촉하는 것을 방지
• 점도지수 향상제 등

정답: 22.③ 23.① 24.③ 25.① 26.③ 27.④ 28.④ 29.④ 30.② 31.④

건설기계 운전기능사

2024년 **불도저** 기출분석문제

32 다음 그림의 유압기호는 무엇을 나타내는가?

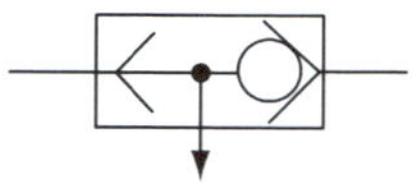

① 릴리프밸브
② 시퀀스밸브
③ 셔틀 밸브
④ 압력스위치

33 냉각장치에서 냉각수의 비등점을 올리기 위한 장치는?

① 압력식 캡
② 코어
③ 진공식 캡
④ 냉각핀

✏️**해설** 압력식 캡은 냉각수의 비등점(끓는 점)을 상승시키고 냉각 효과를 증대시키는 기능이 있다.

34 설기계관리법령사 건설기계의 총 종류 수는?

① 16종(15종 및 특수건설기계)
② 21종(20종 및 특수건설기계)
③ 27종(26종 및 특수건설기계)
④ 30종(27종 및 특수건설기계)

35 시동전동기가 회전하지 않는 원인인 것은?

① 전기자 코일 단선 및 계자 코일이 손상되었다.
② 축전지 전압이 높다.
③ 시동스위치 접촉 상태가 양호하다.
④ 브러시의 접촉을 전면적의 80% 이상이 되도록 하였다.

✏️**해설** 시동전동기는 축전기 전압이 낮거나 전기자 코일 단선 및 계자 코일이 손상되었거나 브러시와 정류자의 밀착이 불량할 때 회전에 문제가 생긴다.

36 피스톤링에 대한 설명으로 옳지 않은 것은?

① 피스톤이 받는 열의 대부분을 실린더 벽에 전달한다.
② 피스톤링이 마모된 경우 블로바이 현상이 일어난다.
③ 압축과 팽창가스 압력에 대해 연소실의 기밀을 유지한다.
④ 피스톤링 이음부 간극이 클 때 링 이음부가 접촉하여 눌러붙는다.

✏️**해설** ④ 피스톤링 이음부 간극이 작을 때 링 이음부가 접촉하여 눌러붙는다.

37 액추에이터의 종류가 아닌 것은?

① 유압실린더
② 유압모터
③ 플런저모터
④ 감압밸브

✏️**해설** ④ 감압밸브는 압력제어밸브의 한 종류로 유압회로에서 분기회로의 압력을 주회로의 압력보다 저압으로 하여 사용하고 싶을 때 이용한다.

38 정기검사는 검사 유효기간의 만료일 전후 각각 며칠 이내에 신청하여야 하는가?

① 10일
② 30일
③ 90일
④ 60일

✏️**해설** 정기검사의 신청은 검사 유효기간의 만료일 전후 각각 30일 이내 신청하여야 한다.

39 트랙 장치 중 트랙 처짐을 방지하고 트랙 회전 위치를 유지하는 것은?

① 스프로킷
② 상부 롤러
③ 하부 롤러
④ 리코일 스프링

✏️**해설** ① 종감속기어를 거쳐 전달된 동력을 최종적으로 트랙에 전달한다.
③ 트랙의 전 중량을 균등하게 트랙 위에 분배한다.
④ 주행 중 트랙 전면에 오는 충격을 완화하여 차체의 파손을 방지한다.

40 유압모터에서 소음과 진동이 발생할 때의 원인이 아닌 것은?

① 내부 부품의 파손
② 펌프의 최고 회전속도 저하
③ 체결 볼트의 이완
④ 작동유 속에 공기의 혼입

✏️**해설** 유압모터의 내부 부품이 파손되거나 체결을 위한 볼트가 이완되었을 경우, 작동유에 공기가 혼입되었을 경우에 소음과 진동이 발생할 수 있다.

41 도저에 의한 완성 작업법에 대한 설명으로 부적당한 것은?

① 완성작업은 토공판이 빈 것 보다 흙을 가득히 채운 편이 쉽다.
② 토공판을 내리기 전에 먼저 트랙의 완성면과 평행한 면 위에 있는가를 확인한다.
③ 거친 완성은 저속으로, 치밀한 완성일수록 고속으로 작업한다.
④ 도저는 거친 마무리작업에 적합한 기계이다.

✏️**해설** 거친 완성은 고속으로, 치밀한 완성은 저속으로 꼼꼼히 작업한다.

정답 32.③ 33.① 34.③ 35.① 36.④ 37.④ 38.② 39.② 40.② 41.③

42 건설기계의 등록이 말소된 경우에 소유자가 시·도지사에게 반납해야 하는 것은?

① 등록증
② 검사증
③ 인감증명서
④ **등록번호표**

해설 등록번호표의 반납
- 건설기계의 등록이 말소된 경우
- 등록된 건설기계의 소유자의 주소지 및 등록번호의 변경(시·도간의 변경 시에 한함)
- 등록번호표 또는 그 봉인이 떨어지거나 식별이 어려울 때 등록번호표의 부착 및 봉인을 신청하는 경우

43 다음 중 건설기계 특별표지판을 부착하지 않아도 되는 대형건설기계는?

① 길이가 17미터인 굴착기
② 너비가 4미터인 기중기
③ **총중량이 15톤인 지게차**
④ 최소 회전반경이 14미터인 모터그레이더

해설 길이가 16.7m, 너비가 2.5m, 높이 4.0m, 최소회전반경 12m, 총중량이 40톤, 총중량 상태에서 축하중이 10톤을 초과하는 건설기계에는 특별표지판을 부착하여야 한다.

★ 44 디젤기관의 진동이 심해지는 원인이 아닌 것은?

① 분사압력, 분사량의 불균형이 심할 때
② 피스톤 및 커넥팅로드의 중량차가 클수록
③ **실린더수가 많을수록**
④ 실린더 안지름의 차가 심할 때

해설 디젤기관의 진동 원인
- 연료의 분사압력, 분사량, 분사시기 등 문제 발생
- 다기관에서 한 실린더의 분사노즐이 막혔을 때
- 피스톤, 커넥팅로드 어셈블리 중량 차이가 날 때
- 크랭크축 무게가 불평형이거나 실린더 내경(안지름)이 일정하지 않음
- 연료공급 계통에 공기 침입

★★★ 45 기어펌프에 대한 설명으로 틀린 것은?

① 소형이며 구조가 간단하다.
② **플런저 펌프에 비해 흡입력이 나쁘다.**
③ 플런저 펌프에 비해 효율이 낮다.
④ 초고압에는 사용이 곤란하다.

해설 기어 펌프는 흡입 성능이 우수하다.

46 성능이 불량하거나 사고가 빈발하는 건설기계의 성능을 점검하기 위하여 건설교통부장관 또는 시·도지사의 명령에 따라 수시로 실시하는 검사는?

① 신규등록검사
② 정기검사
③ **수시검사**
④ 구조변경검사

해설 ③ 수시검사 : 성능이 불량하거나 사고가 자주 발생하는 건설기계의 안전성 등을 점검하기 위해 수시로 실시하는 검사와 건설기계 소유자의 신청을 받아 실시하는 검사이다.

47 드릴 작업 시 주의사항으로 틀린 것은?

① 칩을 털어낼 때는 칩털이를 사용한다.
② **장갑을 착용하고 작업을 해야 한다.**
③ 작업이 끝나면 드릴을 척에서 빼놓는다.
④ 가공물을 손으로 고정해서는 안 된다.

해설 드릴 작업 시에는 장갑을 착용하지 않아야 한다.

★ 48 출발지 관할 경찰서장이 안전기준을 초과하여 운행할 수 있도록 허가하는 사항에 해당되지 않는 것은?

① 적재중량
② **운행속도**
③ 승차인원
④ 적재용량

해설 모든 차의 운전자는 승차인원·적재중량 및 적재용량에 관하여 대통령령으로 정하는 운행상의 안전기준을 넘어서 승차시키거나 적재하고 운전하여서는 안 된다. 다만 출발지를 관할하는 경찰서장의 허가를 받은 경우에는 그러하지 않다(도로교통법 제39조제1항).

49 일반 수공구 사용 시 주의사항으로 가장 거리가 먼 것은?

① 용도 이외에는 사용하지 않는다.
② 사용 후에는 정해진 장소에 보관한다.
③ 수공구는 손에 잘 잡고 떨어지지 않게 작업한다.
④ **개인이 제작한 공구들을 일반공구로 사용한다.**

50 지반이 연약한 곳에서 작업할 수 있는 특수한 도저로 트랙 슈가 삼각형 구조로 되어 있으며 중력에 침전되지 않는 도저는?

① **습지 도저**
② 셔블 도저
③ 틸트 도저
④ 앵글 도저

해설
① 습지 도저 : 트랙 슈가 삼각형 모형으로 된 것이며, 지반이 연약한 습지에서도 작업할 수 있다.
③ 틸트 도저 : 블레이드를 좌우로 15cm 정도 기울일 수 있는 도저로 단단한 흙이나 언 땅 및 굳은 땅의 굴착에 적합하다.
④ 앵글 도저 : 블레이드를 좌우로 20~30° 정도로 회전시킬 수 있어 흙을 한쪽 방향으로 밀어낼 수 있으며, 제설·제토작업, 매설 작업 등에 적합하다.

★★ 51 라디에이터의 구비조건으로 틀린 것은?

① 공기 흐름 저항이 적을 것
② 냉각수 흐름 저항이 적을 것
③ 가볍고 강도가 클 것
④ **단위 면적당 방열량이 적을 것**

해설 라디에이터 구비조건 : 공기 흐름 저항과 냉각수 흐름 저항이 적을 것, 단위 면적당 방열량과 강도가 클 것, 작고 가벼울 것

정답 42.④ 43.③ 44.③ 45.② 46.③ 47.② 48.② 49.④ 50.① 51.④

52 불도저 작업완료 후 시동을 정지하는 방법으로 틀린 것은?

① 블레이드는 지면에 닿지 않게 상승한다.
② 기관이 정지할 때까지 브레이크를 밟는다.
③ 속도조절장치를 저속 공회전으로 한다.
④ 변속기 선택레버를 중립으로 한다.

✏️해설 작업종료 후 작업장치는 지면에 내려놓아야 한다.

53 작업장에서 휴식 중 안전 사항과 가장 거리가 먼 것은?

① 주차브레이크를 작동시킨다.
② 장비의 각종 레버는 중립 위치에 둔다.
③ 타이어식인 경우 경사지에서 고임목을 설치한다.
④ 평탄한 곳에서는 엔진을 끄지 않고 내려온다.

✏️해설 장비를 안전하게 주차한 후 기관을 정지한 뒤에 시동키는 빼내어 관리해야 한다.

★★★
54 연소실 내에 고압의 연료를 분사하는 장치는?

① 조속기
② 인젝션 펌프
③ 분사노즐
④ 프라이밍 펌프

✏️해설 분사노즐은 분사펌프에서 공급한 고압의 연료를 미세한 안개모양으로 연소실 내에 분사하는 장치를 말한다.

55 작업 안전의 제일 이념에 해당하는 것은?

① 생산성 향상
② 품질 향상
③ 인명 보호
④ 경영 관리

56 가스배관 주위 작업 시 주의사항으로 틀린 것은?

① 가스배관과의 수평거리 60cm 이내에서 파일박기를 금지한다.
② 가스배관 좌우 1m 이내에서는 장비 작업을 금하고 인력으로 작업해야 한다.
③ 가스배관이 매설된 지점에서 도시가스회사의 입회하여 작업한다.
④ 굴착공사 전 가스배관의 매설 유무는 반드시 해당 도시가스 사업자에게 조회해야 한다.

✏️해설 가스배관과의 수평거리 30cm 이내에서 파일박기를 금지한다.

57 폭설로 인해 가시거리가 100m 이내일 때 최고속도의 100분의 몇 %를 줄인 속도로 운행하여야 하는가?

① 10%　　　　　② 30%
③ 50%　　　　　④ 70%

✏️해설 자동차 등의 속도(도로교통법 시행규칙 제19조)
1. 최고속도의 100분의 50을 줄인 속도로 운행하여야 하는 경우
　가. 폭우·폭설·안개 등으로 가시거리가 100m 이내인 경우
　나. 노면이 얼어 붙은 경우
　다. 눈이 20mm 이상 쌓인 경우
2. 최고속도의 100분의 20을 줄인 속도로 운행하여야 하는 경우
　가. 비가 내려 노면이 젖어 있는 경우
　나. 눈이 20mm 미만 쌓인 경우

★
58 도로명주소 안내 시설 가운데 "관공서용 건물번호판"에 해당하는 것은?

①
②
③
④

✏️해설 ① 문화재·관광용 건물번호판
② 일반용 사각형 건물번호판
③ 일반용 오각형 건물번호판

59 건설기계의 구조변경 범위에 속하지 않은 것은?

① 수상작업용 건설기계 선체의 형식변경
② 건설기계의 길이, 너비, 높이 변경
③ 적재함의 용량 증가를 위한 변경
④ 조종장치의 형식 변경

✏️해설 건설기계의 기종변경, 육상작업용 건설기계 규격의 증가 또는 적재함의 용량 증가를 위한 구조변경은 할 수 없다(건설기계관리법 시행규칙 제42조).

60 무한궤도형 불도저의 장점으로 틀린 것은?

① 이동성이 우수하다.
② 물이 있어도 작업에 용이하다.
③ 견인력이 우수하다.
④ 습지 통과가 용이하다.

✏️해설 무한궤도형 불도저의 이동성은 타이어 방식에 비해 매우 떨어진다.

정답 52. ①　53. ④　54. ③　55. ③　56. ①　57. ③　58. ④　59. ③　60. ①

2024 기중기 기출분석문제

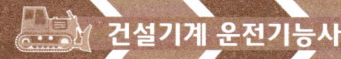

01 ★ 상사점과 하사점 사이의 거리는?
① 과급
② 압축
③ **행정**
④ 소기

해설 기관에서 피스톤의 행정이란 상사점과 하사점과의 거리를 말한다.

02 건설기계 검사의 종류에 해당하지 않는 것은?
① 신규등록검사
② **임시검사**
③ 구조변경검사
④ 수시검사

해설 건설기계 검사의 종류 : 신규등록검사, 정기검사, 구조변경검사, 수시검사

03 ★★ 다음 중 기중기의 작업 내용과 거리가 가장 먼 것은?
① 파일 항타 작업
② 화물 적하 작업
③ **아스팔트 포장 작업**
④ 크레인 작업

해설 아스팔트 포장 작업에는 아스팔트 믹서 트럭, 아스팔트 페이버 등의 장비가 필요합니다.

04 ★★★ 다음 중 유압모터의 장점이 될 수 없는 것은?
① 무단변속이 용이하다.
② 속도나 방향 제어가 용이하다.
③ 소형 경량으로서 큰 출력을 낼 수 있다.
④ **공기와 먼지 등이 침투하여도 성능에는 영향을 주지 않는다.**

해설
유압모터의 장점
- 무단변속이 용이하다.
- 소형, 경량으로서 큰 출력을 낼 수 있다.
- 속도나 방향 제어가 용이하다.
- 자동 원격조작이 가능하다.

유압모터의 단점
- 작동유가 누출되면 작업 성능에 지장이 있다.
- 작동유의 점도변화로 유압모터의 사용에 제약이 따를 수 있다.
- 작동유에 먼지나 공기가 침입하지 않도록 특히 보수에 신경 써야 한다.

05 ★ 해머 작업 시 내용을 옳지 않은 것은?
① 기름 묻은 손으로 자루를 잡지 않는다.
② **강하게 타격할 때는 연결대를 사용한다.**
③ 물건에 해머를 대고 몸의 위치를 정한다.
④ 타격면이 마모되어 경사진 것은 사용하지 않는다.

해설 해머 작업 시에는 연결대를 사용하지 않아야 한다. 연결대가 빠질 경우에는 안전사고가 발생할 수 있기 때문이다.

06 ★★★★ 기중기에 대한 설명 중 옳은 것은?
① 상부 회전체의 최대 회전각은 270°이다.
② 붐의 각과 기중 능력은 반비례한다.
③ 붐의 길이와 운전 반경은 반비례한다.
④ **마스터 클러치가 연결되면 케이블 드럼에 축이 제일 먼저 회전한다.**

해설
① 상부 회전체의 최대 회전각은 360°이다.
② 기중작업을 할 때 하중이 무거우면 붐 각은 올린다.
③ 기중작업을 할 때 하중이 무거우면 붐 길이는 짧게 한다.

07 다음 중 '도로명 및 도로 조건'에 대한 설명으로 옳지 않은 것은?
① 도로명은 도로별 기준인 '대로, 로, 길'로 구성된다.
② 도로의 폭이 8차선 이상인 도로는 '대로'로 부른다.
③ 건물 번호가 홀수면 도로의 왼쪽, 짝수면 오른쪽에 위치해 있다.
④ **동에서 서, 북에서 남 방향으로 도로구간을 설정하고 이름을 부여한다.**

해설 도로명은 서에서 동, 남에서 북 방향으로 도로구간을 설정하고 이름을 부여한다.

08 ★★ 조명용 전조등에 대한 설명이다. ( )에 들어갈 내용으로 옳은 것은?

> 전조등 전구 필라멘트 2개 가운데 1개는 위로 향하는 (A)이고, 대향차 운전자의 눈부심을 낮추기 위해 (B)가 낮아지도록 아래로 향하는 (C)이다.

① A-상향등, B-광도, C-하향등
② **A-상향등, B-조도, C-하향등**
③ A-하향등, B-광도, C-상향등
④ A-하향등, B-조도, C-상향등

해설 조도는 피조면의 밝기의 정도를 나타내고, 광도는 어떤 방향의 빛의 세기를 말한다.

09 ★★★ 기중기의 작업 전 장비점검에 해당하지 않는 것은?
① 장비 작동상태를 점검한다.
② 줄걸이 용구를 확인한다.
③ 정비 안전장치를 점검한다.
④ **누설·파손 부위를 확인한다.**

해설 누설·파손 부위를 확인하는 것은 작업 후 장비점검에 해당하는 사항이다.

정답 01.③ 02.② 03.③ 04.④ 05.② 06.④ 07.④ 08.② 09.④

건설기계 운전기능사 / 2024년 **기중기** 기출분석문제

10 ★★ 냉각장치에 사용되는 라디에이터의 구성품이 아닌 것은?

① 코어
② 냉각핀
③ 냉각수 주입구
④ 물재킷

해설 물재킷은 실린더 블록에서 냉각수가 지나가는 통로로 실린더와 열교환을 하는 역할을 한다.

11 겨울철에 시동을 쉽게 하기 위하여 설치하는 장치는?

① 등화 장치
② 충전 장치
③ 난방 장치
④ 예열 장치

해설 예열 장치는 기통 내의 공기를 가열시켜 겨울철에 시동을 쉽게 하기 위하여 설치가 된다.

12 기중기의 각 장치 가운데 옆 방향 전도 방지를 위한 것은?

① 과부하 방지장치
② 아우트리거 장치
③ 붐 전도 방지장치
④ 과권 경보장치

해설
① 과부하 방지장치 : 정격하중을 초과할 때 권상 와이어 로프에 걸리는 장력에 따라 경보기가 자동으로 울리도록 하는 장치
③ 붐 전도 방지장치 : 기중 작업 시 권상 와이어 로프가 절단되거나 험지를 주행할 때 붐에 전달되는 요동으로 붐이 기울어지는 것을 방지하는 장치
④ 과권 경보장치 : 와이어 로프가 지나치게 감기지 않도록 규정 위치를 지나면 경보가 울리는 장치

13 ★★ 유압장치에서 충격 흡수와 압력 보상 등의 역할을 하는 부속기기는?

① 유압탱크
② 어큐뮬레이터
③ 여과기
④ 오일 냉각기

해설 유압장치에서 어큐뮬레이터는 압력 보상, 충격 흡수, 유압 에너지의 저장 등의 역할을 한다.

14 ★ 교차로 통행방법에 대한 설명으로 틀린 것은?

① 교차로 내는 차선이 없으므로 진행방향을 임의로 바꿀 수 있다.
② 좌회전을 하려는 경우에는 미리 도로의 중앙선을 따라 서행하면서 교차로의 중심 안쪽을 이용하여 좌회전하여야 한다.
③ 우회전을 하려는 경우에는 미리 도로의 우측 가장자리를 서행하면서 우회전하여야 한다.
④ 교차로에서 직진하려는 차는 이미 교차로에 진입하여 좌회전하고 있는 차의 진로를 방해할 수 없다.

해설 모든 차의 운전자는 교통정리를 하고 있지 아니하고 일시정지나 양보를 표시하는 안전표지가 설치되어 있는 교차로에 들어가려고 할 때에는 다른 차의 진행을 방해하지 아니하도록 일시정지하거나 양보하여야 한다.

15 ★★★ 고압선로 주변에서 크레인 작업 중 안전에 가장 유의해야 하는 부분은?

① 장비 운전석
② 붐 또는 권상로프
③ 상부 회전체
④ 하부 주행체

해설 고압선로 또는 지지물에 접촉 위험이 가장 높은 것은 붐 또는 권상로프이다.

16 ★★★★ 기중기 작업 시 고려해야 할 점으로 옳지 않은 것은?

① 작업 지반의 강도
② 화물의 현재 임계하중과 권하 높이
③ 하중의 크기와 종류 및 형상
④ 붐 선단과 상부 회전체 후방 선회 반지름

해설 기중기 작업 시 주의사항
• 작업 하중을 초과하지 않는다.
• 지정된 신호수의 신호에 따라 작업을 한다.
• 하물의 훅 위치는 무게 중심에 걸리도록 한다.
• 붐의 각을 20° 이하로 78° 이상으로 하지 않는다.
• 붐의 길이와 각도에 따라 정격하중을 조정해야 한다.
• 물건을 내려놓는 곳이 경사지거나 울퉁불퉁해서는 안 된다.
• 무거운 물체를 들어올리기 전에 지면으로부터 30cm 정도 떨어진 지점에서 흔들리지 않게 정지시킨 후 상승시킨다.

17 유압탱크의 구성품이 아닌 것은?

① 배플
② 유면계
③ 커넥팅 로드
④ 스트레이너

해설 커넥팅 로드는 피스톤에서 받은 압력을 크랭크 축에 전달하는 역할을 한다.
유압탱크의 구성품
• 배플 : 기포의 분리 및 제거 역할
• 유면계 : 오일의 적정량을 측정
• 스트레이너 : 흡입구에 설치되어 회로 내의 불순물을 제거함
• 드레인 플러그 : 오일 탱크 내의 오일을 전부 배출시킬 때 사용하는 마개

18 ★★ 슬링의 안전계수를 구하는 계산식은?

① 안전계수 = 슬링벨트 공칭하중 × 줄걸이 수 / (최대사용하중) × 하중계수
② 안전계수 = 슬링벨트 공칭하중 × 하중계수 / (최대사용하중) × 줄걸이 수
③ 안전계수 = 슬링벨트 공칭하중 × 줄걸이 수 / (최소사용하중) × 하중계수
④ 안전계수 = 슬링벨트 공칭하중 × 하중계수 / (최소사용하중) × 줄걸이 수

19 ★ 긴 내리막길을 내려갈 때 베이퍼록을 방지하기 위한 가장 바람직한 운전 방법은?

① 변속레버를 중립으로 놓고 브레이크 페달을 밟고 내려간다.
② 엔진 브레이크를 사용한다.
③ 시동을 끄고 브레이크 페달을 밟고 내려간다.
④ 클러치를 끊고 브레이크 페달을 계속 밟고 속도를 조정하며 내려간다.

해설 브레이크 회로 내의 오일이 비등하여 오일의 압력 전달 작용을 방해하는 현상을 베이퍼 록이라고 한다. 긴 내리막길에서 과도한 풋 브레이크 사용이 원인이 될 수 있으므로 엔진 브레이크를 사용하여 운전한다.

정답 10.④ 11.④ 12.② 13.② 14.① 15.② 16.② 17.③ 18.① 19.②

20 연료 여과기에 장착되어 있는 오버플로우밸브의 역할이 아닌 것은?

① 연료계통의 공기를 배출한다.
② 연료필터 엘레멘트를 보호한다.
③ 분사펌프의 압송 압력을 높인다.
④ 연료공급 펌프의 소음 발생을 방지한다.

해설: 오버플로우밸브는 연료 과잉량을 탱크로 되돌려 보내는 역할을 한다.

21 건식 에어클리너의 특징이 아닌 것은?

① 먼지나 오물을 여과하는 데 탁월하다.
② 여과망을 세척하여 재사용이 가능하다.
③ 구조가 간단해 분해나 조립이 쉽다.
④ 기관 회전 속도의 변동에도 안정된 공기청정 효율을 얻을 수 있다.

해설: 건식 공기청정기는 여과망을 세척하여 재사용할 수 없으며 상태에 따라 교체해야 한다.

22 기중기의 전부장치 중 땅고르기에 가장 적합한 작업장치는?

① 백호
② 셔블
③ 드래그라인
④ 클램셸

해설:
① 백호 : 배수로, 굴토작업, 매몰 작업
② 셔블 : 기중기가 서 있는 장소보다 높은 경사지의 굴토 및 상차 작업
④ 클램셸 : 기중기가 서 있는 장소보다 낮은 곳을 굴착, 상차 작업

23 인력으로 운반 작업을 할 때의 유의사항으로 틀린 것은?

① 긴 물건은 앞쪽을 위로 올린다.
② 무리한 몸가짐으로 물건을 들지 않는다.
③ LPG 봄베는 옆으로 굴려서 운반을 한다.
④ 공동운반에서는 서로 협조를 하여 작업한다.

해설: LPG 봄베(저장 용기)는 굴려서 운반을 하면 안 된다.

24 유압오일의 온도가 상승할 때 나타날 수 있는 결과가 아닌 것은?

① 점도 저하
② 펌프 효율 저하
③ 오일 누설의 저하
④ 회로 압력 저하

해설: 유압오일의 온도가 상승하면 점도가 낮아지므로 펌프 효율과 회로 압력이 저하되고, 오일 누출이 증가하게 된다.

25 드릴 작업 시의 주의사항으로 틀린 것은?

① 드릴을 끼운 후 척 렌치는 그대로 둔다.
② 칩을 제거할 때는 회전을 중지한 상태에서 솔로 제거한다.
③ 머리가 긴 사람은 묶어서 드릴에 말리지 않도록 주의한다.
④ 일감은 견고하게 고정시키며, 손으로 잡고 구멍을 뚫지 않도록 주의한다.

해설: 드릴을 끼운 후 척 렌치(척키)는 반드시 빼두어야 한다.

26 드래그 라인(Drag line)으로 작업 시 주의사항으로 틀린 것은?

① 도랑을 팔 때 경사면이 기중기 앞쪽에 위치하도록 한다.
② 기중기 앞에 작업한 토사를 쌓아 놓아야 한다.
③ 굴착력을 높이기 위해 버킷 투스를 날카롭게 연마한다.
④ 드래그 베일소켓을 페어리드 쪽으로 당기지 않도록 한다.

해설: 드래그 라인(Drag line)으로 작업할 때는 기중기 앞에 작업한 토사를 쌓아 놓지 않도록 해야 한다.

27 건설기계에 사용하는 교류발전기의 구성 요소가 아닌 것은?

① 다이오드
② 정류자
③ 로터
④ 스테이터 코일

해설: ② 정류자는 직류발전기의 부속이다.

28 와이어로프 보관 방법으로 옳지 않은 것은?

① 지붕이 있고 통풍이 잘되는 곳에 보관을 한다.
② 지면에 직접 닿지 않도록 20~30cm 정도 이격시킨다.
③ 밧데리나 보일러 등 열과 가까운 장소와는 거리를 둔다.
④ 작은 상자에 넣을 수 있도록 접어서 보관을 해야 한다.

해설: 와이어로프를 작은 상자에 넣을 수 있도록 접어서 보관을 하게 되면 가공경화 현상으로 인하여 와이어로프가 손상될 수 있다.

29 디젤기관의 연료분사노즐에서 섭동 면의 윤활은 무엇으로 하는가?

① 그리스
② 연료
③ 윤활유
④ 기어오일

해설: 디젤기관 연료장치는 연료가 윤활작용을 겸한다.

30 기중기 로드 차트에 포함되어 있는 정보에 해당하지 않는 것은?

① 기중기 본체 형식
② 기중기 구성 내용
③ 작업 반경
④ 실제 작업 중량

해설: 기중기 로드 차트에 포함되어 있는 정보는 기중기 본체 형식, 기중기 구성 내용, 작업 반경 등이 있다.

31 2개 이상의 분기회로가 있는 회로 내에서 작동 순서를 회로의 압력 등으로 제어하는 밸브는?

① 릴리프밸브
② 리듀싱밸브
③ 시퀀스밸브
④ 언로드밸브

해설: 시퀀스밸브 2개 이상의 분기회로가 있는 회로 내에서 작동 순서를 회로의 압력 등으로 제어하는 밸브이다.

정답: 20.③ 21.② 22.③ 23.③ 24.③ 25.① 26.② 27.② 28.④ 29.② 30.④ 31.③

건설기계 운전기능사

2024년 기중기 기출분석문제

★
32 건설기계조종사가 고의로 경상 1명의 인명피해를 냈을 때 처분기준은?

① 면허취소
② 면허효력정지 30일
③ 면허효력정지 45일
④ 면허효력정지 90일

✏️**해설** 고의로 인명피해(사망·중상·경상 등을 말한다)를 입힌 경우에는 면허취소 처분을 받는다(건설기계관리법 시행규칙 별표 22).

★★★
33 기중기의 붐이 하강하지 않는 이유에 해당하는 것은?

① 붐에 큰 하중이 걸려 있기 때문이다.
② 붐에 너무 낮은 하중이 걸려 있기 때문이다.
③ 붐 호이스트 브레이크가 풀리지 않았기 때문이다.
④ 붐과 호이스트 레버를 하강방향으로 같이 작동시켰기 때문이다.

★★
34 다음의 기호가 의미하는 것은?

① 유압펌프
② 유압모터
③ 공압모터
④ 유압 압력계

✏️**해설** 그림은 유압펌프를 나타낸다.

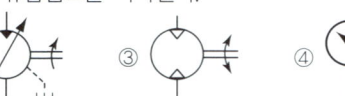

35 건설기계의 구조변경이 가능한 경우는?

① 건설기계의 기종 변경
② 육상작업용 건설기계 규격의 증가
③ 적재함의 용량 증가를 위한 구조변경
④ 원동기의 형식 변경

✏️**해설** 건설기계의 구조변경이 가능한 경우(건설기계관리법 시행규칙 제42조)
• 원동기 및 전동기의 형식변경
• 동력전달장치의 형식변경
• 건설기계의 길이·너비·높이 등의 변경
• 수상작업용 건설기계의 선체의 형식변경
• 타워크레인 설치기초 및 전기장치의 형식변경

★★
36 대여사업용 건설기계 등록번호표의 색상 기준으로 옳은 것은?

① 흰색 바탕에 검은색 문자
② 녹색 바탕에 흰색 문자
③ 주황색 바탕에 검은색 문자
④ 적색 바탕에 흰색 문자

✏️**해설** 건설기계 등록번호표의 색상 기준(건설기계관리법 시행규칙 별표2)
• 비사업용(관용 또는 자가용) : 흰색 바탕에 검은색 문자
• 대여사업 : 주황색 바탕에 검은색 문자

★★
37 현장에서 오일의 열화를 찾아내는 방법으로 옳지 않은 것은?

① 자극적인 냄새의 유무 확인
② 오일을 가열했을 때 냉각되는 시간 확인
③ 흔들었을 때 생기는 거품이 없어지는지 확인
④ 색깔의 변화나 침전물의 유무 확인

✏️**해설** ② 가열된 철판에 오일을 떨어뜨려 수분의 유입 여부를 확인한다.

38 카운터 웨이트의 기능으로 가장 적합한 것은?

① 접지면적을 높여주는 역할을 한다.
② 케이블이 풀리지 않도록 하는 제동 작용을 한다.
③ 작업할 때 안정성 및 균형을 잡아준다.
④ 무거운 중량을 들 수 있도록 임의로 조절할 수 있다.

✏️**해설** 카운터 웨이트는 밸런스 웨이트, 평형추라고도 한다. 작업 시 뒷부분에 하중을 주어 기중기의 임계하중을 크게 하여 균형과 안정성을 잡아준다.

39 도로교통법상 승차인원 및 적재중량의 안전기준을 초과하여 운행 시 누구의 허가를 받아야 하는가?

① 출발 전 지역을 관할하는 경찰서장
② 도착 후 지역을 관할하는 경찰서장
③ 출발 전 지역을 관할하는 읍·면장
④ 도착 후 지역을 관할하는 시장·군수

✏️**해설** 모든 차의 운전자는 승차 인원, 적재중량 및 적재용량에 관하여 대통령령으로 정하는 운행상의 안전기준을 넘어서 승차시키거나 적재한 상태로 운전하여서는 아니 된다. 다만, 출발지를 관할하는 경찰서장의 허가를 받은 경우에는 그러하지 아니하다(도로교통법 제39조).

★★
40 납산 축전지 터미널에 녹이 발생했을 때의 조치방법으로 가장 적합한 것은?

① 물걸레로 닦아내고 더 조인다.
② (+)와 (-)터미널을 서로 교환한다.
③ 녹을 닦은 후 고정하고 소량의 그리스를 상부에 도포한다.
④ 녹슬지 않게 엔진오일을 도포하고 확실히 더 조인다.

✏️**해설** 납축전지 터미널에 녹이 발생했을 때에는 녹을 닦아내고, 부식을 방지하기 위해 소량의 그리스를 도포하는 것이 도움이 될 수 있다.

★★★
41 기중기에서 항타 작업을 할 때 바운싱(bouncing)이 일어나는 원인과 가장 거리가 먼 것은?

① 파일이 장애물과 접촉할 때
② 증기 또는 공기량을 약하게 사용할 때
③ 2중 작동 해머를 사용할 때
④ 가벼운 해머를 사용할 때

✏️**해설** 바운싱은 파일을 해머로 항타 작업을 할 때 해머가 튀는 현상이다.
※기중기 항타 작업 시 바운싱이 발생하는 원인
• 해머의 무게가 가벼울 때
• 2중 작동 해머를 사용할 때
• 파일 밑바닥에 단단한 물체가 있을 때
• 증기 및 공기 사용량이 많을 때

정답 32.① 33.③ 34.① 35.④ 36.③ 37.② 38.③ 39.① 40.③ 41.②

70

42 건설기계조종사의 적성검사 기준으로 거리가 먼 것은?

① 두 눈을 동시에 뜨고 잰 시력이 1.0 이상이고, 두 눈의 시력이 각각 0.5 이상일 것
② 언어분별력이 80% 이상일 것
③ 시각은 150° 이상일 것
④ 청력은 55dB의 소리를 들을 수 있을 것

해설 건설기계조종사의 적성검사 기준(건설기계관리법 시행규칙 제76조)
- 두눈을 동시에 뜨고 잰 시력(교정시력 포함)이 0.7이상이고 두 눈의 시력이 각각 0.3 이상일 것
- 정신질환자 또는 뇌전증환자, 마약·대마·향정신성의약품 또는 알코올 중독자가 아닐 것

43 인양 물체의 중심을 측정하기 위하여 인양할 때 주의사항으로 틀린 것은?

① 형상이 복잡한 물체의 무게중심을 목측한다.
② 인양 물체의 중심이 높으면 물체가 기울 수 있다.
③ 인양 물체를 서서히 올려 지상 약 30cm 지점에서 정지 확인한다.
④ 와이어로프나 매달기용 체인이 벗겨질 우려가 있으면 되도록 높이 인양한다.

해설 물체를 높이 올리면 떨어뜨릴 확률이 높아지므로 적정한 높이를 유지하는 것이 좋다.

44 신호기와 경찰공무원의 수신호가 다른 경우 통행방법으로 옳은 것은?

① 신호기 신호를 우선적으로 따른다.
② 경찰공무원의 수신호를 따른다.
③ 수신호는 보조신호이므로 따르지 않아도 된다.
④ 자신이 판단하여 위험이 없다고 생각되는 신호에 따른다.

해설 도로를 통행하는 보행자, 차마 또는 노면전차의 운전자는 교통안전시설이 표시하는 신호 또는 지시와 교통정리를 하는 경찰공무원 또는 경찰보조자(이하 "경찰공무원 등"이라 한다)의 신호 또는 지시가 서로 다를 경우에는 경찰공무원등의 신호 또는 지시에 따라야 한다(도로교통법 제5조).

45 디젤기관에 공급하는 연료의 압력을 높이는 것으로 조속기와 분사 시기를 조절하는 장치가 설치되어 있는 것은?

① 유압펌프
② 프라이밍 펌프
③ 연료분사펌프
④ 플런저 펌프

해설 연료분사펌프는 디젤기관에 공급하는 연료의 압력을 높이는 펌프로, 분사량을 조절하는 조속기와 분사 시기를 조절하는 타이머가 설치되어 있다.

46 토크렌치의 사용법으로 가장 옳은 것은?

① 렌치 끝을 한손으로 잡고 돌리면서 눈은 게이지 눈금을 확인한다.
② 렌치 끝을 양손으로 잡고 돌리면서 눈은 게이지 눈금을 확인한다.
③ 왼손은 렌치 중간 지점을 잡고 돌리며 오른손은 지지점을 누르고 게이지 눈금을 확인한다.
④ 오른손은 렌치 끝을 잡고 돌리며 왼손은 지지점을 누르고 눈은 게이지 눈금을 확인한다.

47 기중기 크램셸(크람셸) 장치에서 태그라인의 역할은?

① 전달을 안전하게 연장하는 로프이다.
② 지브 붐이 휘는 것을 방지해 준다.
③ 와이어케이블의 청소와 원활감을 유도한다.
④ 와이어케이블이 꼬이고, 버킷이 요동되는 것을 방지한다.

해설 크램셀(크람셸) 장치는 기계의 위치보다 낮은 곳을 굴착하는 장비로, 태그라인은 굴착작업을 안전하게 하기 위하여 태그라인의 로프로부터 받은 힘을 전달하여 크램셀의 입을 벌리고 닫게 한다.

48 유압 실린더 지지방식 중 트러니언형 지지방식이 아닌 것은?

① 캡측 플랜지 지지형
② 헤드측 지지형
③ 캡측 지지형
④ 센터 지지형

해설 실린더는 설치 지지방식에 따라 플랜지형, 트러니언형, 클레비스형, 푸트형 등으로 분류되어 있다.
※유압 실린더 지지방식
- 플랜지형 : 헤드측 플랜지 지지형, 캡측 플랜지 지지형
- 트러니언형 : 헤드측 지지형, 캡측 지지형, 센터 지지형
- 클레비스형 : 클레비스 지지형, 아이 지지형
- 푸트형 : 축방향 푸트형, 축직각 푸트형

49 기계식 기중기에서 붐 호이스트의 가장 일반적인 브레이크 형식은?

① 내부 수축식
② 내부 확장식
③ 외부 확장식
④ 외부 수축식

해설 기계식 기중기 호이스트의 브레이크는 한계 하중을 초과할 시 드럼 속도가 빨라져 외부 확장식 원심브레이크에 의해 제동이 걸리도록 되어 있다.

50 기계의 회전부분(기어, 벨트, 체인)에 덮개를 설치하는 이유는?

① 좋은 품질의 제품을 얻기 위하여
② 회전 부분의 속도를 높이기 위하여
③ 제품의 제작과정을 숨기기 위하여
④ 회전부분과 신체의 접촉을 방지하기 위하여

51 다음 중 기중기의 구성체에 해당하지 않는 것은?

① 스윙 장치
② 전부(작업) 장치
③ 상부 회전체
④ 하부 주행체

해설 기중기는 상부 회전체, 하부 주행체, 전부(작업) 장치로 구성된다.

정답 42.① 43.④ 44.② 45.③ 46.④ 47.④ 48.① 49.③ 50.④ 51.①

52 방향지시등의 전류를 일정한 주기로 단속·점멸하는 장치는?

① 플래셔 유닛 ② 릴레이
③ 스위치 ④ 배터리

✏해설 플래셔 유닛은 방향지시등에 흐르는 전류를 일정 주기로 단속·점멸하여 자동차의 주행 방향을 알리는 장치이다.

53 기어식 유압펌프에서 소음이 나는 원인으로 틀린 것은?

① 흡입라인의 막힘
② 오일양의 과다
③ 펌프의 베어링 마모
④ 오일의 과부족

✏해설 윤활유는 유막을 형성하여 마찰 손실과 부품의 마멸을 최소로 하여 기계의 효율을 향상시키고 소음을 완화한다.

54 와이어로프 작업 시의 설명으로 옳지 않은 것은?

① 안전을 위해 신호수를 여러 명 배치하여 둔다.
② 와이어로프의 안전사용 하중을 지키도록 한다.
③ 최적의 줄걸이 용구와 보조구를 선정하여 작업한다.
④ 무게중심을 고려하여 편하중이 발생하지 않도록 한다.

✏해설 신호수는 작업의 통일성을 위하여 책임자 1명을 정하여 배치해야 한다.

55 압력식 라디에이터 캡을 사용하여 얻을 수 있는 이점은?

① 냉각수의 비등점을 올릴 수 있다.
② 냉각 팬의 크기를 작게 할 수 있다.
③ 물 펌프의 성능을 향상시킬 수 있다.
④ 라디에이터의 구조를 간단하게 할 수 있다.

✏해설 라디에이터의 압력식 캡은 냉각수에 양압을 가하게 되어 끓는점을 높이는 작용을 한다. 냉각장치 내부 압력이 부압이 되면 진공밸브가 열려 압력이 떨어지는 것을 막아 준다.

56 트랙과 아이들러의 충격을 흡수, 완화시키기 위해 설치하는 것은?

① 스프로킷 ② 상부 롤러
③ 리코일 스프링 ④ 하부 롤러

✏해설 리코일 스프링은 주행 중 트랙 전면에서 오는 충격을 완화하여 차체의 파손을 방지하고 원활한 운전이 될 수 있도록 해준다.

57 유압회로에 사용되는 유압밸브의 역할이 아닌 것은?

① 일의 관성을 제어한다.
② 일의 방향을 변환시킨다.
③ 일의 속도를 제어한다.
④ 일의 크기를 조정한다.

✏해설 ② 방향제어밸브, ③ 유량제어밸브, ④ 압력제어밸브

58 기관 내에서 이물질 제거와 관련이 없는 것은?

① 오일 스트레이너 ② 에어 클리너
③ 분사노즐 ④ 오일 필터

✏해설 분사노즐은 실린더 헤드에 설치되어 있고, 분사 펌프에서 고압의 연료를 받아들여 실린더 내에 고압으로 분사한다.

59 기중작업 시 무거운 하중을 들기 전에 반드시 점검해야 할 사항으로 가장 거리가 먼 것은?

① 클러치 ② 와이어 로프
③ 브레이크 ④ 붐의 강도

60 산업안전표지에서 그림이 나타내는 것은?

① 보행금지 ② 차량통행금지
③ 탑승금지 ④ 물체이동금지

✏해설 ①
③
④

정답 52. ① 53. ② 54. ① 55. ① 56. ③ 57. ① 58. ③ 59. ④ 60. ②

2023 로더 기출분석문제

01 가솔린 기관과 비교하여 디젤기관의 장점으로 거리가 먼 것은?
① 열효율이 높다.
② 연료 소비율이 적다.
③ **정숙성이 뛰어나다.**
④ 대형기관의 제작이 가능하다.

해설 디젤기관은 가솔린기관에 비하여 열효율이 높고 연료 소비율이 적은 장점이 있다. 또한 연료의 인화점이 높아 그 취급이나 저장에 위험이 적고 대형기관의 제작을 가능하게 한다. 그러나 단점으로 평균유효압력 및 회전속도가 낮고 운전 중 진동과 소음이 큰 것 등이 있다.

02 다음 중 로더의 작업에 해당하지 않은 것은?
① 굴착 작업
② 지면고르기 작업
③ 트럭과 호퍼에 토사 적재작업
④ **항타 및 항발 작업**

해설 항타 및 항발 작업은 기중기로 수행할 수 있는 작업에 해당한다.

03 무한궤도식 건설기계에서 트랙의 구성품으로 맞는 것은?
① 슈, 스프로킷, 상부롤러, 하부롤러, 감속기
② 스프로킷, 트랙롤러, 상부롤러, 아이들러
③ 슈, 조인트, 스프로킷, 핀, 슈볼트
④ **슈, 슈볼트, 링크, 부싱, 핀**

해설 무한궤도식 트랙은 링크, 핀, 부싱, 슈 및 슈핀 등으로 구성되며 아이들러 상·하부 롤러 스프로킷에 감겨져 있고 스프로킷에서 동력을 받아 구동된다.

04 다음 중 유압유의 점도 단위는?
① Pa
② sec
③ cm
④ **cSt**

해설 점도의 단위는 St(Stokes)와 ㎡/s 있으며 관계량은 아래와 같다.
1St=10^-4㎡/s, 1cSt=10^-2St=10^-64㎡/s
1St는 매우 큰 수치로 일반적으로 cSt를 사용한다.

05 납산 축전지 용량 단위는?
① KW
② PS
③ **Ah**
④ KV

해설 Ah는 배터리의 공급 가능 용량을 표기하는 능력으로 배터리가 일정하게 공급해 줄 수 있는 전류(암페어)의 양이다.
① KW : 전력의 단위
② PS : 마력의 단위
④ KV : 전압의 단위

06 건설기계정비업 등록을 하지 아니한 자가 할 수 있는 정비 범위가 아닌 것은?
① 오일의 보충
② 휠터류의 교환
③ **흡·배기 밸브의 간극 조정**
④ 창유리의 교환

해설 건설기계정비업의 범위에서 제외되는 행위(건설기계관리법 시행규칙 제1조의3)
1. 오일의 보충
2. 에어클리너엘리먼트 및 휠터류의 교환
3. 배터리·전구의 교환
4. 타이어의 점검·정비 및 트랙의 장력 조정
5. 창유리의 교환

07 로더의 버킷을 가장 높이 올린 상태에서 버킷 투스와 지면과의 사이를 말하는 것은?
① 전경각
② **최대덤프높이**
③ 최대덤프거리
④ 후경각

해설 ① 전경각 : 버킷을 가장 높이 올린 상태에서 버킷만을 가장 아래쪽으로 기울였을 때 버킷의 가장 넓은 바닥면이 수평면과 이루는 각도를 말한다.
④ 후경각 : 버킷의 가장 넓은 바닥면을 지면에 닿게 한 후 버킷만을 가장 안쪽으로 기울였을 때 버킷의 가장 넓은 바닥면이 지면과 이루는 각도를 말한다.

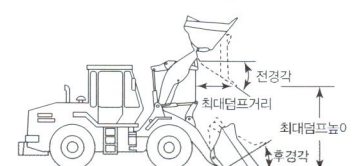

08 건설공사용 건설기계로서 3년의 범위에서 검사 유효기간이 끝난 후 계속하여 운행하려는 경우 실시하는 검사는?
① 임시검사
② **정기검사**
③ 수시검사
④ 구조변경검사

해설 건설기계의 검사(건설기계관리법 제13조)
• 정기검사 : 건설공사용 건설기계로서 3년의 범위에서 검사 유효기간이 끝난 후에 계속하여 운행하려는 경우에 실시하는 검사와 운행차의 정기검사
• 수시검사 : 성능이 불량하거나 사고가 자주 발생하는 건설기계의 안전성 등을 점검하기 위해 수시로 실시하는 검사와 건설기계 소유자의 신청을 받아 실시하는 검사
• 구조변경검사 : 건설기계의 주요 구조를 변경하거나 개조한 경우 실시하는 검사

09 기관 윤활유의 조건으로 옳지 않은 것은?
① 방청기능
② 윤활기능
③ 냉각기능
④ **연소기능**

해설 윤활유의 기능
• 마찰감소 및 마모방지 작용(감마작용)
• 실린더 내의 가스누출방지(밀봉, 기밀유지) 작용
• 열전도(냉각) 작용
• 세척(청정) 작용
• 응력분산(충격완화) 작용
• 부식방지(방청) 작용

정답 01. ③ 02. ④ 03. ④ 04. ④ 05. ③ 06. ③ 07. ② 08. ② 09. ④

건설기계 운전기능사 　　　　　　　　　　　　　　　2023년 **로더** 기출분석문제

10 유압장치의 작동 원리로 맞는 것은?

① 가속도 법칙
② 보일의 법칙
③ 파스칼의 원리
④ 열역학 제1법칙

✎해설 파스칼의 원리는 밀폐된 용기에 액체를 가득 채우고 힘을 가하면 그 내부의 압력은 용기의 모든 면에 수직으로 작용하며 동일한 압력으로 작용한다는 원리이다.

★★
11 로더의 토사 깎기 작업방법 중 잘못된 것은?

① 특수 상황 외에는 항상 로더가 평행되도록 한다.
② 로더의 무게가 버킷과 함께 작용되도록 한다.
③ 버킷의 각도는 35°~45°로 깎기 시작하는 것이 좋다.
④ 깎이는 깊이 조정은 붐을 약간 상승시키거나 버킷을 복귀시켜서 한다.

✎해설 로더 작업에서 토사를 깎으려 할 때는 버킷을 약 5° 정도 기울여 출발하며, 전진해 깎을 때 깊이는 버킷을 약간 올리던지 버킷을 복귀시키는 것으로 조정을 한다.

★
12 건설기계의 등록을 말소할 수 있는 사유에 해당하지 않는 것은?

① 건설기계를 도난당한 경우
② 건설기계를 수출하는 경우
③ 건설기계를 장기간 운행하지 않게 된 경우
④ 건설기계의 차대가 등록 시의 차대와 다른 경우

✎해설 등록의 말소(건설기계관리법 제6조)
 • 거짓이나 그 밖의 부정한 방법으로 등록을 한 경우
 • 건설기계가 천재지변 또는 이에 준하는 사고 등으로 사용할 수 없게 되거나 멸실된 경우
 • 건설기계가 제12조에 따른 건설기계안전기준에 적합하지 아니하게 된 경우
 • 정기검사 명령, 수시검사 명령 또는 정비 명령에 따르지 아니한 경우
 • 건설기계를 폐기한 경우
 • 건설기계해체재활용업을 등록한 자에게 폐기를 요청한 경우
 • 구조적 제작 결함 등으로 건설기계를 제작자 또는 판매자에게 반품한 경우
 • 건설기계를 교육·연구 목적으로 사용하는 경우
 • 대통령령으로 정하는 내구연한을 초과한 건설기계. 다만, 정밀진단을 받아 연장된 경우는 그 연장기간을 초과한 건설기계

13 기관의 엔진 가동 중 점검할 사항이 아닌 것은?

① 배기가스
② 엔진오일의 양
③ 충전 장치
④ 냉각수 온도

✎해설 기관을 시동하기 전에는 연료의 양, 엔진오일의 양, 냉각수의 양 등을 점검해야 하며, 기관의 엔진 시동 후에는 오일압력계, 수온계, 연료계, 배기가스 등을 점검한다.

14 유압유의 압력이 상승하지 않을 때의 원인을 점검하는 것으로 가장 거리가 먼 것은?

① 유압회로를 점검
② 릴리프밸브를 점검
③ 펌프의 오일 토출 점검
④ 펌프 설치 고정 볼트 강도 점검

✎해설 유압유의 압력이 상승하지 않는다는 것은 유압회로 내에서의 흐름이 원활하지 않다는 의미가 된다. 따라서 각종 밸브나 펌프의 작동 상황 등 흐름을 방해할 원인들을 점검하도록 해야 한다.

★★★
15 다음 중 로더 작업 버킷의 종류가 아닌 것은?

① 사이드 덤프 버킷
② 스켈리턴 버킷
③ 록 버킷
④ 크램셀 버킷

✎해설 크램셀 버킷은 기중기(크레인)의 작업 장치로서 수직 굴토 작업, 토사 상차 작업을 할 수 있다.

★
16 건설기계의 구조변경 범위에 속하지 않는 것은?

① 건설기계의 길이, 너비, 높이 변경
② 조종장치의 형식 변경
③ 적재함의 용량 증가를 위한 구조변경
④ 수상작업용 건설기계 선체의 형식 변경

✎해설 건설기계의 기종변경, 육상작업용 건설기계 규격의 증가 또는 적재함의 용량 증가를 위한 구조변경은 할 수 없다(건설기계관리법 시행규칙 제42조).

17 디젤기관의 연소실 내 온도를 상승시켜 시동을 쉽도록 하는 장치는?

① 예열장치
② 감압장치
③ 연료장치
④ 점화장치

✎해설 디젤기관은 압축착화 방식이므로 한랭상태에서는 경유가 잘 착화하지 못해 시동이 어려워 예열장치로 흡입 다기관이나 연소실 내의 공기를 미리 가열하여 시동을 쉽도록 한다.

★★
18 건설기계 등록번호표에 대한 사항 중 틀린 것은?

① 재질은 알루미늄판이 사용된다.
② 자가용 색상은 녹색바탕에 흰색 글자이다.
③ 규격은 1종류이다.
④ 두께는 1mm이다.

✎해설 건설기계 등록번호표의 색상 및 일련번호

구분		색상	일련번호
비사업용	관용	흰색 바탕에 검은색 문자	0001~0999
	자가용		1000~5999
대여사업용		주황색 바탕에 검은색 문자	6000~9999

19 유압장치의 기본 구성 요소가 아닌 것은?

① 유압실린더
② 유압펌프
③ 차동장치
④ 제어밸브

✎해설 차동장치는 바퀴의 회전수를 다르게 하여 회전을 원활하게 하는 장치이다.

20 직류발전기와 비교한 교류발전기의 특징으로 틀린 것은?

① 전류조정기만 있으면 된다.
② 소형이며 경량이다.
③ 브러시의 수명이 길다.
④ 저속 시에도 충전이 가능하다.

✎해설 교류발전기 조정기에는 다이오드가 사용되므로 컷아웃 릴레이가 필요없고, 발전기 자체가 전류를 제한하므로 전압조정기만 있으면 된다.

정답 10. ③　11. ③　12. ③　13. ②　14. ④　15. ④　16. ③　17. ①　18. ②　19. ③　20. ①

21. 다음 중 안전·보건 표지의 구분에 해당하지 않는 것은?
① 안내표지
② 성능표지
③ 지시표지
④ 금지표지

해설 안전·보건표지의 종류에는 안내표지, 지시표지, 금지표지, 경고표지가 있다.

22. 타이어식 로더의 주행에서의 장점으로 틀린 것은?
① 장거리 이동이 쉽다.
② 기동성이 양호하다.
③ 늪지를 신속히 다닐 수 있다.
④ 변속 및 주행속도가 빠르다.

해설 무한궤도식 로더가 접지면적이 넓고 접지압력이 낮아 습지와 사지 등의 작업이 용이하고, 견인력·등판력이 커서 험지 작업이 가능하다.

23. 로더의 버킷에 토사를 적재한 후 이동시 지면과 가장 적당한 높이는?
① 약 60~90cm
② 약 30~60cm
③ 약 100~120cm
④ 약 150cm

해설 로더의 안전성을 고려하여 버킷은 지면으로부터 약 60~90cm 위치하고 이동을 한다.

24. 다음 중 고압력·고효율의 유압펌프에 해당하는 것은?
① 기어펌프
② 베인펌프
③ 플런저펌프
④ 포막펌프

해설 플런저펌프(피스톤펌프)는 유압펌프 가운데 가장 고압력·고효율의 펌프로 가변 용량이 가능하며 다른 펌프에 비해 수명이 길은 편이다.

25. 기관오일(윤활유)의 여과 방식으로 옳지 않은 것은?
① 전류식
② 자력식
③ 분류식
④ 샨트식

해설 오일 여과방식의 종류
- 전류식 : 오일펌프에서 나온 오일 전부를 여과기를 거쳐 여과한 후 윤활 부분으로 전달하는 방식
- 분류식 : 오일펌프에서 나온 오일의 일부만 여과하여 오일팬으로 보내고 나머지는 그대로 윤활 부분에 전달하는 방식
- 샨트식(복합식) : 오일펌프에서 나온 오일의 일부만 여과하고 나머지 여과되지 않은 오일과 합쳐져서 공급되는 방식

26. 건설기계조종사 적성검사의 기준으로 틀린 것은?
① 시각이 150도 이상일 것
② 언어분별이 80퍼센트 이상일 것
③ 두 눈의 시력이 각각 0.7 이상일 것
④ 55데시벨의 소리의 소리를 들을 수 있을 것

해설 건설기계조종사의 적성검사 기준(건설기계관리법 시행규칙 제76조)
- 두 눈을 동시에 뜨고 잰 시력이 0.7 이상이고, 두 눈의 시력이 각각 0.3 이상일 것
- 55데시벨(보청기를 사용하는 사람은 40데시벨)의 소리의 소리를 들을 수 있고, 언어분별이 80퍼센트 이상일 것
- 시각은 150도 이상일 것

27. 유압모터에 대한 설명으로 옳지 않은 것은?
① 유압에너지를 이용하여 연속적으로 회전운동을 시키는 기기이다.
② 무단 변속과 속도나 방향의 제어가 용이하다.
③ 소형, 경량으로 대 출력이 가능하다.
④ 작동유가 인화되기 어렵다.

해설 유압모터의 장단점

장 점	단 점
• 무단변속 용이 • 소형·경량으로 대 출력 가능 • 변속, 역전제어 용이 • 속도, 방향제어 용이	• 유압유 점도 변화에 민감해 사용상 제약이 있음 • 유압유가 인화하기 쉬움 • 유압유에 먼지, 공기가 혼입되면 성능 저하

28. 로더의 상차방법에 대한 설명으로 옳지 않은 것은?
① T형 : 로더와 덤프트럭이 나란히 서서 작업물을 담아 후진했다 90° 방향으로 돌려 트럭 적재함에 덤프한다.
② I형 : 로더가 버킷에 작업물을 담아 후퇴하고 로더와 작업 대상물 사이에 덤프트럭이 들어오면 적재함에 덤프한다.
③ N형 : 로더가 버킷에 작업물을 담아 좌·우 옆으로 진입하여 적재함에 덤프한다.
④ V형 : 로더가 버킷에 작업물을 담아 후진한 후, 고정된 덤프트럭 쪽으로 이동하여 적재함에 덤프한다.

해설 로더의 상차방법

운반 장비를 정지시킨 채 적재하는 방법	T형(90° 회전법), V형(V형 상차법), L형
운반 장비를 이동시켜 적재하는 방법	I형(직진·후진법)

29. 작업장에서의 산업재해 발생 원인에 해당하지 않는 것은?
① 작업장 정리 정돈 부실
② 개인 보호구 미사용
③ 안전교육 미실시
④ 통행 금지 지역 설정

해설 산업재해 발생 원인은 직접원인과 간접원인으로 구분되는데, 사고 발생의 직접 원인은 불안전한 행동과 불안전한 상태에 의해서이다. 통행 금지 지역 설정은 불안전한 상태를 제거한 것이라 할 수 있다.

30. 어큐뮬레이터에 대한 설명을 옳지 않은 것은?
① 유압펌프에서 발생한 유압을 저장하고 맥동을 소멸시키는 장치이다.
② 고압 질소가스를 충전하므로 취급 시에 주의를 해야 한다.
③ 압력 보상, 에너지 축적, 유압회로 보호 등의 기능을 한다.
④ 유압펌프의 정지 시 회로 내의 압력을 상승시킨다.

해설 어큐뮬레이터(축압기)는 유압펌프의 정지 시 회로 압력을 유지시켜 주며 유압펌프의 대용 사용 가능과 안전장치로서의 역할을 수행한다.

정답 21.② 22.③ 23.① 24.③ 25.② 26.③ 27.④ 28.③ 29.④ 30.④

31 건설기계 기관에 있는 팬벨트의 장력이 약할 때 생기는 현상으로 맞는 것은?

① 엔진이 과냉하게 된다.
② 엔진이 부조를 일으킨다.
③ 발전기 출력이 저하될 수 있다.
④ 물 펌프 베어링이 조기에 손상된다.

✎해설 팬벨트의 장력이 약할 때 발전기 출력 저하. 워터 펌프 회전속도가 느려져 기관 과열이 나타날 수 있으며 소음의 발생과 구동벨트의 손상 등이 촉진될 수 있다.

32 무한궤도식 로더로 진흙탕이나 수중 작업을 할 때 관련된 사항으로 틀린 것은?

① 작업 전에 기어실과 클러치실 등의 드레인 플러그의 조임 상태를 확인한다.
② 작업 후 기어실과 클러치실의 드레인 플러그를 열어 물의 침입을 확인한다.
③ 작업 후에는 세차를 하고, 각 베어링에 주유를 해야 한다.
④ 습지용 슈를 사용했으면 주행장치의 베어링에 주유하지 않는다.

✎해설 습지용 슈 사용 후에도 세차를 하고, 각 베어링에 주유를 해야 한다.

★★
33 변속 클러치가 기관의 동력이 액슬축까지 전달되지 않도록 하는 장치는?

① 클러치 컷 오프 밸브
② 릴리프 밸브
③ 브레이크 밸브
④ 리듀싱 밸브

✎해설 클러치 컷 오프 밸브는 브레이크 페달을 밟았을 때 변속 클러치가 기관의 동력이 액슬축까지 전달되지 않도록 하는 장치이다. 로더의 경사지 작업시에 이 밸브를 상향으로 하여 로더가 굴러 내려가는 것을 방지해야 한다.

★★★
34 로더의 조종 레버를 C 방향으로 밀면서 D 방향으로 당겼을 때 나타나는 변화로 옳은 것은?

① 붐이 멈춘다.
② 버킷이 멈춘다.
③ 버킷이 하강하고 붐이 상승한다.
④ 붐이 상승하고 버킷이 하강한다.

✎해설 • A : 버킷 상승   • B : 붐 하강
　　 • C : 버킷 하강   • D : 붐 상승

35 작업복에 대한 설명으로 적합하지 않은 것은?

① 작업복은 몸에 알맞고 동작이 편해야 한다.
② 착용자의 연령, 성별 등에 관계없이 일률적인 스타일을 선정해야 한다.
③ 작업복은 항상 깨끗한 상태로 입어야 한다.
④ 주머니가 너무 많지 않고, 소매가 단정한 것이 좋다.

36 라디에이터 캡의 스프링 장력이 약할 때 현상으로 맞는 것은?

① 냉각수의 비등점이 높아진다.
② 냉각수의 비등점이 낮아진다.
③ 냉각수의 순환이 빨라진다.
④ 냉각수의 양이 급속히 줄어든다.

✎해설 라디에이터 캡은 냉각수에 압력을 가해 비등점(끓는점)을 높이는 기능을 한다. 그러나 라디에이터 캡의 스프링이 파손되거나 장력이 약해지게 되면 비등점이 낮아지고 기관이 과열되기 쉬워진다.

37 도로교통법상 특별교통안전교육의 미이수에 대한 범칙금은?

① 20만원
② 10만원
③ 7만원
④ 5만원

✎해설 특별교통안전교육 미이수(도로교통법 시행령 별표8)
• 과거 5년 이내 술에 취한 상태에서의 운전금지 규정을 1회 이상 위반하였던 사람으로서 다시 같은 규정을 위반하여 운전면허효력 정지처분을 받게 되거나 받은 사람이 그 처분기간이 끝나기 전에 특별교통안전교육을 받지 않은 경우에는 차종 구분없이 15만 원
• 위의 경우 외의 경우에는 차종 구분없이 10만 원

★★
38 로더의 전경각에 해당하는 것은?

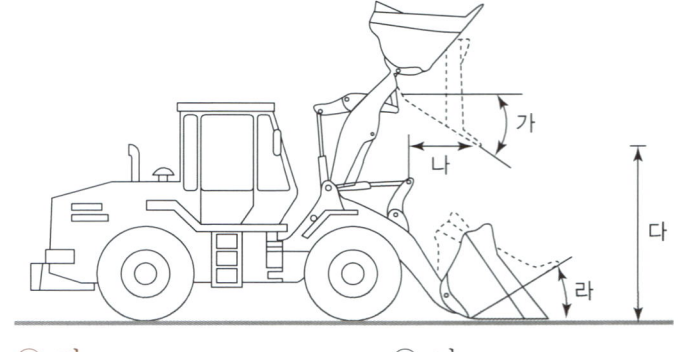

① 가
② 나
③ 다
④ 라

✎해설

★
39 다음 괄호 안에 들어갈 내용으로 알맞은 것은?

일반적으로 건설기계에 설치되는 좌·우 전조등은 (　　)로 연결된 복선식 구성이다.

① 직렬
② 병렬
③ 직렬 후 병렬
④ 병렬 후 직렬

✎해설 전조등은 좌·우에 1개씩 설치되어 있어야 한다. 따라서 일반적으로 건설기계에 설치되는 좌·우 전조등은 병렬로 연결된 복선식 구성이다.

40 유압기기의 부속장치인 O-링의 구비 조건으로 옳은 것은?

① 체결력이 작을 것
② 탄성이 양호할 것
③ 압축 변형이 클 것
④ 작동 시 마모가 클 것

✎해설 O-링은 누유를 방지하는 데 사용된다. 탄성이 양호해야 하며 압축 변형과 마모성이 적어야 한다.

정답 31. ③ 32. ④ 33. ① 34. ③ 35. ② 36. ② 37. ② 38. ① 39. ② 40. ②

41 수공구의 일반적인 사용법으로 옳지 않은 것은?

① 공구는 정해진 용도에 맞는 것을 골라 사용한다.
② 손잡이에 묻은 기름은 제거한 상태에서 사용한다.
③ 공구를 사용한 후에는 지정된 위치에 보관한다.
④ 빠른 작업을 위해서 공구를 전달할 때는 던진다.

해설 ④ 공구를 전달할 때는 손에서 손으로 전달한다.

★ 42 건설기계에 대한 일상 점검사항과 가장 거리가 먼 것은?

① 연료탱크 유량
② 엔진오일 유량
③ 분사노즐 점검
④ 냉각수량 점검

해설 건설기계 일상 점검사항으로는 엔진 오일, 브레이크 오일 등의 각종 오일량 점검과 오일 누유 상태와 라디에이터 냉각수량 등의 점검이 필요하다.

43 작업장의 안전 관리 내용으로 옳지 않은 것은?

① 작업대 사이 통로는 충분한 간격을 유지한다.
② 각종 기계를 불필요하게 공회전시키지 않는다.
③ 연료통에 남은 연료와 관계없이 용접을 한다.
④ 위험한 작업장에는 안전수칙을 부착하여 사고 예방을 한다.

해설 연료통 내부의 인화성 물질이 남아 있는 경우 용접불꽃에 의해 화재의 발생과 폭발 등의 사고가 일어날 위험이 있다. 반드시 연료통 내부의 상태를 확인하고, 남은 연료가 있을 경우 반드시 제거한 이후에 작업을 하도록 해야 한다.

★★★ 44 로더의 버킷을 좌·우 어느 쪽으로나 기울여서 덤프트럭에 적재하는 방법은?

① 프론트 엔드형
② 백호 셔블형
③ 오버헤드형
④ 사이드 덤프형

해설
① 프론트 엔드형 : 트랙터 앞쪽에 버킷을 부착하고 앞에서 굴착하여 앞으로 적재작업을 하는 방식이다.
② 백호 셔블형 : 트랙터 뒤쪽에 백호를 부착하고, 앞쪽에는 로더용 버킷을 부착하여 깊은 곳의 굴착과 적재를 함께하는 방식이다.
③ 오버헤드형 : 앞쪽에서 굴착하여 로더 차체 위를 넘어서 뒤쪽에 적재하는 방식이다.
④ 사이드 덤프형 : 트랙터 앞쪽에 버킷을 부착하고 앞에서 굴착하여 버킷을 좌·우 어느 쪽으로나 기울여 적재하는 방식이다. 좁은 장소에서 덤프트럭에 적재가 용이하며 운반기계와 병렬작업을 할 수 있다.

45 교통사고로 사상자 발생 시 운전자가 취해야할 조치 순서는?

① 즉시정차 – 위해방지 – 신고
② 즉시정차 – 사상자 구호 – 신고
③ 즉시정차 – 신고 – 위해방지
④ 증인확보 – 정차 – 사상자 구호

해설 사고발생 시의 조치(도로교통법 제54조)
① 차의 운전 등 교통으로 인하여 사람을 사상하거나 물건을 손괴(이하 "교통사고") 한 경우에는 그 차의 운전자나 그 밖의 승무원(이하 "운전자 등")은 즉시 정차하여 다음 각 호의 조치를 하여야 한다.
 1. 사상자를 구호하는 등 필요한 조치
 2. 피해자에게 인적 사항(성명, 전화번호, 주소 등) 제공
② 제1항의 경우 그 차의 운전자 등은 경찰공무원이 현장에 있을 때에는 그 경찰공무원에게, 경찰공무원이 현장에 없을 때에는 가장 가까운 국가경찰관서(지구대, 파출소 및 출장소를 포함)에 지체 없이 신고하여야 한다.

46 타이어식 로더의 동력전달장치 중에 타이어가 미끄러지는 것을 방지하기 위한 장치는?

① 자동 제한 차동기어
② 종감속기어
③ 유성기어
④ 브레이크

해설 자동 제한 차동기어장치는 사지, 습지, 연약 지반에서 타이어가 미끄러지는 것을 방지한다.
② 종감속기어 : 회전력을 직각 또는 직각에 가까운 각도로 바꿔 차축에 전달하고, 동시에 최종적으로 감속한다.
③ 유성기어 : 토크컨버터의 토크 변환능력을 보조하고, 후진 조작을 하기 위한 장치이다.

★★ 47 유압제어밸브 가운데 유량제어밸브에 해당하는 것은?

① 릴리프밸브
② 교축밸브
③ 체크밸브
④ 시퀀스밸브

해설 유량제어밸브는 회로 내에 흐르는 유량을 변화시켜서 액추에이터의 움직이는 속도를 바꾸는 밸브로서 교축밸브(스로틀밸브), 분류밸브, 압력 보상부유량제어밸브 등이 있다.
① 압력제어밸브
③ 방향제어밸브
④ 압력제어밸브

48 기관을 시동하기 전 점검해야 할 사항과 거리가 먼 것은?

① 엔진오일량
② 연료량
③ 오일압력계
④ 냉각수량

해설 기관을 시동하기 전에는 연료의 양, 엔진오일의 양, 냉각수의 양 등을 점검해야 하며, 기관 시동 후에는 오일압력계, 수온계, 연료계, 배기가스 등을 점검한다.

49 무한궤도식 로더의 장점에 해당하지 않는 것은?

① 견인력이 크다
② 습지작업에 유리하다.
③ 이동 주행성이 우수하다.
④ 등판능력이 크다.

해설 ①, ②, ④는 무한궤도식 로더의 장점에 해당한다.
③ 휠형 로더는 고무타이어 트랙터 앞에 버킷을 설치한 것으로, 평탄한 작업장에서는 기동성이 우수하고 작업능률도 높지만 연약지반이나 험지, 늪지에서는 작업이 힘들다.

50 타이어식 로더의 운전시 주위해야 할 사항 중 틀린 것은?

① 토양의 조건과 엔진의 회전수를 고려하여 운전한다.
② 경사지를 내려갈 때는 변속레버를 중립에 놓는다.
③ 새로 구축한 주변 부분은 연약지반이므로 주의한다.
④ 버킷의 움직임과 흙의 부하에 따라 대처하면서 작업한다.

해설 경사를 내려갈 때에는 변속레버를 저속으로 하고 주행해야 한다.

정답 41.④ 42.③ 43.③ 44.④ 45.② 46.① 47.② 48.③ 49.③ 50.②

건설기계 운전기능사

2023년 **로더** 기출분석문제

★★
51 축전지에 대한 점검사항으로 옳지 않은 것은?

① 전지 +, − 극주 상태를 확인한다.

② 전해액 고갈 상태를 확인한다.

③ 전해액 넘침 상태를 확인한다.

④ 전해액 비중이 1.050(20°C) 정도인지 확인한다.

✎해설 축전지 전해액의 표준 비중은 20°C에서 완전 충전됐을 때 1.280이고, 완전 방전됐을 때가 1.050이다. 비중이 1.200(20°C) 정도 되면 보충 충전을 실시해야 한다.

52 화재 발생 시 소화방법으로 옳지 않은 것은?

① 일반화재에는 포말소화기를 사용하여 소화한다.

② 유류화재에는 물을 이용해서 소화를 한다.

③ 전기화재에는 이산화탄소소화기를 사용하여 소화한다.

④ 금속화재에는 건조사를 이용한 질식효과로 소화한다.

✎해설 ② 유류화재의 경우에는 모래를 뿌리거나 분말소화기, ABC소화기를 사용하여 소화해야 한다.

★
53 로더의 구성 부품이 아닌 것은?

① 붐

② 블레이드

③ 버킷

④ 클러치 컷오프 밸브

✎해설 ② 블도저 트랙터의 앞쪽에 부착되며 상하좌우 및 앞뒤로 움직이면서 작업하는 토공판이다.

54 유압장치의 기호회로도에 사용되는 유압기호의 기호표시 원칙으로 적합하지 않은 것은?

① 기호에는 흐름의 방향을 표시한다.

② 회전은 반드시 한 방향으로 회전해야 한다.

③ 각 기기의 기호는 정상상태 또는 중립상태를 표시한다.

④ 기호에는 각 기기의 구조나 작용압력을 표시하지 않는다.

✎해설 유압기호는 회로도의 모양에 따라 적당한 방향으로 회전하여 사용될 수 있다.

★★
55 교차로 통행방법에 대한 설명으로 옳은 것은?

① 우회전을 하는 차는 신호에 관계없이 보행자에 주의하여 진행한다.

② 좌회전을 하려는 차는 미리 도로의 중앙선을 따라 서행하여야 한다.

③ 차의 운전자는 회전교차로에서는 시계방향으로 통행하여야 한다.

④ 차의 운전자는 교차로에 들어가려고 할 때에는 반드시 일시정지해야 한다.

✎해설 ① 우회전을 하는 차는 신호에 따라 정지하거나 진행하는 보행자 또는 자전거 등에 주의하여야 한다.
③ 회전교차로에서 모든 차의 운전자는 회전교차로에서는 반시계방향으로 통행하여야 한다.
④ 교통정리를 하고 있지 않고 일시정지나 양보를 표시하는 안전표지가 설치되어 있는 교차로에 들어가려고 할 때에는 다른 차의 진행을 방해하지 않도록 일시정지하거나 양보해야 한다.

56 연소에 필요한 공기를 실린더로 흡입할 때, 공기 중에 포함되어 있는 불순물을 여과하여 실린더에 공급하는 역할을 하는 장치는?

① 과급기

② 에어 클리너

③ 냉각장치

④ 플라이휠

✎해설 에어 클리너(공기청정기)는 실린더에 흡입되는 공기를 여과하고 소음을 방지하며 역화 시의 불길 저지 등과 실린더와 피스톤의 마멸 및 오일의 오염과 베어링의 소손 방지의 역할을 한다.

57 고압선 전기 작업을 위해 착용해야 하는 장갑은?

① 면 장갑

② 고무 장갑

③ 무명 장갑

④ 화학섬유 장갑

✎해설 고무는 전기가 통하지 않는 부도체로서 감전을 막기 위한 절연체로서 감전의 위험이 있는 작업장에서는 고무 장갑을 끼고, 고무 장화를 신어 안전사고에 대한 대처를 해야 한다.

★★
58 다음 중 회전반경을 좁게 조향할 수 있는 로더의 조향 방식은?

① 전륜식 조향

② 애커만식 조향

③ 애커만 장토식 조향

④ 허리꺾기식 조향

✎해설 허리꺾기식 조향은 앞 차체와 뒤 차체를 2등분 하여 그 사이를 핀과 조인트로 연결한 것으로 회전반경이 작아 좁은 장소에서 작업하기에 용이하다. 그러나 핀과 조인트 부분의 고장이 빈번하여 안정성이 결여되어 있다.

★
59 사용한 공구의 보관 방법으로 가장 옳은 것은?

① 사용 시 기름이 묻은 공구는 물로 깨끗이 씻어서 보관한다.

② 사용한 공구는 종류별로 묶어서 보관한다.

③ 사용한 공구는 면 걸레로 깨끗이 닦아서 공구상자에 담아 보관한다.

④ 사용한 공구는 녹슬지 않게 기름칠을 잘해서 작업대 위에 진열해 놓는다.

✎해설 사용한 공구는 정비 후 방청·방습 등의 처리를 하여 정해진 장소에 보관한다.

60 유압회로에서 오일의 흐름을 한 쪽 방향으로 흐르도록 하는 것은?

① 릴리프밸브

② 감압밸브

③ 체크밸브

④ 시퀀스밸브

✎해설 체크밸브는 방향제어밸브 중 하나로서 오일의 역류를 방지하는 역할을 한다.

정답 51. ④ 52. ② 53. ② 54. ② 55. ② 56. ② 57. ② 58. ④ 59. ③ 60. ③

2023 불도저 기출분석문제

01 도저의 경사지 작업 시 내용으로 옳지 않은 것은?
① 경사면의 굴삭은 아래에서부터 시작하여 위로 올라간다.
② 급경사지에서 삽날을 지면에 가볍게 내려 브레이크로 사용하면서 내려온다.
③ 급한 경사지를 하강할 때는 삽날을 내리고 후진하며 하강을 한다.
④ 경사지에서 비스듬하게 내려올 때는 윈치(winch)를 병용한다.

해설 경사면의 굴삭은 위에서부터 시작하여 내려오면서 작업을 한다.

02 무한궤도식 건설기계에서 트랙이 벗겨지는 이유로 가장 적절한 것은?
① 트랙의 서행 회전
② 트랙이 너무 이완되었을 때
③ 파이널 드라이브의 마모
④ 보조 스프링이 파손되었을 때

해설 트랙의 벨트가 너무 크면(이완되어 있으면) 트랙이 벗겨지기 쉽고, 트랙 장력이 너무 헐거울 때(유격이 규정값보다 크면) 트랙이 벗겨지기 쉽다.

03 불도저와 블레이드를 연결하는 것은?
① 유압실린더   ② 블레이스
③ 프레임   ④ 베벨기어

해설 불도저와 블레이드를 연결하는 것은 블레이스로 결합 부분은 핀 또는 볼조인트로 되어 있으며, 블레이스 길이는 나사로 신축되므로 벨트각도, 절삭각도를 조정할 수 있도록 되어 있다.

04 건식 에어클리너를 세척하는 방법으로 옳은 것은?
① 압축오일을 안에서 밖으로 불어낸다.
② 압축공기를 안에서 밖으로 불어낸다.
③ 압축오일을 밖에서 안으로 불어낸다.
④ 압축공기를 밖에서 안으로 불어낸다.

해설 건식 공기청정기는 여과망으로 여지 또는 여과포를 사용하며 방사선 모양으로 되어 있다. 세척하는 방법은 압축공기로 안에서 밖으로 불어내면 된다.

05 정기검사연기신청을 하였으나 불허통지를 받은 자는 신청기간 만료일부터 며칠 이내 검사를 신청해야 하는가?
① 5일 이내   ② 10일 이내
③ 20일 이내   ④ 31일 이내

해설 검사·명령이행 기간 연장신청을 받은 시·도지사는 그 신청일부터 5일 이내에 정기검사등 신청기간 연장 여부를 결정하여 신청인에게 서면으로 통지하고 검사대행자에게 통보해야 한다. 이 경우 정기검사등 신청기간 연장 불허통지를 받은 자는 정기검사등의 신청기간 만료일부터 10일 이내에 검사신청을 해야 한다(건설기계관리법 시행규칙 제31조의2제2항).

06 불도저의 배토판 상승이 늦는 원인이 아닌 것은?
① 펌프가 불량할 때
② 유압 작동 실린더의 내부 유출이 있을 때
③ 릴리프 밸브의 조정이 불량할 때
④ 작동 유압이 너무 높을 때

해설 작동 유압이 낮은 경우에 배토판 상승에 문제가 발생할 수 있다.

07 축전지의 충전상태를 측정할 수 있는 게이지는?
① 저항계   ② 압력계
③ 비중계   ④ 온도계

해설 축전지의 충전이나 방전상태 및 정도는 비중계로 전해액의 비중을 측정하여 알 수 있다.

08 안전·보건표지에서 그림이 표시하는 것으로 맞는 것은?

① 독극물 경고   ② 폭발물 경고
③ 고압전기 경고   ④ 낙하물 경고

해설 제시된 안전·보건표지는 고압전기 경고 표지이다.

09 블레이드를 좌우로 기울일 수 있어 배수로 구축 및 제방 경사작업에 효과적인 도저는
① 앵글 도저   ② 리퍼 도저
③ 레이크 도저   ④ 틸트 도저

해설 도저의 분류
- 앵글 도저 : 매몰 작업, 측능 절단 작업, 제설 작업 등에 효과적
- 레이크 도저 : 40~50cm 이하의 나무뿌리나 잡목 제거에 적합
- 틸트 도저 : V형 배수로 굴삭, 언땅 및 굳은 땅 파기, 바위 굴리기 등에 적합
- 불도저(스트레이크 도저) : 직선 송토 작업, 굴토 작업, 거친 배수로 매몰 작업 등에 적합
- U형 도저 : 석탄, 나무 조각, 부드러운 흙 등 비교적 비중이 적은 것의 운반 처리에 적합

10 정기검사에 불합격한 건설기계에 대한 정비명령은 누가 내릴 수 있는가?
① 경찰서장   ② 소방서장
③ 시·도지사   ④ 검사소장

해설 시·도지사는 검사에 불합격한 건설기계에 대하여는 31일 이내의 기간을 정하여 해당 건설기계의 소유자에게 검사를 완료한 날(검사를 대행하게 한 경우에는 검사 결과를 보고받은 날)부터 10일 이내에 정비명령을 하여야 한다(건설기계관리법 시행규칙 제31조제1항).

정답 01. ① 02. ② 03. ② 04. ② 05. ② 06. ④ 07. ③ 08. ③ 09. ④ 10. ③

건설기계 운전기능사

2023년 **불도저** 기출분석문제

11 다음 중 주행 및 제동 장치를 조작하는 레버와 거리가 먼 것은?

① 클러치 레버
② 브레이크 레버
③ 변속 레버
④ 틸트 레버

✎해설 틸트 레버는 지게차의 조종사가 작업을 수행하기 위해 전경각과 후경각을 조정하는 레버이다.

12 전기 작업 시 착용하는 장갑으로 적합한 것은?

① 무명 장갑
② 화학섬유 장갑
③ 고무 장갑
④ 면 장갑

✎해설 고무는 전기가 통하지 않는 부도체로서 감전을 막기 위한 절연체로서 감전의 위험이 있는 작업장에서는 고무 장갑을 끼고, 장화를 신어야 안전사고에 대한 대처를 해야 한다. 전기용 고무장갑은 7,000V 이하의 전기 회로 작업에서의 감전을 방지할 수 있다.

13 디젤기관의 출력과 가장 관계없는 것은?

① 연료 분사펌프
② 과급기
③ 예열 플러그
④ 수온조절기

✎해설 예열 플러그는 디젤기관이 압축착화방식으로 한랭상태에서는 경유가 잘 착화하지 못해서 시동이 어렵기 때문에 흡입다기관이나 연소실 내의 공기를 미리 가열하여 기동을 쉽게 하도록 돕는 장치이다.

★
14 오일탱크의 구성품이 아닌 것은?

① 스트레이너
② 배플
③ 드레인 플러그
④ 압력조절기

✎해설 오일탱크는 작동유의 적정 유량을 저장하고, 적정 유온을 유지하며 작동유의 기포 발생 및 제거 역할을 한다. 주입구, 흡입구와 리턴구, 유면계, 배플, 스트레이너, 드레인 플러그 등의 부속장치가 있다.

15 등록한 건설기계의 주소지가 변경된 경우 소유자의 조치로 맞는 것은?

① 그 변경이 있는 날부터 30일 이내에 등록 이전해야 한다.
② 상속의 경우에는 상속개시일부터 6개월 이내에 등록 이전한다.
③ 같은 시·도 지역이라해도 주소지 변경 시 등록 이전해야 한다.
④ 새로운 등록지를 관할하는 시·도지사에게 제출하여야 한다.

✎해설 건설기계관리법 시행령 제6조제1항
• 건설기계의 소유자는 등록한 주소지 또는 사용본거지가 변경된 경우(시·도간의 변경이 있는 경우에 한한다)에는 그 변경이 있는 날부터 30일(상속의 경우에는 상속개시일부터 6개월)이내에 건설기계등록이전신고서에 소유자의 주소 또는 건설기계의 사용본거지의 변경사실을 증명하는 서류와 건설기계등록증 및 건설기계검사증을 첨부하여 새로운 등록지를 관할하는 시·도지사에 제출하여야 한다.

16 축전지 용량에 대한 설명으로 옳은 것은?

① 단위는 A로 나타낸다.
② 극판의 크기, 극판의 수, 황산의 양에 의해 결정된다.
③ 규정 전압으로 올라갈 때까지의 충전하는 전기량이다.
④ 방전율에 크게 영향을 받지 않는다.

✎해설 ① 단위는 Ah(암페어아워)로 나타낸다.
③ 충전한 축전지를 방전했을 때 규정 전압으로 내려갈 때까지 낼 수 있는 전기량이다.
④ 방전율에 따라 크게 다르고 큰 전류로 방전할수록 용량은 감소한다.

★★★
17 좁은 장소에서 석탄이나 곡물, 철광석, 소금 등을 내밀거나 끌어당겨 모으는데 효과적으로 사용할 수 있는 도저의 작업 장치는?

① 푸시 블레이드
② 트리 블레이드
③ 트리밍 블레이드
④ 레이크 블레이드

✎해설 트리밍 도저는 좁은 장소에소 곡물, 설탕, 철광석, 소금 등을 내밀거나 끌어당겨 모으는 데 효과적으로 사용된다.

18 다음에서 설명하는 도저의 작업방법으로 적절한 것은?

> 두 대의 도저로 블레이드를 나란히 하여 저속으로 흙을 미는 방법으로 작업량을 향상시킬 수 있다.

① 홈 송토
② 성토
③ 벌개작업
④ 삽 맞대기 송토 이송

✎해설 삽 맞대기는 몇 개의 블레이드를 나란히 하여 저속으로 흙을 미는 방법으로 15~100m 이내의 송토 작업에 있어 작업량을 증가시킨다.

19 트랙의 주요 구성 부품이 아닌 것은?

① 슈
② 스윙기어
③ 부싱
④ 핀

✎해설 무한궤도식 건설기계에서 트랙의 구성품으로는 슈, 슈볼트, 링크, 부싱, 핀 등이 있다.

★★
20 유압모터의 장점과 가장 거리가 먼 것은?

① 무단변속 용이
② 변속, 역전제어 용이
③ 속도, 방향제어 용이
④ 압력조정 용이

✎해설 유압모터의 장단점

장 점	단 점
• 무단변속 용이	• 유압유 점도변화에 민감해 사용상 제약이 있음
• 변속, 역전제어 용이	
• 속도, 방향제어 용이	• 유압유가 인화하기 쉬움
• 소형·경량으로 대 출력 가능	• 유압유에 먼지, 공기가 혼입되면 성능 저하

정답 11. ④ 12. ③ 13. ③ 14. ④ 15. ③ 16. ② 17. ③ 18. ④ 19. ② 20. ④

80

21. 도로교통법상 교차로 가장자리나 도로 모퉁이로부터 몇 m 이내는 주·정차를 해서는 안 되는가?

① 3m
② **5m**
③ 7m
④ 10m

해설: 도로교통법상 교차로 가장자리나 도로 모퉁이로부터 5m 이내는 주·정차 금지 장소이다.

22. 건설기계관리법상 건설기계조종사 면허의 결격사유에 해당하지 않는 경우는? ★★

① 앞을 보지 못하는 사람, 듣지 못하는 사람
② **파산자로서 복권되지 않은 사람**
③ 마약 중독자 또는 알코올 중독자
④ 18세 미만인 사람

해설: 건설기계조종사 면허의 결격사유(건설기계관리법 제27조)
- 18세 미만인 사람
- 건설기계조종사의 위험과 장해를 일으킬 수 있는 정신질환자 또는 뇌전증환자
- 앞을 보지 못하는 사람, 듣지 못하는 사람, 그 밖에 국토교통부령으로 정하는 장애인
- 건설기계 조종상의 위험과 장해를 일으킬 수 있는 마약·대마·향정신성의약품 또는 알코올중독자
- 건설기계조종사 면허가 취소된 날부터 1년이 지나지 않았거나 건설기계조종사 면허의 효력정지 처분기간에 중에 있는 사람

23. 직권식 시동전동기의 전기자 코일과 계자 코일의 연결 방식이 맞는 것은?

① 병렬로 연결되어 있다.
② **직렬로 연결되어 있다.**
③ 직렬·병렬로 연결되어 있다.
④ 전기자 코일은 병렬, 계자 코일은 직렬로 연결되어 있다.

해설: 직류직권 전동기는 전기자 코일과 계자 코일이 직렬로 접속된 전동기로 시동 회전력이 크고 고속 회전할 수 있으며, 한정된 전기 용량의 축전지를 전원으로 할 수 있기 때문에 건설기계의 시동전동기로 사용된다.

24. 다음 중 가연성이 가장 큰 것은?

① 경유
② **휘발유**
③ 등유
④ 중유

해설: 가연성은 물질을 연소시키기 쉬움을 표시하는 성질로서 점화하면 빛과 열을 발해서 연소하는 것이다. 휘발유의 인화점은 21℃ 미만이고, 경유·등유는 21~70℃ 미만이며 중유는 70~200℃ 미만이다.

25. 도저의 작업 방법으로 틀린 것은?

① 습지 통과 시에는 멈추지 않고 저속으로 통과한다.
② 연약 지반에서는 조향을 하지 않고 통과한다.
③ 성토 작업 시 흙을 15~20cm 두께로 쌓고 트랙으로 다진다.
④ **경사지에서는 삽날을 올리고 후진하며 하강한다.**

해설: ④ 급한 경사지를 하강할 때는 삽날을 내리고 후진하며 하강을 한다. 경사면에서 작업할 때에는 위에서부터 시작하여 내려온다.

26. 다음 중 전기화재 분류는?

① A급 화재
② B급 화재
③ **C급 화재**
④ D급 화재

해설: 화재의 분류
- A급 화재: 일반화재, 포말소화기를 사용하여 소화
- B급 화재: 유류화재, 분말 소화기, ABC 소화기를 사용, 모래를 뿌려서 소화
- C급 화재: 전기화재, 이산화탄소소화기를 사용하여 소화
- D급 화재: 금속화재, 건조사를 이용한 질식효과로 소화

27. 불도저가 진흙에 트랙 일부가 묻힐 정도로 빠진 경우, 진흙에서 벗어나는 방법으로 거리가 먼 것은? ★

① 중량이나 견인력이 더 큰 장비, 와이어로프 등을 연결하여 견인한다.
② **유압잭으로 고이고, 이탈 주행한다.**
③ 잭을 삽으로 차체의 밑 부분과 트랙 밑 부분의 진흙을 파내고 벼짚단을 깔고 주행한다.
④ 블레이드를 높이 들고 긴 침목을 트랙 앞쪽에 와이어로프로 묶고 전진 주행한다.

해설: 불도저가 진흙에 깊이 빠진 경우 다른 도저의 윈치를 사용하거나, 진흙을 파내는 등의 방법을 이용하여 벗어나도록 한다.

28. 유압장치 내에 국부적인 높은 압력과 소음 및 진동이 발생하며 양정과 효율이 저하되는 현상은?

① **캐비테이션 현상**
② 열화 현상
③ 숨돌리기 현상
④ 맥동 현상

해설: 유체의 관로에 공기가 침입할 때 일어나는 현상으로는 캐비테이션(공동 현상), 유압유의 열화 촉진 현상, 실린더 숨돌리기 현상 등이 있다. 이 가운데 유압장치 내에 국부적인 높은 압력과 소음 및 진동이 발생하며 양정과 효율이 저하되는 현상을 캐비테이션(공동 현상)이라 한다.

29. 다음 중 건설기계 특별표지판 부착 대상에 해당하는 것은? ★★

① 길이가 15m인 굴착기
② **너비가 3m인 기중기**
③ 높이가 3m인 불도저
④ 최소 회전반경이 10m인 모터그레이더

해설: 특별표지판 부착 대상 대형건설기계
- 길이가 16.7m를 초과하는 건설기계
- 너비가 2.5m를 초과하는 건설기계
- 높이가 4.0m를 초과하는 건설기계
- 최소 회전반경이 12m를 초과하는 건설기계
- 총중량이 40톤을 초과하는 건설기계(굴착기, 로더 및 지게차는 운전중량이 40톤을 초과하는 경우)
- 총중량 상태에서 축하중이 10톤을 초과하는 건설기계(굴착기, 로더 및 지게차는 운전중량 상태에서 축하중이 10톤을 초과하는 경우)

30. 배기터빈 과급기에서 터빈축의 베어링 윤활방식으로 맞는 것은?

① 그리스로 윤활
② **기관오일로 급유**
③ 오일리스 베어링 사용
④ 기어오일로 급유

해설: 베어링의 윤활은 기관윤활장치로부터 공급되는 기관윤활유에 의해 강제 윤활된다.

정답: 21.② 22.② 23.② 24.② 25.④ 26.③ 27.② 28.① 29.② 30.②

건설기계 운전기능사

2023년 **불도저** 기출분석문제

★★
31 유압작동유의 점도가 너무 높을 때 발생하는 현상으로 옳은 것은?

① 마찰 마모 감소
② 동력 손실의 증가
③ 내부 누설의 증가
④ 펌프 효율의 증가

✎해설 **유압유의 점도가 높을 경우**
• 유동저항이 커져 압력손실이 증가한다.
• 관내의 마찰 손실에 의해 동력 손실이 유발될 수 있다.
• 열이 발생할 수 있다.
• 소음이나 공동현상이 발생할 수 있다.

32 다음 중 트랙 슈의 마모가 가장 많이 일어날 수 있는 것은?

① 진흙
② 모래
③ 자갈
④ 갯벌

✎해설 단단한 재질의 자갈이 많은 지역에서 트랙 슈의 마모가 상대적으로 큰 편이다.

★
33 해머작업의 안전수칙으로 옳지 않은 것은?

① 작업에 적합한 중량의 해머를 사용한다.
② 쐐기를 박은 견고한 자루로 된 것을 사용한다.
③ 면장갑을 착용한 후 작업에 들어간다.
④ 목적물을 한두 번 가볍게 친 다음 본격적으로 두드린다.

✎해설 **해머작업 시 안전사항**
• 장갑을 끼고 해머 작업을 하지 않는다.
• 열처리된 재료는 해머로 때리지 않도록 주의한다.
• 처음부터 크게 휘두르지 않고, 목적물에 잘 맞기 시작한 후부터 서서히 힘차게 두드린다.

34 퓨즈에 대한 설명으로 옳지 않은 것은?

① 퓨즈는 정격용량을 사용한다.
② 퓨즈 용량은 A로 표시한다.
③ 퓨즈는 철사로 대용하여도 된다.
④ 퓨즈는 산화되면 끊어지기 쉽다.

✎해설 퓨즈를 철사로 대용하면 본래 퓨즈가 끊어지게 되어 있는 과전류에도 끊어지지 않아 사고가 발생할 수 있다.

35 리퍼 작업에 대한 내용으로 옳은 것은?

① 굳은 지면, 암석 등을 파헤치는 작업이다.
② 앞·뒤 양쪽에 리퍼를 장착하고 하는 작업이다.
③ 상하, 좌우, 앞뒤로 움직이면서 작업을 한다.
④ 뒤쪽에 설치되어 어떤 물체를 끌어당기는 작업이다.

✎해설 리퍼는 도저의 뒤쪽에 설치되어 굳은 지면, 나무뿌리, 암석 등을 파헤치는 데 사용하며 15° 이상 선회할 때에는 섕크를 지면에서 들어야 한다. 고속 전진으로 작업해서는 안 된다.
③ 도저의 앞쪽에 부착된 블레이드에 대한 내용이다.
④ 뒤쪽에 설치되어 어떤 물체 등을 끌어당길 때 사용하는 작업 장치는 토잉 윈치(권양기)이다.

36 물건 운반 작업 시 안전사항으로 틀린 것은

① 등은 반듯이 편 상태에서 물건을 들어 올리고 내린다.
② 물건을 들 때 반드시 몸에서 멀리해서 든다.
③ 물건을 나를 때는 몸은 반듯이 펴도록 한다.
④ 가능하면 운반대, 운반멜대 등과 같은 보조구를 사용한다.

✎해설 물건을 들 때 신체의 중심에 올린 다음 발의 중심에 두고 물건을 신체에 가까이 한 후 등을 똑바로 세운 채 다리를 펴 들어올리도록 한다.

37 직접분사실식 연소실에 대한 설명으로 틀린 것은?

① 연료소비율이 낮다.
② 기관의 수명이 길다.
③ 질소산화물(NOx)이 적게 배출된다.
④ 대출력 기관에 적합하다.

✎해설 **직접분사실식 연소실 장단점**

장 점	단 점
• 연료소비율이 낮다.	• 연료의 성질에 민감, 노크 경향성 높음
• 기관의 수명이 길다.	• 분사펌프, 분사노즐 등의 수명이 짧다.
• 냉시동이 용이하다.	• 고속회전에 불리하다.
• 대출력 기관에 적합하다.	• 질소산화물((NOx)이 비교적 많이 배출

★★
38 리듀싱(감압)밸브에 대한 설명으로 옳은 것은?

① 회로 압력을 일정하게 하거나 최고압력을 규제해서 각부 기기를 보호한다.
② 분기회로의 압력을 주회로의 압력보다 저압으로 하고 싶을 때 이용한다.
③ 2개 이상의 분기회로를 갖는 회로 내에서 작동순서를 제어하도록 한다.
④ 윈치나 유압실린더 등의 자유낙하를 방지하기 위해 배압을 유지한다.

✎해설 ① 릴리프밸브
③ 시퀀스밸브
④ 카운터밸런스밸브

39 연삭기 사용 시의 안전과 거리가 먼 내용은?

① 숫돌덮개를 설치 후 작업을 한다.
② 작업 시 보안경과 방진마스트를 착용한다.
③ 숫돌 측면을 사용하지 않도록 한다.
④ 숫돌과 받침대 간격을 가능한 넓게 유지한다.

✎해설 연삭기 사용 시 치수 및 형상이 구조 규격에 적합한 숫돌을 사용하며 작업 시작 전 1분 이상, 숫돌 교체 시 3분 이상 시운전을 한다. 탁상용 연삭기에는 작업받침대(연삭숫돌과 3mm 이하 간격)와 조정편을 설치하도록 한다.

40 트랙장치에서 전부 유동륜의 역할로 옳은 것은?

① 구동력을 트랙으로 전달한다.
② 회전력을 발생시켜 트랙에 전달한다.
③ 트랙의 장력을 조정하면서 트랙의 진행 방향을 유도한다.
④ 차체의 파손을 방지하고 원활한 운전을 하게 하여준다.

✎해설 전부 유동륜(트랙 아이들러) : 트랙 프레임 앞쪽에 부착되어 트랙의 진로를 조정하면서 주행방향을 유도하는 역할을 한다.

정답 31.② 32.③ 33.③ 34.③ 35.① 36.② 37.③ 38.② 39.④ 40.③

41 성능이 불량하거나 사고가 자주 발생하는 건설기계의 안전성 등을 점검하기 위해 실시하는 검사는?

① 정기검사
② 수시검사
③ 예비검사
④ 구조변경검사

해설 건설기계의 검사(건설기계관리법 제13조)
- 정기검사 : 건설공사용 건설기계로서 3년의 범위에서 검사유효기간이 끝난 후에 계속하여 운행하려는 경우에 실시하는 검사와 운행차의 정기검사
- 구조변경검사 : 건설기계의 주요 구조를 변경하거나 개조한 경우 실시하는 검사

42 ★★★ 다음의 (가)에 들어갈 내용으로 적절한 것은?

> 변속기 상부 축으로부터 동력을 받은 피니언이 (가)을/를 구동하면 이 동력을 직각으로 바꾸어 환향클러치로 전달하며, 감속하여 회전력을 증대시켜 준다.

① 메인 클러치
② 베벨기어
③ 조향 클러치
④ 최종 구동기어

해설 ② 베벨기어 : 변속기에서 받은 동력을 90°로 전달하며 조향 클러치에 동력을 전달
① 메인 클러치 : 기관의 동력을 변속기에 전달·절단
③ 조향 클러치 : 도저의 방향전환 시 동력을 전달·차단하여 방향 바꿈
④ 최종 구동기어 : 최종적으로 기관의 동력을 감속하여 구동력을 증대시켜 스프로킷으로 전달

43 유압펌프에 대한 설명으로 틀린 것은?

① 기계적 에너지를 받아서 유압에너지로 변환시키는 장치이다.
② 기어식 유압펌프는 가변용량형 펌프로 가장 적당하다.
③ 베인 펌프는 소음과 진동이 적으며 로크가 안정적이다.
④ 플런저 펌프는 가장 고압, 고효율에 해당한다.

해설 기어식 유압펌프는 소형, 구조가 간단하여 고장이 적다. 가변 용량형 펌프는 플런저 펌프가 가장 적당하다.

44 건설기계 조종수가 장비점검에 사용한 공구의 정비 보관 방법으로 가장 옳은 것은?

① 온도와 습도가 높은 곳에 보관한다.
② 용도에 맞게 정해진 곳에 보관한다.
③ 물로 깨끗이 씻어서 보관한다.
④ 기름칠을 해서 작업대에 보관한다.

해설 사용한 공구는 면 걸레로 깨끗이 닦아서 공구상자 또는 공구 보관으로 지정된 곳에 보관을 한다.

45 전기회로의 안전사항으로 설명이 잘못된 것은?

① 전기장치는 반드시 접지하여야 한다.
② 전선의 접속은 접촉저항이 크게 하는 것이 좋다.
③ 용량이 맞는 것을 끼워야 한다.
④ 모든 계기 사용시는 최대 측정 범위를 초과하지 않도록 해야 한다.

해설 전등 스위치에서와 같이 접촉되는 부분의 저항이 접촉저항이다. 접촉되는 부분은 얇고 좁은 부분이기 때문에 스파크와 큰 열을 발생시킬 수 있기 때문에 접촉저항은 작아야만 한다.

46 유압장치의 구성요소가 아닌 것은?

① 유압펌프
② 오일탱크
③ 제어밸브
④ 차동장치

해설 차동창치는 하부 추진체가 휠로 되어 있는 건설기계장비로 반대쪽 휠이 회전하고 있을 때, 어느 쪽이든 후륜에 동력을 전달하기 위해 클러치 장치를 사용하고 있는 차동 제한 장치를 말한다.

47 ★★ 블레이드를 좌우 20~30° 정도 각을 줄 수 있어 측능 절단 작업에 적합한 장비는?

① 트리밍 도저
② 앵글 도저
③ 레이크 도저
④ 스트레이트 도저

해설 앵글 도저는 측능 절단(산허리 깎기) 작업, 매몰 작업, 제설 작업, 지균 작업 등에 효과적인 장비이다.

48 어큐뮬레이터(축압기)의 역할이 아닌 것은?

① 압력 보상
② 유압회로 내 압력 제어
③ 체적 변화 보상
④ 충격압력 흡수 및 일정압력 유지

해설 어큐뮬레이터(축압기)의 기능
- 압력 보상
- 유압에너지 저장
- 유압회로 보호
- 체적 변화 보상
- 맥동 감쇠
- 충격압력 흡수 및 일정압력 유지

49 ★ 산업재해의 원인 가운데 직접적인 원인으로 가장 적합한 것은?

① 안전교육의 미비
② 잘못된 작업관리
③ 불안전한 행동
④ 안전수칙 미제정

해설 산업재해의 직접적인 원인
- 불안전한 행동(가장 높은 비율을 차지) : 작업태도 불안전, 위험한 장소의 출입, 작업자의 실수, 보호구 미착용 등의 안전수칙 무시 등
- 불안정한 상태 : 기계의 결함, 방호장치의 결함, 불안전한 조명, 안전장치의 결여 등
①, ②, ④ 등은 간접적인 원인에 해당한다.

50 기관 작동 중 라디에이터 압력식 캡 쪽으로 물이 상승하면서 연소가스가 누출될 때 원인으로 맞는 것은?

① 라디에이터 캡이 불량하다.
② 물 펌프에 누설이 생겼다.
③ 실린더 헤드의 균열이 생겼다.
④ 분사노즐의 동와셔가 불량하다.

해설 라디에이터 캡의 이상 원인
- 라디에이터 캡의 스프링 파손 : 냉각수의 비등점이 낮아짐
- 라디에이터 캡 쪽으로 물이 상승하면서 연소가스가 누출될 때 : 실린더 헤드의 균열이나 개스킷의 파손
- 캡을 열어보았을 때 냉각수에 오일이 섞여있는 경우 : 수냉식 오일 쿨러가 파손

정답 41.② 42.② 43.② 44.② 45.② 46.④ 47.② 48.② 49.③ 50.③

건설기계 운전기능사

2023년 **불도저** 기출분석문제

★★
51 가변용량형 유압펌프의 기호는?

① 압력스위치
② 정용량형 유압펌프
③ 가변용량형 유압펌프
④ 유량조절밸브

---

52 차량이 남쪽에서부터 북쪽방향으로 진행 중일 때, 다음과 같은 「3방향 도로명표지」에 대한 설명으로 틀린 것은?

① 차량을 우회전하는 경우 '새문안길'로 진입할 수 있다.
② 연신내역 방향으로 가려는 경우 차량을 직진한다.
③ 차량을 우회전하는 경우 '새문안길' 도로구간의 시작지점에 진입할 수 있다.
④ 차량을 좌회전하는 경우 '충정로' 도로구간의 시작지점에 진입할 수 있다.

해설 도로구간의 시작지점과 끝지점은 "서쪽에서 동쪽, 남쪽에서 북쪽"으로 설정된다. 따라서 차량을 좌회전하는 경우 '충정로' 도로구간의 끝지점에 진입할 수 있다.

★★
53 축전지에 대한 설명으로 옳지 않은 것은?

① 시동 시의 전원으로 사용한다.
② 시동 전 전원은 발전기이다.
③ 발전기의 여유 출력을 저장한다.
④ 주행 중 필요한 전류를 공급한다.

해설 ② 시동 전 전원은 배터리이다.
축전지의 기능
• 시동장치의 전기적 부하 부담
• 발전기가 고장일 경우 주행을 확보하기 위한 전원으로 작용
• 주행 상태에 따른 발전기의 출력과 부하와의 불균형 조정
• 발전기의 여유 출력 저장

---

54 수공구 취급시 안전에 관한 사항으로 틀린 것은?

① 줄 작업으로 생긴 쇳밥은 반드시 제거하도록 한다.
② 해머 자루는 반드시 단단히 박혀 있어야 한다.
③ 렌치 사용 시에는 밀어서 힘을 받도록 해야 한다.
④ 드라이버는 날 끝이 홈의 폭과 길이에 맞는 것을 사용하도록 한다.

해설 렌치 사용시에는 몸 쪽으로 당기면서 볼트와 너트를 조이도록 한다.

★★★
55 무한궤도식 주행 장치에서 스프로킷의 이상 마모되는 원인으로 가장 적절한 것은?

① 트랙의 이완
② 오일펌프 고장
③ 릴리프 밸브 고장
④ 댐퍼 스프링의 장력 약화

해설 트랙이 지나치게 이완되어 있을 경우 스프로킷이 이상 마모될 수 있다.

---

56 작동유(유압유)가 갖추어야 할 조건이 아닌 것은

① 점도지수가 높아야 한다.
② 공기와 쉽게 혼합되어야 한다.
③ 내열성이 크고 소포성은 높아야 한다.
④ 적정한 유동성과 점성이 있어야 한다.

해설 ② 작동유(유압유)에 공기가 혼입되면 열화현상, 공동현상 등이 발생한다.
유압 작동유의 구비조건
• 높은 화학적 안정성(산화방지)
• 온도에 의한 점도 변화 적음
• 방청 및 방식성

---

57 윤활장치에서 오일여과기의 분류 방식으로 틀린 것은?

① 합동식
② 전류식
③ 분류식
④ 복합식

해설 오일 여과방식의 종류
• 전류식 : 오일펌프에서 나온 오일 전부를 여과기를 거쳐 여과한 후 윤활 부분으로 전달하는 방식
• 분류식 : 오일펌프에서 나온 오일의 일부만 여과하여 오일팬으로 보내고 나머지는 그대로 윤활 부분에 전달하는 방식
• 복합식(샨트식) : 오일펌프에서 나온 오일의 일부만 여과하고 나머지 여과되지 않은 오일과 합쳐져서 공급되는 방식

★
58 도저의 블레이드 형식에 의한 분류에 해당하지 않는 것은?

① 틸트 도저
② 스트레이트 도저
③ 앵글 도저
④ 백호 도저

해설 도저의 블레이드 형식에 의한 분류 : 틸트 도저, 스트레이트 도저, 앵글 도저, 레이크 도저, 트리밍 도저, U형 도저

---

59 폐기요청을 받은 건설기계의 폐기와 등록번호표 폐기의 등을 하지 아니한 자에 대한 벌칙은?

① 100만 원 이하의 벌금
② 300만 원 이하의 벌금
③ 1년 이하의 징역 또는 1천만 원 이하의 벌금
④ 2년 이하의 징역 또는 2천만 원 이하의 벌금

해설 폐기요청을 받은 건설기계를 폐기하지 아니하거나 등록번호표를 폐기하지 아니한 자는 1년 이하의 징역 또는 1천만 원 이하의 벌금에 처한다(건설기계관리법 제41조).

★
60 산소 결핍의 우려가 있는 장소에서 착용해야 하는 마스크는?

① 방진 마스크
② 방독 마스크
③ 송기 마스크
④ 가스 마스크

해설 송기 마스크는 작업자가 가스, 증기, 공기 중에 부유하는 미립자상 물질 또는 산소 결핍 공기를 흡입하므로 발생할 수 있는 건강장해 예방을 위해 사용하는 마스크다.

정답 51. ③ 52. ④ 53. ② 54. ③ 55. ① 56. ② 57. ① 58. ④ 59. ③ 60. ③

2023 기중기 기출분석문제

01 기중작업에서 물체의 무게가 무거울수록 붐 길이와 각도는 어떻게 하는 것이 좋은가?

① 붐 길이는 길게 하고, 각도는 크게 한다.
② **붐 길이는 짧게 하고, 각도는 크게 한다.**
③ 붐 길이는 짧게 하고, 각도는 작게 한다.
④ 붐 길이는 길게 하고, 각도는 그대로 한다.

해설 물체의 무게가 무거워 힘을 크게 내야 할 때 붐의 길이는 짧게 하고, 붐의 경사각도는 크게 한다.

02 전조등의 종류로서 1개의 전구가 되도록 한 일체형인 것은?

① **실드 빔식**
② 세미실드 빔식
③ 하이 빔식
④ 로우 빔식

해설 전조등 실드 빔식은 반사경에 필라멘트를 붙이고 여기에 렌즈를 녹여 붙인 후 내부에 불활성가스를 넣어 그 자체가 1개의 전구가 되도록 한 것이다. 대기의 조건에 따라 반사경이 흐려지지 않고, 사용에 따르는 광도의 변화가 적다. 그러나 필라멘트가 끊어지면 전조등 전체를 교환해야 한다.

03 건설기계의 등록말소 사유에 해당하지 않는 것은?

① 거짓이나 그 밖의 부정한 방법으로 등록을 한 경우
② **정비 또는 개조를 목적으로 해체**
③ 건설기계를 도난 당한 경우
④ 건설기계의 차대가 등록 시의 차대와 다를 때

해설 등록의 말소(건설기계관리법 제6조)
- 건설기계가 천재지변 또는 이에 준하는 사고 등으로 사용할 수 없게 되거나 멸실된 경우
- 건설기계가 제12조에 따른 건설기계안전기준에 적합하지 아니하게 된 경우
- 정기검사 명령, 수시검사 명령 또는 정비 명령에 따르지 아니한 경우
- 건설기계를 수출하는 경우
- 건설기계를 폐기한 경우
- 건설기계해체재활용업을 등록한 자에게 폐기를 요청한 경우
- 구조적 제작 결함 등으로 건설기계를 제작자 또는 판매자에게 반품한 경우
- 건설기계를 교육·연구 목적으로 사용하는 경우
- 대통령령으로 정하는 내구연한을 초과한 건설기계. 다만, 정밀진단을 받아 연장된 경우는 그 연장기간을 초과한 건설기계

04 다음 중 엔진 과열의 원인 아닌 것은?

① **히터 스위치의 고장**
② 수온 조절기의 고장
③ 헐거워진 냉각 팬 벨트
④ 물 통로 내의 물 때

해설 기관이 과열되는 것은 냉각 계통이 제대로 작동하지 않은 것이라고 볼 수 있다. ②, ③, ④ 이외에도 라디에이터의 코어 막힘, 냉각수의 부족, 정온기가 닫힌 상태로 고장 등이 해당된다.

05 유압 작동유의 구비조건으로 옳지 않은 것은?

① 내열성이 크고 거품이 적을 것
② 높은 화학적 안정성
③ 적정한 유동성과 점성
④ **온도에 의한 점도 변화가 클 것**

해설 유압 작동유의 주요 구비조건
- 온도에 의한 점도 변화 적을 것
- 높은 점도 지수
- 방청 및 방식성
- 비압축성 및 불순물과 분리 잘 될 것

06 산업안전표지에서 그림이 나타내는 것으로 맞는 것은?

① 출입금지
② **사용금지**
③ 탑승금지
④ 물체이동금지

해설 ① ③ ④

07 트랙식 건설장치에서 트랙의 구성 부품으로 맞는 것은?

① 슈, 스프로킷, 하부롤러, 상부롤러, 감속기
② **슈, 슈볼트, 링크, 부싱, 핀**
③ 슈, 조인트, 스프로킷, 핀, 슈볼트
④ 스프로킷, 트랙롤러, 상부롤러, 아이들러

해설 무한궤도식 트랙은 링크, 핀, 부싱, 슈, 슈볼트 등으로 구성되며 아이들러 상·하부 롤러 스프로킷에 감겨져 있고 스프로킷에서 동력을 받아 구동된다.

08 기중기 작업에서의 '작업 반경'에 대한 설명으로 맞는 것은?

① 운전석 중심을 지나는 수직선과 훅의 중심을 지나는 수직선 사이의 최단거리
② 무한궤도 전면을 지나는 수직선과 훅의 중심을 지나는 수직선 사이의 최단거리
③ **선회장치의 회전중심을 지나는 수직선과 훅의 중심을 지나는 수직선 사이의 최단거리**
④ 무한궤도의 스프로킷 중심을 지나는 수직선과 훅의 중심을 지나는 수직선 사이의 최단거리

해설 "작업반경"이란 선회장치의 회전중심을 지나는 수직선과 훅의 중심을 지나는 수직선 사이의 최단거리를 말한다(건설기계 안전기준에 관한 규칙 제32조).

정답 01.② 02.① 03.② 04.① 05.④ 06.② 07.② 08.③

09 편도2차로에서 건설기계가 주행을 해야 하는 차로는?

① 1차로
② 2차로
③ 갓길
④ 측도

해설 차로에 따른 통행차의 구분(도로교통법 시행규칙 별표9)

도로	차로구분	통행할 수 있는 차종
고속도로 외의 도로	왼쪽 차로	승용자동차 및 경형·소형·중형 승합자동차
	오른쪽 차로	대형승합자동차, 화물자동차, 특수자동차 법 제2조 제18호 나목에 따른 건설기계, 이륜자동차, 원동기장치자전거(개인용 이동장치는 제외)

★★★
10 엔진오일의 소비량이 많아지는 직접적인 원인은?

① 오일펌프 기어가 마모되었다.
② 윤활유의 압력이 너무 작다.
③ 배기밸브 간극이 너무 작다.
④ 피스톤링이 마모되었다.

해설 실린더 벽의 마모나 피스톤링의 마멸로 인하여 피스톤과 실린더 사이의 간극이 커지는 경우에는 윤활유의 연소와 누설로 인하여 소비량이 과다해진다.

★★★
11 플런저식 유압 펌프의 특징이 아닌 것은?

① 구동축이 회전운동을 한다.
② 플런저가 회전운동을 한다.
③ 가변용량형과 정용량형이 있다.
④ 기어펌프에 비해 최고압력이 높다.

해설 플런저 펌프(피스톤 펌프)는 펌프실 내의 플런저(피스톤)가 왕복운동하면서 펌프작용을 한다.

12 교류발전기에서 교류를 정류하고 역류를 방지하는 역할을 하는 것은?

① 다이오드
② 정류자
③ 브러시
④ 스테이터

해설 교류발전기는 실리콘 다이오드를 정류기로 사용하고, 축전지에서 발전기로 전류가 역류하는 것을 방지한다.

13 다음 중 안전교육의 근본적인 목적으로 알맞은 것은?

① 재해예방의 홍보
② 신체의 보호
③ 사고 사례의 숙지
④ 작업장 내 질서유지

해설 안전교육을 하는 주된 이유는 노동자를 재해의 잠재위험으로부터 보호하기 위한 것이다.

★★
14 다음 중 윤활유의 구비조건이 아닌 것은?

① 강한 유막을 형성해야 한다.
② 열과 산에 대한 저항력이 강해야 한다.
③ 점도는 온도에 따라 크게 변하지 않아야 한다.
④ 인화점이 낮아야 한다.

해설 윤활유의 구비조건
• 인화점 및 자연발화점이 높아야 한다.
• 청정력이 커서 혼입된 불순물에 안정적이어야 한다.
• 비중이 적당하고 점도는 온도에 따라 크게 변하지 않는 적정한 수준을 유지해야 하며 유막이 강해야 한다.
• 강한 유막을 형성하며 기포 발생은 적어야 한다.
• 응고점이 낮고 열과 산에 대한 저항력이 강해야 한다.

15 건설기계정비의 범위에서 제외되는 행위가 아닌 것은?

① 브레이크장치 수리
② 오일의 보충
③ 창유리의 교환
④ 트랙의 장력 조정

해설 건설기계정비의 범위에서 제외되는 행위(건설기계관리법 시행규칙 제1조의3)
1. 오일의 보충
2. 에어클리너엘리먼트 및 휠터류의 교환
3. 배터리·전구의 교환
4. 타이어 점검·정비 및 트랙의 장력 조정
5. 창유리의 교환

16 다음 중 유압식 브레이크의 구성 부품이 아닌 것은?

① 마스터 실린더
② 브레이크 슈
③ 진공식 배력장치
④ 휠 실린더

해설 유압식 브레이크는 유압을 발생시키는 마스터 실린더. 이 유압을 받아서 브레이크 슈(또는 패드)를 드럼(또는 디스크)에 압착시켜 제동력을 발생시키는 휠 실린더(또는 캘리퍼) 및 마스터 실린더와 휠 실린더 사이를 연결하여 유압회로를 형성하는 파이프와 플렉시블 호스 등이 있다. 배력식 브레이크는 오일 브레이크의 제동력을 강화하기 위한 보조 역할로서 진공식 배력장치와 공기식 배력장치가 있다.

★★★
17 그림과 같이 2줄걸이로 화물을 이동시킬 때의 설명으로 옳은 것은?

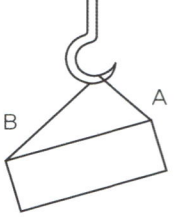

① A보다 B에 걸리는 힘이 크다.
② B보다 A에 걸리는 힘이 크다.
③ A와 B에 걸리는 힘은 동일하다.
④ A와 B는 힘과는 관계없다.

해설 짧은 줄에 걸리는 힘이 크다.

18 도로교통법상 좌회전을 위해 교차로에 진입한 상태에서 황색등화 시 운전자의 조치방법은?

① 일시정지 후 보행자가 없으면 진행한다.
② 그 자리에 정지하여 다음 신호를 기다린다.
③ 계속 진행하여 신속히 교차로에서 벗어난다.
④ 속도를 줄여서 서행하면서 진행한다.

해설 교차로에 차마의 일부라도 진입한 경우에는 신속히 교차로 밖으로 진행하여야 한다.

★
19 디젤기관에 과급기를 부착하는 주된 목적은?

① 윤활성의 증대
② 배기의 정화
③ 출력의 증대
④ 냉각효율의 증대

해설 과급기는 흡기 다기관을 통해 각 실린더의 흡입 밸브가 열릴 때마다 신선한 공기가 다량으로 들어갈 수 있도록 해주는 장치이다. 과급기의 부착으로 실린더의 흡입 효율이 좋아져 출력이 증대된다.

정답 09.② 10.④ 11.② 12.① 13.② 14.④ 15.① 16.③ 17.② 18.③ 19.③

20. 유압모터에 대한 설명으로 틀린 것은?

① 무단변속이 가능하다.
② 속도나 방향의 제어가 용이하다.
③ 소형, 경량으로 대출력이 가능하다.
④ 작동유가 인화되기 어렵다.

해설 유압모터의 장단점

장 점	단 점
• 무단변속 용이 • 소형, 경량으로 대출력 가능 • 변속, 역전제어 용이 • 속도, 방향제어 용이	• 유압유 점도 변화에 민감해 사용상 제약 있음 • 유압유가 인화되기 쉬움 • 유압유에 먼지, 공기가 혼입되면 성능 저하

21. 기중기의 수직 굴토와 토사 상차 작업 등에 사용하는 전부장치는?

① 드래그 라인 버킷
② 크램셸 버킷
③ 백호 버킷
④ 파일 드라이버 버킷

해설 기중기 전부(작업)장치
• 훅 : 하물의 적재와 적하 작업, 일반 기중기용 사용 작업
• 드래그 라인 : 배수로 작업, 수중 굴삭 작업
• 백호 : 배수로 작업, 굴토 작업, 매몰 작업
• 파일 드라이버 : 항타 및 항발 작업

22. 다음 중 피스톤링의 역할이 아닌 것은?

① 기밀 유지작용
② 열전도 작용
③ 연소 억제작용
④ 오일 제어작용

해설 피스톤링은 압축링과 오일링 두 가지로서 실린더 벽과 피스톤 사이의 기밀을 유지하여 엔진 효율의 손실을 막는다. 실린더 벽에 윤활하고 남은 과잉의 기관 오일을 긁어내려 실린더 벽의 유막을 조절하는 역할을 하며, 실린더 벽과 피스톤 사이의 열전도 작용을 통해 냉각에도 도움을 준다.

23. 기중기 작업 전 사용 계획으로 거리가 먼 것은?

① 작업 반경
② 양중 속도
③ 양중 무게
④ 양중 높이

해설 기중기는 속도와 관계없이 최대한 안전을 고려하여 작업을 해야 하며, 신호수가 있을 경우에는 지정된 신호수의 신호에 따라 작업을 해야 한다.

24. 기중기에서 와이어로프의 끝을 고정시키는 장치는?

① 조임장치
② 소켓장치
③ 스프로켓
④ 체인장치

해설 기중기 와이어로프의 끝은 소켓으로 고정을 시킨다.

25. 건설기계의 구조변경 범위에 속하지 않는 것은?

① 원동기 및 전동기의 형식 변경
② 동력전달장치의 형식 변경
③ 건설기계의 기종 변경
④ 수상작업용 건설기계의 선체의 형식 변경

해설 건설기계의 기종 변경, 육상작업용 건설기계 규격의 증가 또는 적재함의 용량증가를 위한 구조변경은 할 수 없다(건설기계관리법 시행규칙 제42조).

26. 교류발전기의 특징이 아닌 것은?

① 전류조정기만 있다.
② 저속 회전시 충전이 양호하다.
③ 경량이고, 출력이 크다.
④ 브러시의 수명이 길다.

해설 교류발전기 조정기에는 다이오드가 사용되므로 컷아웃 릴레이가 필요 없고, 발전기 자체가 전류를 제한하므로 전압조정기만 있으면 된다.

27. 기중기의 드래그 라인에서 드래그 로프를 드럼에 잘 감기도록 안내하는 것은?

① 시브
② 태그라인 와인더
③ 새들 블록
④ 페어리드

해설 페어리드는 드래그 로프가 드럼에 잘 감기도록 안내해 주는 장치이다.

28. 도로의 상태가 폭설로 가시거리 100m 이내인 경우 최고속도의 몇 %를 감속해야 하는가?

① 70%
② 50%
③ 30%
④ 20%

해설 최고속도의 50/100 감속
• 폭우 · 폭설 · 안개 등으로 가시거리가 100m 이내인 경우
• 노면이 얼어붙은 경우
• 눈이 20mm 이상 쌓인 경우

29. 연료의 구비 조건으로 틀린 것은?

① 발열량이 클 것
② 착화성이 좋을 것
③ 연소속도가 빠를 것
④ 온도 변화에 따른 점도 변화가 클 것

해설 디젤기관에서 사용하는 연료 경유의 구비 조건
• 카본 발생이 적을 것
• 황(S)의 함유량이 적을 것
• 세탄가가 높을 것
• 적당한 점도를 지니며, 온도 변화에 따른 점도 변화가 적을 것
• 고형 미립물이나 유해 성분을 함유하지 않을 것

30. 유압탱크의 구비조건과 가장 거리가 먼 것은?

① 드레인(배출밸브) 및 유면계를 설치한다.
② 적당한 크기의 주유구 및 스트레이너를 설치한다.
③ 오일에 이물질이 혼입되지 않도록 밀폐되어야 한다.
④ 오일 냉각을 위한 쿨러를 설치한다.

해설 유압탱크는 적정 유량을 저장하고 적정 유온을 유지하며 작동유의 기포 발생 방지 및 제거의 역할을 한다. 주유구와 스트레이너, 유면계가 설치되어 있어 유량을 점검할 수 있다. 유압탱크는 이물질 혼입이 일어나지 않도록 밀폐되어 있어야 한다. 오일냉각기는 독립적으로 설치한다.

정답 20.④ 21.② 22.③ 23.② 24.② 25.③ 26.① 27.④ 28.② 29.④ 30.④

건설기계 운전기능사

31 다음 중 엔진의 출력을 구동 바퀴에 전달하는 장치는?

① 조향 장치
② 현가 장치
③ 동력 전달 장치
④ 냉각 장치

✎해설 동력 전달 장치는 보통 엔진 → 클러치 → 변속기 → 추진축(앞 엔진, 뒷바퀴 구동의 경우) → 종감속 장치 및 차동 기어 장치 → 차축 → 구동 바퀴의 순서로 전달된다.

32 다음 중 금속 화재의 소화재로서 가장 적합한 것은?

① 물
② 건조사
③ 분말 소화기
④ 포말 소화기

✎해설 마그네슘, 티타늄, 나트륨, 칼륨 등의 가연성 금속 화재에 대한 소화 방법은 건조사를 이용한 질식효과로 소화를 해야 한다.

★★
33 기계식 격자형 붐이 뒤로 넘어가는 것을 방지하지 위해 설치한 안전장치는?

① 붐 기복 정지장치
② 과권 방지장치
③ 과부하 방지장치
④ 전도 방지장치

34 펌프에서 보내온 고압의 연료를 미세한 안개 모양으로 연소실 내에 분사하는 장치는?

① 연료 분사펌프
② 분사노즐
③ 조속기
④ 연료 공급펌프

✎해설 • 연료 분사펌프 : 공급받은 연료를 고압으로 압축하여 분사노즐로 압송하는 장치
• 조속기 : 분사량을 조절하는 것으로 최고 회전속도를 제어하고 저속운전을 안정시키는 장치
• 연료 공급펌프 : 연료탱크의 연료를 분사펌프 저압부까지 공급하는 장치

★
35 건설기계 등록번호표에 대한 설명으로 옳지 않은 것은?

① 등록번호표의 두께는 1mm이다.
② 가로, 세로의 규격은 종류에 따라 다르다.
③ 재질은 알루미늄 제판이다.
④ 표시되는 모든 문자 및 외곽선은 1.5mm 튀어나와야 한다

✎해설 건설기계 등록번호표의 규격은 가로520mm ×세로110mm×두께1mm의 1종류이다(건설기계관리법 시행규칙 별표2).

36 유압장치의 일상점검과 거리가 먼 것은?

① 오일의 양 점검
② 오일탱크 내부 점검
③ 오일 변질 상태 점검
④ 오일의 누유 여부 점검

✎해설 오일탱크 내부의 점검은 일상점검보다는 반기나 연간 단위로 정하여 정기점검하는 것이 적절하다.

37 기중기 양중작업 계획 시 점검해야 할 현장의 환경사항이 아닌 것은?

① 장비 조립 및 설치 장소
② 카운터 웨이크의 중량
③ 작업장 주변의 장애물 유무
④ 크레인의 현장 반입성 및 반출성

38 시동전동기에서 전기자 철심을 여러 층으로 겹쳐서 만드는 이유는?

① 자력선 감소
② 소형 경량화
③ 맴돌이 전류 감소
④ 온도 상승 촉진

✎해설 전기자 철심은 자력선을 원활하게 통과시키고 맴돌이 전류를 감소시키기 위해 0.35~1.00mm의 얇은 철판을 각각 절연하여 겹쳐 만들었다.

★★
39 다음 중 과권방지장치의 설치 위치로 맞는 것은?

① 메인윈치와 붐 끝단 시브 사이
② 붐 끝단 시브와 훅 블록사이
③ 붐 하부 푸트핀과 상부 선회체 사이
④ 겐드리 시브와 붐 끝단 시브 사이

✎해설 과권방지장치는 와이어로프를 많이 감아 인양물이나 훅 블록이 붐의 끝단 시브와 충돌하는 것을 방지하기 위해 설치하는 안전장치이다.

40 고압전기 작업에서 감전 방지를 위한 안전장갑으로 적절한 것은?

① 면으로 된 장갑
② 고무로 된 장갑
③ 무명으로 된 장갑
④ 화학섬유로 된 장갑

✎해설 고무로 만들어진 장갑은 전기가 잘 통하지 않는 절연체라서 감전사고를 예방할 수 있다.

41 다음 중 습식 에어클리너에 대한 설명으로 틀린 것은?

① 청정효율은 공기량이 증가할수록 높아진다.
② 흡입공기는 오일로 적셔진 여과망을 통과시켜서 여과한다.
③ 공기청정기 케이스 밑에는 일정한 양의 오일이 들어 있다.
④ 공기청정기는 일정기간 사용 후 무조건 신품으로 교환한다.

✎해설 습식 공기청정기는 세척유로 세척하여 사용한다.

★
42 다음 중 어큐뮬레이터의 기능이 아닌 것은?

① 압력 보상
② 맥동 감쇄
③ 유량 분배 및 제어
④ 에너지 축적

✎해설 어큐뮬레이터(축압기)의 기능
• 유압회로 보호
• 체적 변화 보상
• 충격 압력 흡수 및 일정 압력 유지

정답 31. ③ 32. ② 33. ④ 34. ② 35. ② 36. ② 37. ② 38. ③ 39. ② 40. ② 41. ④ 42. ③

43. 기중기를 트레일러에 상차하는 방법으로 가장 거리가 먼 것은?

① 붐은 분리시킨다.
② **최대한 무거운 카운터 웨이트를 부착하여 상차한다.**
③ 아우트리거는 완전하게 넣은 후 상차한다.
④ 흔들려 전도되지 않도록 고정시킨다.

해설 트레일러에 상차할 때는 무게 중심을 고려해 적당한 무게를 부착하도록 한다. 카운터 웨이트는 크레인이나 지게차 등에 하중을 상부로 올렸을 때 전도되는 것을 방지하고 안정적으로 유지하기 위해 사용하는 것이다.

44. 와이어로프의 보관에 관한 내용으로 틀린 것은?

① 지면에 닿지 않게 20~30cm 정도 파렛트 등으로 받쳐 놓는다.
② **습기가 많고 서늘한 지하 창고에 보관한다.**
③ 염류, 산류, 아황산가스 등의 저장소와는 거리를 이격시킨다.
④ 먼지나 토사를 털어낸 후 그리스를 도포하여 보관한다.

해설 와이어로프는 건조한 실내에 보관하거나 지붕이 있고 통풍이 잘되는 곳에 보관해야 한다. 직사광선 및 수분과의 직접적인 접촉은 피하도록 해야 한다.

45. 연소에 필요한 공기를 실린더로 흡입할 때 공기 중에 포함되어 있는 먼지, 불순물을 여과하는 습식·건식의 장치는?

① 과급기　　② 라디에이터
③ **공기청정기**　　④ 냉각장치

해설 공기청정기(에어 클리너)의 역할
- 실린더에 흡입되는 공기를 여과하고 소음을 방지하며 역화 시의 불길 저지
- 실린더와 피스톤의 마멸 및 오일의 오염과 베어링의 소손 방지

46. 건설기계 조종수의 장비정검을 위한 공구 사용 방법으로 옳지 않은 것은?

① 드라이버는 날 끝이 홈의 폭과 길이에 맞는 것을 사용한다.
② 렌치는 몸 쪽으로 당기면서 볼트, 너트를 풀거나 조인다.
③ 스패너는 볼트, 너트 두부에 잘 맞는 것을 사용한다.
④ **스패너 작업 시에는 밀어서 힘이 작용하도록 한다.**

해설 스패너로 죄고 풀 때는 항상 앞으로 당겨서 작업을 하도록 해야 한다.

47. 와이어로프를 클립을 이용하여 결속하는 방법으로 옳지 않은 것은?

① **클립의 새들(Saddle)은 로프의 힘이 걸리는 반대쪽에 있어야 한다.**
② 안전을 위하여 가끔 작업 중에 조여 주도록 한다.
③ 가능한 팀블(Thimble)를 부착한다.
④ 로프에 하중을 걸기 전과 건 후에 단단하게 체결을 한다.

해설 클립의 새들(Saddle)은 로프의 힘이 걸리는 쪽에 있어야 한다.

48. 유압기기의 누유 부분에 대한 누설을 방지하기 위한 패킹으로 분류가 다른 하나는?

① L-형　　② V-형
③ **O-링**　　④ U-형

해설 립 패킹은 립에 탄성을 갖게 하고, 유압 자체에 의하여 실압을 발생시켜 누설 방지기능을 발휘시킨 것으로 주로 왕복 운동이나 저속 회전용에도 사용되며 종류로 L 패킹, V 패킹, U 패킹 등이 있다. 스퀴즈 패킹은 패킹 홈에 처음부터 20~10% 정도의 스퀴즈를 주어 놓고 밀봉하는 방식으로 O-링이 대표적이다.

49. 기중기의 주행 중 유의사항으로 틀린 것은?

① 주행할 때는 반드시 선회 로크를 고정시킨다.
② **언덕길을 오를 때는 붐을 가능한 세운다.**
③ 고압선 아래를 통과할 때는 충분한 간격을 두고 신호자의 지시에 따른다.
④ 주차할 경우 반드시 반드시 주차 브레이크를 걸어 둔다.

해설 언덕길을 오를 때에는 차체의 기울어짐에 의한 전복 사고를 막기 위해 붐을 내려 무게중심을 최대한 낮추어야 한다. 붐을 세우면 무게중심이 높아져 안정성이 떨어지게 된다.

50. 기중기에서 와이어로프 교환 시기를 결정하는 기준으로 부적합한 것은?

① 킹크된 것
② 현저하게 변형되거나 부식된 것
③ 공칭 직경이 7% 이상 감소된 것
④ **전체 소선수의 25% 이상이 단선된 것**

해설 기중기에서 와이어로프 교환 시기를 결정하는 기준
- 킹크된 것
- 현저하게 변형되거나 부식된 것
- 공칭 직경이 7% 이상 감소된 것
- 한 선의 소선이 10% 이상 절단된 것

51. 감압(리듀싱)밸브에 대한 설명으로 거리가 먼 것은?

① 유압장치에서 회로 일부의 압력을 릴리프 밸브의 설정압력 이하로 하고 싶을 때 사용한다.
② 입구의 주회로에서 출구의 감압회로로 유압유가 흐른다.
③ 출구의 압력이 감압 밸브의 설정압력보다 높아지면 밸브가 작동하여 유로를 닫는다.
④ **상시 폐쇄 상태로 되어 있다.**

해설 감압(리듀싱)밸브는 평소에 열려있는 상시 개방 상태로 있다가 압력이 높아지면 압력을 낮추는 역할을 하는 밸브이다.

52. 중량물을 들어 올리거나 내릴 때 손이나 발이 중량물과 지면 등에 끼어 발생하는 재해는?

① 전도　　② 충돌
③ **협착**　　④ 낙하

해설
① 전도 : 사람이나 장비가 넘어지는 경우
② 충돌 : 사람이나 장비가 정지한 물체에 부딪히는 경우
④ 낙하 : 떨어지는 물체에 맞는 경우

정답 43.② 44.② 45.③ 46.④ 47.① 48.③ 49.② 50.④ 51.④ 52.③

건설기계 운전기능사

2023년 **기중기** 기출분석문제

53 건설기계 운전 중 점검해야 할 사항이 아닌 것은?

① 엔진 오일량
② 충전 상태
③ 엔진 온도
④ 냉각수의 온도

✏️해설 엔진 오일량은 운전 전.후의 일상점검 사항으로 시동을 끈 상태에서 깨끗하게 닦은 오일스틱을 오일 통에 꽂았다가 다시 꺼냈을 때, 스틱 지시선에 묻은 엔진오일의 잔여량을 확인할 수 있다.

54 건설기계의 조종 중 고의로 경상 2명의 인명피해를 입힌 자에 대한 처분기준은?

① 면허효력정지 60일
② 면허효력정지 15일
③ 면허취소
④ 면허효력정지 30일

✏️해설 건설기계 조종 중 고의로 인명피해(사망, 중상, 경상 등을 말함)를 입힌 경우에는 면허취소의 처분이 내려진다.

★★★
55 줄걸이 인양 작업과 관련한 내용으로 옳지 않은 것은?

① 중심 위치를 고려하고 매다는 각도는 90°로 한다.
② 하중이 훅크에 잘 걸렸는지 확인 후 작업한다.
③ 인양 물체를 서서히 올려 지상 약 30cm지점에서 정지하여 확인한다.
④ 신호자는 운전자가 잘 볼 수 있는 안전한 위치에서 행한다.

✏️해설 줄걸이 작업 시 인양 각도는 60° 이내여야 한다. 인양 각도에 따른 장력 계수는 0°일 때 1.00, 30°일 때 1.04, 60°일 때 1.16, 90°일 때 1.41, 120°일 때 2.00 이다.

56 방향제어밸브에 대한 설명으로 옳지 않은 것은?

① 유체의 흐름 방향을 변환한다.
② 유체의 흐름 방향을 한쪽으로만 허용한다.
③ 유압실린더나 유압모터의 작동 방향을 바꾸는데 사용된다.
④ 액추에이터의 속도를 제어한다.

✏️해설 방향제어밸브는 액추에이터가 하는 일의 방향을 변화·정지시키는 제어밸브이다.

57 직권전동기, 분권전동기, 복권전동기 등의 종류로 계자 철심이 들어있는 것은?

① 조속기
② 시동전동기
③ 자동 변속기
④ 축전지

✏️해설 시동전동기는 엔진 시동을 위해 엔진을 크랭킹하기 위한 전기식 모터를 말한다.

★★
58 다음 도로명판에 대한 설명으로 옳지 않은 것은?

> 1 ← 50   **종로23번길**

① 종로는 총 500m이다.
② 종로 시작점 부근에 설치된다.
③ 종로 종료지점에 설치된다.
④ 종로 시작점에서 230m에 분기된 도로이다.

✏️해설 제시된 도로명판은 종로 종료지점에 설치된다.

59 기중기에서 와이어로프의 간이점검 시 폐기 기준과 가장 거리가 먼 것은?

① 강선의 굵기 확인
② 스트랜드의 이탈
③ 킹크의 발생
④ 압착 및 부풀림 현상

✏️해설 와이어로프 간이점검에서 폐기 기준이 되는 항목으로 ② ③ ④ 이외에 심강의 불거짐 등이 있다. 강선의 굵기 확인과는 관계가 없다.

★★★
60 다음 유압 기호에 대한 내용으로 맞는 것은?

① 정용량형 유압모터
② 가변용량형 유압펌프
③ 어큐뮬레이터
④ 유량조절밸브

✏️해설 ① ③ ④

53. ① 54. ③ 55. ① 56. ④ 57. ② 58. ② 59. ① 60. ②

90

2022 로더 기출분석문제

01 로더의 버킷에 토사를 적재한 후 이동할 때 지면과 가장 적당한 간격은?
① 장애물의 식별을 위해 지면으로부터 약 2m 높게 하여 이동한다.
② 화물을 적재하고 후진할 때는 다른 물체와 접촉을 방지하기 위해 약 3m 높이로 이동한다.
③ 작업 시간을 고려하여 항상 트럭적재함 높이만큼 위치하고 이동한다.
④ **안전성을 고려해 지면으로부터 약 60~90cm에 위치하고 이동한다.**

해설 로더의 버킷에 토사를 적재한 후 이동할 때 지면과 너무 가까우면 장애물에 걸릴 수 있는 위험성이 많다. 가장 적당한 지면과의 간격은 60~90cm이다.

02 로더의 작업 중 점검사항으로 옳지 않은 것은?
① 계기류의 작동 상태를 점검한다.
② 엔진의 배기색깔과 이상 소리를 점검한다.
③ **방향지시등과 제동등의 작동 상태를 점검한다.**
④ 페달과 레버의 작동 여부를 점검한다.

해설 방향지시등과 제동등의 작동 상태 여부는 작업 전에 점검해야 한다.

03 타이어식 로더가 트럭에 적재할 때 덤핑 클리어런스를 올바르게 설명한 것은?
① 덤핑 클리어런스가 있으면 안 된다.
② 후진 시 덤핑 클리어런스가 필요한 것이다.
③ **덤핑 클리어런스는 적재함보다 높아야 한다.**
④ 무조건 낮은 것이 좋다.

해설 덤핑 클리어런스는 버킷을 상승시켰을 때 버킷 투스 하단과 지면과의 거리를 말한다. 덤핑 클리어런스는 트럭 적재함보다 높아야 적재작업을 할 수 있다.

04 하부 구동체(under carriage)에서 장비의 중량을 지탱하고 완충작용을 하며 대각지주가 설치된 것은?
① 트랙
② 상부 롤러
③ 하부 롤러
④ **트랙 프레임**

해설 트랙 프레임은 위에는 상부 롤러, 아래에는 하부 롤러, 앞에는 유동륜을 설치한다.

05 타이어식 로더의 앞 타이어를 손쉽게 교환할 수 있는 방법은?
① 뒤 타이어를 빼고 장비를 기울여서 교환한다.
② 버킷을 들고 작업을 한다.
③ 잭으로만 고인다.
④ **버킷을 이용하여 차체를 들고 잭을 고인다.**

해설 타이어식 로더의 앞 타이어는 버킷을 이용하여 차체를 들고 잭을 고이는 방법으로 손쉽게 교환할 수 있다.

06 디젤기관에서 냉각수의 온도에 따라 냉각수 통로를 개폐하는 수온조절기가 설치되는 곳으로 적당한 곳은?
① 라디에이터 상부
② 라디에이터 하부
③ 실린더 블록 물재킷 입구부
④ **실린더 헤드 물재킷 출구부**

해설 수온조절기는 실린더 헤드 물재킷 출구 부분에 설치되어 냉각수 온도에 따라 냉각수 통로를 개폐하여 기관의 온도를 알맞게 유지한다.

07 토크컨버터의 구성품이 아닌 것은?
① 펌프
② 터빈
③ 스테이터
④ **플라이휠**

해설 토크컨버터는 유체클러치보다 회전력의 변화를 크게 한 것이다. 토크컨버터의 3대 구성요소는 펌프, 터빈, 스테이터이다.

08 기관에서 크랭크축의 역할은?
① 원활한 직선운동을 하는 장치이다.
② 기관의 진동을 줄이는 장치이다.
③ **직선운동을 회전운동으로 변환시키는 장치이다.**
④ 상하운동을 좌우운동으로 변환시키는 장치이다.

해설 크랭크축은 폭발행정에서 얻은 피스톤의 동력을 회전운동으로 바꿔 기관의 출력을 외부로 전달하고, 동시에 흡입·압축·배기행정에서는 피스톤에 운동을 전달하는 회전축이다.

09 디젤 연료장치에서 공기를 뺄 수 있는 부분이 아닌 것은?
① 노즐 상단의 피팅 부분
② 분사펌프의 에어브리드 스크루
③ 연료 여과기의 벤트 플러그
④ **연료탱크의 드레인 플러그**

해설 연료탱크 밑면에는 드레인 플러그가 설치되어 있어 탱크 내의 이물질 및 수분을 제거할 수 있다.

정답 01.④ 02.③ 03.③ 04.④ 05.④ 06.④ 07.④ 08.③ 09.④

건설기계 운전기능사

2022년 로더 기출분석문제

10 동절기 냉각수가 빙결되어 기관이 동파되는 원인은?
① 열을 빼앗아 가기 때문
② 냉각수가 빙결되면 발전이 어렵기 때문
③ 엔진의 쇠붙이가 얼기 때문
④ 냉각수의 체적이 늘어나기 때문

✏️**해설** 냉각수가 얼게 되면 체적이 늘어나서 냉각 계통의 약한 곳이 파열된다. 따라서 동절기에도 얼지 않도록 신경 써야 한다.

11 대형건설기계의 특별표지 중 경고 표지판 부착 위치는?
① 작업인부가 쉽게 볼 수 있는 곳
② 조종실 내부의 조종사가 보기 쉬운 곳
③ 교통경찰이 쉽게 볼 수 있는 곳
④ 특별 번호판 옆

✏️**해설** 대형건설기계에는 조종실 내부의 조종사가 보기 쉬운 곳에 기준에 적합한 경고표지판을 부착하여야 한다.

12 도로에서 정차를 하고자 할 때의 방법으로 옳은 것은?
① 차체의 전단부가 도로 중앙을 향하도록 비스듬히 정차한다.
② 진행방향의 반대방향으로 정차한다.
③ 차도의 우측 가장자리에 정차한다.
④ 일방통행로에서 좌측 가장자리에 정차한다.

✏️**해설** 도로 또는 노상주차장에 정차하거나 주차하려고 하는 차의 운전자는 차를 차도의 우측 가장자리에 정차하는 등 대통령령으로 정하는 정차 또는 주차의 방법·시간과 금지사항 등을 지켜야 한다(도로교통법 제34조).

13 건설기계의 정비명령은 누구에게 하여야 하는가?
① 해당기계 운전자
② 해당기계 검사업자
③ 해당기계 정비업자
④ 해당기계 소유자

✏️**해설** 시·도지사는 검사에 불합격된 건설기계에 대해서는 31일 이내의 기간을 정하여 해당 건설기계의 소유자에게 검사를 완료한 날부터 10일 이내에 정비명령을 해야 한다(건설기계관리법 시행규칙 제31조제1항).

14 교차로 통행방법으로 틀린 것은?
① 교차로에서는 정차하지 못한다.
② 교차로에서는 다른 차를 앞지르지 못한다.
③ 좌·우회전 시에는 방향지시기 등으로 신호를 하여야 한다.
④ 교차로에서는 반드시 경음기를 울려야 한다.

✏️**해설** ① 교차로·횡단보도·건널목이나 보도와 차도가 구분된 도로의 보도에서는 차를 정차하거나 주차하여서는 아니 된다.
② 운전자는 교차로, 터널 안, 다리 위, 도로의 구부러진 곳, 비탈길의 고갯마루 부근 또는 가파른 비탈길의 내리막 등에서는 다른 차를 앞지르지 못한다.
③ 운전자는 좌회전·우회전·횡단·유턴·서행·정지 또는 후진을 하거나 같은 방향으로 진행하면서 진로를 바꾸려고 하는 경우에는 손이나 방향지시기 또는 등화로써 그 행위가 끝날 때까지 신호를 하여야 한다.

15 교통사고로서 중상의 기준에 해당하는 것은?
① 1주 이상의 치료를 요하는 부상
② 2주 이상의 치료를 요하는 부상
③ 3주 이상의 치료를 요하는 부상
④ 4주 이상의 치료를 요하는 부상

✏️**해설** 중상은 교통사고로 인하여 3주 이상의 치료를 요하는 의사의 진단이 있는 사고이다.

16 기어펌프의 특징이 아닌 것은?
① 소형이며 구조가 간단하다.
② 피스톤펌프에 비해 흡입력이 나쁘다.
③ 피스톤펌프에 비해 수명이 짧고 진동 소음이 크다.
④ 초고압에는 사용이 곤란하다.

✏️**해설** 기어펌프의 장단점

장 점	단 점
• 구조 간단, 흡입 성능이 우수하다. • 흡입 저항이 작아 작동유 속에 기포(캐비테이션) 발생이 적다. • 고속회전이 가능하다. • 가혹한 조건에 잘 견딘다.	• 배출량 맥동이 커 소음과 진동이 크다. • 수명이 짧다. • 대용량 펌프가 힘들다. • 펌프의 회전속도가 변화하면 흐름의 용량이 바뀐다. • 플런저펌프에 비해 효율이 낮다.

17 유압모터의 회전속도가 규정속도보다 느릴 경우, 그 원인이 아닌 것은?
① 유압펌프의 오일 토출량 과다
② 각 작동부의 마모 또는 파손
③ 유압유의 유입량 부족
④ 오일의 내부 누설

✏️**해설** 유압펌프의 토출량이 부족하면 유압모터의 유압유 유입량이 부족하게 되어 회전속도가 규정보다 느리게 된다.

★★★
18 유압실린더에서 피스톤 행정이 끝날 때 발생하는 충격을 흡수하기 위해 설치하는 장치는?
① 쿠션기구
② 압력보상장치
③ 서보밸브
④ 스로틀밸브

✏️**해설** 작동하고 있는 피스톤이 그대로의 속도로 실린더 끝부분에 충돌하면 큰 충격이 전해지는데, 이를 완화시키기 위해 쿠션기구를 설치한다.

19 펌프에서 진동과 소음이 발생하고 양정과 효율이 급격히 저하되며, 날개차 등에 부식을 일으키는 등 펌프의 수명을 단축시키는 것은?
① 펌프의 비속도
② 펌프의 공동현상
③ 펌프의 채터링 현상
④ 펌프의 서징현상

✏️**해설** 공동현상은 유압회로 내에 공기가 혼입되거나 유량이 적게 들어와 압력이 크게 떨어질 때 발생한다. 공동현상이 발생하면 오일 순환 불량, 유온 상승, 용적 효율 저하, 소음·진동·부식 발생, 액추에이터의 효율 감소, 압력이 순간적으로 상승하여 기포에 충격력이 가해지고 체적이 감소한다.

정답 10.④ 11.② 12.③ 13.④ 14.④ 15.③ 16.② 17.① 18.① 19.②

20 유압장치에서 배압을 유지하는 밸브는?

① 릴리프밸브
② 카운터밸런스밸브
③ 유량제어밸브
④ 방향제어밸브

해설 카운터밸런스밸브는 윈치나 유압실린더 등의 자유낙하를 방지하기 위해 배압을 유지하는 제어밸브이다.

21 무거운 물건을 들어 올릴 때의 주의사항에 관한 설명으로 가장 적합하지 않은 것은?

① 장갑에 기름을 묻히고 든다.
② 가능한 이동식 크레인을 이용한다.
③ 힘센 사람과 약한 사람과의 균형을 잡는다.
④ 약간씩 이동하는 것은 지렛대를 이용할 수도 있다.

해설 장갑에 기름칠을 하면 물건을 들 때 미끄러질 수 있기 때문에 위험하다.

22 산업재해의 원인은 직접원인과 간접원인으로 구분되는데, 다음 직접원인 중에서 불안전한 행동에 해당하지 않는 것은?

① 허가 없이 장치를 운전
② 불충분한 경보 시스템
③ 결함 있는 장치를 사용
④ 개인 보호구 미사용

해설 불충분한 경보 시스템은 불안전 상태이다.

23 일반적으로 장갑을 끼고 작업할 경우 안전상 가장 적합하지 않은 작업은?

① 전기용접 작업
② 타이어 교체 작업
③ 건설기계운전 작업
④ 선반 등의 절삭가공 작업

해설 선반 작업, 드릴 작업, 목공기계 작업, 그라인더 작업, 해머 작업, 기타 정밀기계 작업 등은 면장갑 착용 금지작업이다.

24 중장비 공장에서 직원에게 헬멧, 작업화, 작업복을 일정하게 착용시키는 이유는?

① 직원의 복장을 통일하기 위하여
② 공장의 미관을 위하여
③ 직원의 안전을 위하여
④ 직원의 정신 통일을 위하여

25 사용 구분에 따른 차광보안경의 종류에 해당하지 않는 것은?

① 자외선용
② 적외선용
③ 용접용
④ 비산방지용

해설 사용 구분에 따른 차광보안경의 종류에는 자외선용, 적외선용, 복합용, 용접용이 있다.

26 타이어식 로더를 운전할 때 주의사항으로 맞는 것은?

① 경사지를 내려갈 때는 변속레버를 중립에 놓는다.
② 엔진 회전수는 고려하지 않아도 된다.
③ 주차 시에는 버킷을 지면에 내려놓는다.
④ 가까운 거리는 버킷에 사람을 태우고 주행해도 된다.

27 로더의 에어 컴프레셔 내의 순환오일은 무슨 오일인가?

① 기어오일
② 유압오일
③ 엔진오일
④ 밋션오일

해설 에어 컴프레셔에는 작동을 위해 윤활유 순환 시스템이 동반되어 있으며 윤활오일로 엔진오일을 순환시킨다.

28 로더 작업 시 굴삭과 적재를 동시에 할 수 있는 방법으로 적절한 것은?

① 후방 덤프형
② 백호 셔블형
③ 백사이드형
④ 투웨이형

해설 백호 셔블형은 깊은 굴삭과 적재를 함께 할 수 있는 형식으로 수도 공사나 하수도 공사에 이용한다.

29 로더로 상차 작업 대상물에 진입하는 방법 중 없는 것은?

① 좌우 옆으로 진입방법(N형)
② 직진·후진법(I형)
③ 90° 회전법(T형)
④ V형 상차법(V형)

해설 로더는 각종 토사나 자갈 및 골재 등을 퍼서 다른 곳으로 운반하거나 덤프차에 적재하는 장비이다. 상차를 위해 작업 대상물에 진입할 때는 버킷이 정면으로 정렬되어 있기 때문에 옆으로 진입하는 방법은 적절하지 않다.

30 로더로 제방이나 쌓여 있는 흙더미에서 작업할 때 버킷의 날을 지면과 어떻게 유지하는 것이 가장 좋은가?

① 20° 정도 전경 시킨 각
② 30° 정도 전경 시킨 각
③ 버킷과 지면이 수평으로 나란하게
④ 90° 직각을 이룬 전경각과 후경을 교차로

해설 로더로 흙더미에서 작업을 할 때 버킷의 날은 지면과 수평이 되도록 한다.

31 로더의 운전 전 점검사항이 아닌 것은?

① 연료 보충 여부 점검
② 작업장치 작동 여부 점검
③ 윤활유 누출 상태 점검
④ 공사 내용 숙지 여부

해설 연료의 양을 확인하여 보충하는 것은 운전 후에 해야 할 사항이다.

정답 20. ② 21. ① 22. ② 23. ④ 24. ③ 25. ④ 26. ③ 27. ③ 28. ② 29. ① 30. ③ 31. ①

32 타이어식 로더의 운전 시 주의해야 할 사항 중 틀린 것은?

① 새로 구축한 구축물 주변 부분은 연약지반이므로 주의한다.

② 경사지를 내려갈 때는 클러치를 분리하거나 변속레버를 중립에 놓는다.

③ 토양의 조건과 엔진의 회전수를 고려하여 운전한다.

④ 버킷의 움직임과 흙의 부하에 따라 변화 있게 대처하여 작업한다.

✏️**해설** 하향 주행 시 반드시 엔진 브레이크를 사용하고, 클러치로 동력을 차단하거나 변속단을 중립에 두고 운행해서는 절대 안 된다.

33 로더 작업의 종료 후 주차 시 조치사항으로 틀린 것은?

① 주차 브레이크를 작동시킨다.

② 변속기 컨트롤 레버를 중립위치에 놓는다.

③ 버킷을 지면에서 약 40cm를 유지한다.

④ 기관을 정지시키고 반드시 시동키를 뽑는다.

✏️**해설** 건설기계 작업 종료 후 버킷 등은 지면에 내려놓아야 한다.

34 로더의 굴착 작업에 대한 설명으로 틀린 것은?

① 굴착 작업 전에 지면을 평탄하게 만든다.

② 굴착 작업은 무한궤도형 로더가 더 유리하다.

③ 굴착 시 버킷의 날은 지면과 직각을 유지한다.

④ 지면이 단단할 경우 버킷에 투스를 부착하여 작업한다.

✏️**해설** 굴착 작업 시에는 버킷의 날과 지면이 수평이 되도록 유지해야 한다.

35 로더장비에서 자동 변속기가 동력전달을 하지 못한다면 그 원인으로 가장 적합한 것은?

① 연속하여 덤프트럭에 토사 상차작업을 하였다.

② 다판 클러치가 마모되었다.

③ 오일의 압력이 과대하다.

④ 오일이 규정량 이상이다.

✏️**해설** 다판 클러치는 한쪽의 회전 부분과 다른 한쪽의 회전 부분을 연결하거나 차단하는 작용을 한다.

36 무한궤도형 로더의 주행 방법으로 옳지 않은 것은?

① 가능하면 평탄한 길을 택하여 주행한다.

② 요철이 심한 곳은 서행으로 통과한다.

③ 무르고 연약한 땅에서는 천천히 주행해 안전을 유지한다.

④ 버킷에 적재 후 주행할 때는 버킷을 지면에서 약 60cm 위치한다.

✏️**해설** 무르고 연약한 땅을 피해서 주행하도록 한다.

37 디젤기관의 피스톤링이 마멸되었을 때 발생되는 현상은?

① 엔진 오일의 소모가 증대된다.

② 폭발 압력의 증가 원인이 된다.

③ 피스톤의 평균 속도가 상승한다.

④ 압축비가 높아진다.

✏️**해설** 실린더 벽이나 피스톤링의 마모, 피스톤과 실린더 사이의 간극이 클 때에는 실린더 벽과 피스톤링의 틈을 통해 엔진오일이 연소실 내부로 유입되어 연소된다.

38 유압식 브레이크장치에서 제동 페달이 리턴 되지 않는 원인에 해당되는 것은?

① 진공 체크밸브 불량

② 파이프 내의 공기의 침입

③ 브레이크 오일 점도가 낮기 때문

④ 마스터 실린더의 리턴 구멍 막힘

✏️**해설** 브레이크 페달을 떼면 파이프 내 유압과 피스톤 리턴 스프링의 장력이 평형이 될 때까지만 오일이 마스터 실린더로 복귀하도록 하여 회로 내 잔압을 유지해 준다.

39 압력식 라디에이터 캡의 사용에 주된 목적은?

① 엔진의 빙결을 방지한다.

② 냉각효과를 높인다.

③ 냉각수의 비점을 높인다.

④ 냉각수의 누수를 방지한다.

✏️**해설** 라디에이터 캡은 냉각장치 내의 비등점을 높이고 냉각 범위를 넓히기 위해 압력식 캡을 사용한다.

40 작업 중 엔진온도가 급상승하였을 때 가장 먼저 점검하여야 할 것은?

① 윤활유 점도지수   ② 크랭크축 베어링 상태

③ 부동액 점도   ④ 냉각수의 양

✏️**해설** 기관이 과열하는 원인은 주로 냉각장치에 이상이 생겼을 때이다. 냉각수가 부족하거나 제대로 순환되지 못하는 경우 엔진을 냉각하는 역할을 제대로 할 수 없게 되므로 가장 먼저 점검해 보아야 한다.

41 디젤엔진에 사용되는 과급기가 하는 역할로 가장 적합한 것은?

① 출력의 증대   ② 윤활성의 증대

③ 냉각효율의 증대   ④ 배기의 정화

✏️**해설** 과급기는 흡기다기관을 통해 신선한 공기가 각 실린더의 흡입밸브가 열릴 때마다 다량으로 들어갈 수 있도록 해주는 장치로, 실린더의 흡입 효율이 증대되어 출력을 증대시켜 준다.

정답 32. ②   33. ③   34. ③   35. ②   36. ③   37. ①   38. ④   39. ③   40. ④   41. ①

42 교류발전기의 다이오드가 하는 역할은?
① 전류를 조정하고 교류를 정류한다.
② 전압을 조정하고 교류를 정류한다.
③ 교류를 정류하고 역류를 방지한다.
④ 여자전류를 조정하고 역류를 방지한다.

해설 교류발전기는 실리콘 다이오드를 정류기로 사용하고, 축전지에서 발전기로 전류가 역류하는 것을 방지한다.

43 클러치가 연결된 상태에서 기어변속을 하면 일어나는 현상은?
① 기어에서 소리가 나고 기어가 상한다.
② 변속레버가 마모된다.
③ 클러치 디스크가 마멸된다.
④ 변속이 원활하다.

해설 클러치가 연결된 상태에서 기어변속을 하게 되면 본래 기관에 소리가 나고, 맞물려 돌아가는 기어를 무리하게 바꾸게 되므로 기어가 상하게 된다.

44 습식 공기청정기에 대한 설명이 아닌 것은?
① 청정효율은 공기량이 증가할수록 높아지며, 회전속도가 빠르면 효율이 좋아진다.
② 흡입공기는 오일로 적셔진 여과망을 통과시켜 여과시킨다.
③ 공기청정기 케이스 밑에는 일정한 양의 오일이 들어 있다.
④ 공기청정기는 일정기간 사용 후 무조건 신품으로 교환해야 한다.

해설 습식 공기청정기는 세척유로 세척하여 사용한다.

45 유체클러치에서 가이드 링의 역할은?
① 유체클러치의 와류를 증가시킨다.
② 유체클러치의 유격을 조정한다.
③ 유체클러치의 와류를 감소시킨다.
④ 유체클러치의 마찰을 증대시킨다.

해설 유체클러치는 크랭크축에 펌프 임펠러를 변속기 입력축에 터빈 러너를 설치하며, 오일의 맴돌이 흐름(와류)을 방지하기 위하여 가이드 링을 두고 있다.

46 기관 시동 시 전류의 흐름으로 옳은 것은?
① 축전지 → 전기자 코일 → 정류자 → 브러시 → 계자 코일
② 축전지 → 계자 코일 → 브러시 → 정류자 → 전기자 코일
③ 축전지 → 전기자 코일 → 브러시 → 정류자 → 계자 코일
④ 축전지 → 계자 코일 → 정류자 → 브러시 → 전기자 코일

해설 기관 시동 시 전류의 흐름 : 축전지 → 계자 코일 → 브러시 → 정류자 → 전기자 코일

47 도로교통법령에 따라 도로를 통행하는 자동차가 야간에 켜야 하는 등화의 구분 중 견인되는 차가 켜야 할 등화는?
① 전조등, 차폭등, 미등
② 미등, 차폭등, 번호등
③ 전조등, 미등, 번호등
④ 전조등, 미등

해설 밤에 도로에서 차를 운행하는 경우 견인되는 차는 미등·차폭등 및 번호등을 켜야 한다(도로교통법 시행령 제19조).

48 신호등이 없는 교차로에 좌회전하려는 버스와 그 교차로에 진입하여 직진하고 있는 건설기계가 있을 때 어느 차가 우선권이 있는가?
① 직진하고 있는 건설기계가 우선
② 좌회전하려는 버스가 우선
③ 사람이 많이 탄 차가 우선
④ 형편에 따라서 우선순위가 정해짐

해설 교통정리를 하고 있지 아니하는 교차로에서 좌회전하려고 하는 차의 운전자는 그 교차로에서 직진하거나 우회전하려는 다른 차가 있을 때에는 그 차에 진로를 양보하여야 한다(도로교통법 제26조제4항).

49 건설기계의 등록이 말소된 경우 등록번호표를 시·도지사에게 며칠 이내에 반납하여야 하는가?
① 5일
② 10일
③ 20일
④ 30일

해설 등록된 건설기계의 소유자는 건설기계의 등록이 말소된 경우에는 10일 이내에 등록번호표의 봉인을 떼어낸 후 그 등록번호표를 국토교통부령으로 정하는 바에 따라 시·도지사에게 반납하여야 한다(건설기계관리법 제9조).

50 교통사고가 발생하였을 때 운전자가 가장 먼저 취해야 할 조치로 적절한 것은?
① 즉시 보험회사에 신고한다.
② 모범운전자에게 신고한다.
③ 즉시 피해자 가족에게 알린다.
④ 즉시 사상자를 구호하고 경찰에 연락한다.

해설 교통사고가 발생한 경우 운전자는 즉시 정차하여 사상자를 구호하는 등 필요한 조치를 하여야 하고 피해자에게 인적 사항(성명, 전화번호, 주소 등)을 제공하고, 경찰공무원이 현장에 있을 때에는 그 경찰공무원에게, 경찰공무원이 현장에 없을 때에는 가장 가까운 국가경찰관서(지구대, 파출소 및 출장소를 포함)에 지체 없이 신고하여야 한다(도로교통법 제54조).

51 다음 유압기호가 나타내는 것은?
① 릴리프밸브
② 감압밸브
③ 순차밸브
④ 무부하밸브

해설 ① 릴리프밸브 ② 감압밸브

건설기계 운전기능사

2022년 **로더** 기출분석문제

52 유압탱크의 주요 구성요소가 아닌 것은?

① 유면계
② 주유구
③ 유압계
④ 격판(배플)

해설 오일탱크의 부속장치는 주입구 캡, 급유구, 유면계, 드레인 플러그, 공기청정기, 복귀관로, 격판(배플), 스트레이너, 흡입관로 등이 있다.

53 유압유의 압력이 상승하지 않을 때의 원인을 점검하는 것으로 가장 거리가 먼 것은?

① 펌프의 토출량 점검
② 유압회로의 누유상태 점검
③ 릴리프밸브의 작동상태 점검
④ 펌프 설치 고정 볼트의 강도 점검

해설 유압유의 압력이 상승하지 않는다는 것은 유압회로 내에서의 흐름이 원활하지 않다는 의미이다. 각종 밸브나 펌프의 작동 상황 등 흐름을 방해할 원인을 점검하는 데 주안점을 두어야 한다.

54 유압장치의 취급 방법 중 가장 옳지 않은 것은?

① 가동 중 이상음이 발생되면 즉시 작업을 중지한다.
② 종류가 다른 오일이라도 부족하면 보충할 수 있다.
③ 추운 날씨에는 충분한 준비 운전 후 작업한다.
④ 오일양이 부족하지 않도록 점검 보충한다.

해설 종류가 다른 오일을 섞으면 열화현상이 발생할 수 있다.

55 2개 이상의 분기회로를 갖는 회로 내에서 작동순서를 회로의 압력 등에 의하여 제어하는 밸브는?

① 체크밸브(check valve)
② 시퀀스밸브(sequence valve)
③ 한계밸브(limit valve)
④ 서보밸브(servo valve)

해설 시퀀스밸브는 2개 이상의 분기회로가 있는 회로에서 작동순서를 회로의 압력 등으로 제어하는 밸브이다.

★★
56 자체중량에 의한 자유낙하 등을 방지하기 위하여 회로에 배압을 유지하는 밸브는?

① 감압밸브
② 체크밸브
③ 릴리프밸브
④ 카운터밸런스밸브

해설 카운터밸런스밸브는 유압실린더 등이 중력에 의해 자유낙하하는 것을 방지하기 위해 배압을 유지하는 압력제어밸브이다.

57 응급구호표지의 바탕색으로 맞는 것은?

① 흰색
② 노랑
③ 주황
④ 녹색

해설 응급구호표지의 바탕은 녹색, 관련 부호 및 그림은 흰색을 사용한다.

58 무거운 물체를 인양하기 위하여 체인블록을 사용할 때 안전상 가장 적절한 것은?

① 체인이 느슨한 상태에서 급격히 잡아당기면 재해가 발생할 수 있으므로 안전을 확인할 수 있는 시간적 여유를 가지고 작업한다.
② 무조건 굵은 체인을 사용하여야 한다.
③ 내릴 때는 하중 부담을 줄이기 위해 최대한 빠른 속도로 실시한다.
④ 이동 시는 무조건 최단거리 코스로 빠른 시간 내에 이동시켜야 한다.

해설 체인 자체에도 하중이 있으므로 걸리는 물체의 하중을 고려하여 적당한 것을 골라야 한다. 내릴 때는 속도를 천천히 하여 물체에 충격을 주지 않아야 하며 이동할 때는 안전을 고려해야 하므로 무조건 최단거리로 이동하는 것은 옳지 않다.

59 다음 중 전기설비 화재 시 가장 적합하지 않은 소화기는?

① 포말 소화기
② 이산화탄소 소화기
③ 무상강화액 소화기
④ 할로겐화합물 소화기

해설 포말 소화기는 종이, 목재, 유류화재의 소화에 적합하다.

★★★
60 다음 중 안전 · 보건표지의 구분에 해당하지 않는 것은?

① 금지표지
② 성능표지
③ 지시표지
④ 안내표지

해설 안전 · 보건표지의 종류는 금지표지, 경고표지, 지시표지, 안내표지이다.

정답 52. ③ 53. ④ 54. ② 55. ② 56. ④ 57. ④ 58. ① 59. ① 60. ②

2022 불도저 기출분석문제

01 크랭크축 베어링의 바깥둘레와 하우징 둘레와의 차이인 크러시를 두는 이유는?

① 안쪽으로 찌그러지는 것을 방지한다.
② 조립할 때 캡에 베어링이 끼워져 있도록 한다.
③ 조립할 때 베어링이 제자리에 밀착되도록 한다.
④ 볼트로 압착시켜 베어링 면의 열전도율을 높여준다.

해설 베어링을 하우징과 완전 밀착시켰을 때 베어링 바깥 둘레가 하우징 안쪽 둘레보다 약간 큰데, 이 차이를 크러시라고 한다. 볼트로 압착시키면 차이는 없어지며 베어링 면의 열전도율을 높여준다.

02 ★★★ 디젤기관의 과급기에 대한 설명으로 틀린 것은?

① 흡입 공기에 압력을 가해 기관에 공기를 공급한다.
② 체적효율을 높이기 위해 인터쿨러를 사용한다.
③ 배기 터빈과급기는 주로 원심식이 가장 많이 사용된다.
④ 과급기를 설치하면 엔진 중량과 출력이 감소된다.

해설 터보차저(과급기)를 설치하면 기관의 무게는 1~15% 늘어나고 출력은 35~45% 정도 증가한다.

03 건설기계기관에 있는 팬벨트의 장력이 약할 때 생기는 현상으로 맞는 것은?

① 발전기 출력이 저하될 수 있다.
② 물펌프 베어링이 조기에 손상된다.
③ 엔진이 과냉된다.
④ 엔진이 부조를 일으킨다.

해설 팬벨트 장력이 너무 약해 물펌프 풀리와 발전기 풀리를 제대로 돌려주지 못하면 발전기 출력이 저하되거나 냉각수 순환이 불량하게 된다.

04 건설기계에서 변속기의 구비조건으로 가장 적합한 것은?

① 대형이고 고장이 없어야 한다.
② 조작이 쉬우므로 신속할 필요는 없다.
③ 연속적 변속에는 단계가 있어야 한다.
④ 전달 효율이 좋아야 한다.

해설 변속기의 구비조건
- 소형, 경량이고 조작이 쉬울 것
- 신속, 정확, 정숙하게 작동할 것
- 단계 없이 연속적으로 변속될 것
- 전달 효율이 좋고 수리하기 쉬울 것

05 무한궤도식 건설기계에서 균형스프링 형식으로 틀린 것은?

① 플랜지 형
② 빔 형
③ 스프링 형
④ 평 형

06 교류 발전기에서 회전체에 해당하는 것은?

① 스테이터
② 브러시
③ 엔드프레임
④ 로터

해설 교류 발전기는 스테이터, 로터, 브러시, 정류기 등으로 구성되어 있다. 로터는 회전자를 말하는 것으로 브러시를 통하여 여자 전류를 받아서 자속을 형성한다.

07 기계식 변속기의 클러치에서 릴리스 베어링과 릴리스 레버가 분리되어 있을 때 맞는 것은?

① 클러치가 연결되어 있을 때
② 클러치가 연결 또는 분리될 때
③ 클러치가 분리되어 있을 때
④ 접촉하면 안 되는 것으로 클러치가 분리되고 있을 때

해설 클러치는 기관의 동력을 차단하거나 연결하는 역할을 한다. 릴리스 베어링과 릴리스 레버가 분리되어 있다는 것은 클러치 페달의 유격이 유지되고 있다는 말이 되므로 클러치가 연결되어 있는 상태이다.

08 무한궤도식 건설기계에서 트랙의 구성품으로 맞는 것은?

① 핀, 부싱, 롤러, 링크
② 슈, 링크, 부싱, 니플
③ 핀, 부싱, 링크, 슈
④ 슈, 링크, 니플, 롤러

해설 트랙(크롤러, 무한궤도)은 링크(link), 부싱(bushing), 핀(pin), 슈(shoe) 등으로 구성된다.

09 ★★★ 타이어식 건설기계장비에서 조향핸들의 조작을 가볍고 원활하게 하는 방법과 가장 거리가 먼 것은?

① 동력조향을 사용한다.
② 바퀴의 정렬을 정확히 한다.
③ 타이어의 공기압을 적정압으로 한다.
④ 종감속 장치를 사용한다.

해설 종감속 장치는 동력 전달 계통에서 사용한다.

10 디젤기관의 예열장치에서 코일형 예열플러그와 비교한 실드형 예열플러그의 설명 중 틀린 것은?

① 발열량이 크고 열용량도 크다.
② 예열플러그들 사이의 회로는 병렬로 결선되어 있다.
③ 기계적 강도 및 가스에 의한 부식에 약하다.
④ 예열플러그 하나가 단선되어도 나머지는 작동된다.

해설 ③은 코일형 예열플러그에 대한 설명이다.

정답 01.④ 02.④ 03.① 04.④ 05.① 06.④ 07.① 08.③ 09.④ 10.③

건설기계 운전기능사

2022년 **불도저** 기출분석문제

11 전조등의 좌·우 램프 간 회로에 대한 설명으로 맞는 것은?

① 직렬 또는 병렬로 되어 있다.
② 병렬과 직렬로 되어 있다.
③ 병렬로 되어 있다.
④ 직렬로 되어 있다.

🖋해설 전조등 좌·우 램프 간 회로는 병렬로 연결되어 있다.

12 무한궤도식 건설기계 프런트 아이들러에 미치는 충격을 완화시켜 주는 완충장치로 틀린 것은?

① 코일 스프링식   ② 압축 피스톤식
③ 접지 스프링식   ④ 질소 가스식

🖋해설 무한궤도의 완충장치는 주행 중 앞쪽으로부터 프런트 아이들러와 하부 주행체에 가해지는 충격 하중을 완화하고 진동을 방지하여 작업이 안정되도록 한다. 코일 스프링식이 많이 쓰이며 접지 스프링, 질소 가스식 등이 있다.

13 도저의 주행 및 작업방법으로 틀린 것은?

① 지면 평탄 작업에 주로 사용된다.
② 고속도로 주행이 불가능한 건설기계이다.
③ 장거리 이동 시 운송수단에 실어서 이동한다.
④ 10m 정도의 단거리 작업에만 사용하는 장비이다.

🖋해설 도저는 트랙터 앞에 부속 장치인 블레이드를 설치하여 송토(흙 운반), 굴토(흙 파기), 삭토(흙 깎기) 및 확토(흙 넓히기) 작업을 수행하는 장비로 주로 단거리 작업에 이용되며, 작업 거리는 약 100m 이내가 적합하다.

14 좁은 장소에서 석탄이나 곡물 등을 긁어모을 때 효과적이며 후진할 때도 작업을 할 수 있는 도저의 작업장치는?

① 푸시 블레이드   ② 트리 블레이드
③ 트리밍 블레이드   ④ 레이크 블레이드

🖋해설 트리밍 도저는 좁은 장소에서 곡물, 설탕, 철광석, 소금 등을 내밀거나 끌어 당겨 모으는 데 효과적으로 사용된다.

15 무한궤도식 도저의 이동방법으로 잘못된 것은?

① 연약지반에서는 조향을 하지 않고 통과한다.
② 습지 통과 시에는 멈추지 말고 저속으로 통과한다.
③ 장애물 직전에는 우선 멈췄다가 아주 느린 속도로 넘는다.
④ 부정지면 통과 시에는 블레이드를 최대한 높이 들고 이동한다.

🖋해설 부정지면 통과 시에는 배토판을 낮추어 전방에 주의하며 진행한다.

16 도저의 작업장치 중 레이크 블레이드에 대한 설명으로 틀린 것은?

① 굳은 땅 파헤치기에 적합하다.
② 암석 제거의 작업에 적합하다.
③ 큰 수목 쓰러트리기에 적합하다.
④ 나무뿌리 뽑기 작업에 적합하다.

🖋해설 레이크 도저는 40~50cm 이하의 나무뿌리나 잡목을 제거하는 데 사용된다.

17 도저 리퍼 작업에 대한 내용으로 옳은 것은?

① 고속 전진으로 작업한다.
② 지면을 파헤치는 작업이다.
③ 앞·뒤 양쪽에 리퍼를 장착한다.
④ 지면을 깊게 파헤칠 때는 리퍼를 여러 개 설치한다.

🖋해설 리퍼는 도저의 뒤쪽에 설치되어 굳은 지면, 나무뿌리, 암석 등을 파헤치는 데 사용하며 15° 이상 선회할 때에는 섕크를 지면에서 들어야 한다.

18 도저의 블레이드 형식에 의한 분류에 속하지 않는 것은?

① 틸트 도저   ② 스트레이트 도저
③ 앵글 도저   ④ 브레이커 도저

🖋해설 도저의 블레이드 형식에 의한 분류 : 스트레이트 도저, 앵글 도저, 틸트 도저, 레이크 도저, 습지 도저, 트리밍 도저, U형 도저

19 무한궤도식 장비에서 트랙 장력이 느슨해졌을 때 팽팽하게 조정하는 방법으로 맞는 것은?

① 기어오일을 주입하여 조정한다.
② 그리스를 주입하여 조정한다.
③ 엔진오일을 주입하여 조정한다.
④ 브레이크 오일을 주입하여 조정한다.

🖋해설 무한궤도식 트랙의 장력이 떨어지게 되면 다시 팽팽하게 조정하기 위해 그리스를 주입하여 조정한다.

20 배토판(블레이드)이 올라가지 않거나 상승하는 힘이 약할 때의 원인이 아닌 것은?

① 겨울철에 작업을 하였을 때
② 트랙장력이 너무 팽팽했을 때
③ 일반 객토에서 작업을 하였을 때
④ 트랙 장력 실린더에 그리스가 누유될 때

정답 11. ③ 12. ② 13. ④ 14. ③ 15. ④ 16. ③ 17. ② 18. ④ 19. ② 20. ①

98

21 도저의 작업조정장치 레버를 당겨도 블레이드가 상승하지 않는 원인과 관계없는 것은?

① 클러치 페이싱에 기름이 부착될 때
② 클러치 페이싱이 마모된 때
③ 클러치 간극이 불량할 때
④ 클러치 전달용량이 클 때

22 도저의 배토판의 좌·우측 끝단이 지면에 대하여 상하로 움직일 때의 수직 변위량을 무엇이라 하는가?

① 앵글량　　② 틸트량
③ 리프트량　　④ 덤프량

해설 앵글량이란 배토판의 좌우로 대칭되는 양 끝 점을 연결하는 직선이 불도저의 중심면에 직각인 면과 이루는 각도를 말하고, 틸트량이란 배토판의 좌단 또는 우단이 지면에 대하여 상하로 움직일 경우의 수직 변위를 말한다.

23 안전·보건표지에서 그림이 표시하는 것으로 맞는 것은?

① 독극물 경고　　② 폭발물 경고
③ 고압전기 경고　　④ 낙하물 경고

해설 그림은 고압전기 경고 표지이다.

24 건설기계의 등록을 말소할 수 있는 사유에 해당하지 않는 것은?

① 건설기계를 폐기한 경우
② 건설기계를 수출하는 경우
③ 건설기계를 장기간 운행하지 않게 된 경우
④ 건설기계를 교육·연구 목적으로 사용하는 경우

해설 건설기계를 폐기한 경우에는 시·도지사의 직권으로 등록을 말소하고, 건설기계를 수출하는 경우, 건설기계를 교육·연구 목적으로 사용하는 경우에는 그 소유자의 신청이나 시·도지사의 직권으로 등록을 말소할 수 있다(건설기계관리법 제6조제1항).

25 도로주행의 일반적인 주의사항으로 틀린 것은?

① 가시거리가 저하될 수 있으므로 터널 진입 전 헤드라이트를 켜고 주행한다.
② 고속주행 시 급 핸들조작, 급브레이크는 옆으로 미끄러지거나 전복될 수 있다.
③ 야간 운전은 주간보다 주의력이 양호하며, 속도감이 민감하여 과속 우려가 없다.
④ 비 오는 날 고속주행은 수막현상이 생겨 제동효과가 감소된다.

해설 야간운전은 주간보다 주의력이 떨어질 수 있으며 속도감이 둔감해져 과속 우려가 많다. 그러므로 야간 운전일수록 주의를 배가해야 하는 것이 당연하다.

26 방향제어밸브에서 내부 누유에 영향을 미치는 요소가 아닌 것은?

① 관로의 유량　　② 밸브 간극의 크기
③ 밸브 양단의 압력차　　④ 유압유의 점도

해설 방향제어밸브는 유압펌프에서 보내 온 오일의 흐름 방향을 바꾸거나 정지시켜 액추에이터가 하는 일의 방향을 제어해 준다. 내부 누유는 밸브 내적인 자체적 이상이나 직접적으로 유발하는 요소가 영향을 미친다. 그러므로 관로의 유량은 밸브 내부 누유에 직접적인 영향을 미친다고 볼 수 없다.

27 유압장치에서 액추에이터의 종류에 속하지 않는 것은?

① 감압밸브　　② 유압실린더
③ 유압모터　　④ 플런저 모터

해설 감압밸브는 압력제어밸브의 한 종류이다.

28 수공구 사용 시 안전사고 발생 원인으로 틀린 것은?

① 힘에 맞지 않는 공구를 사용하였다.
② 수공구의 성능을 알고 선택하였다.
③ 사용 방법이 미숙하였다.
④ 사용공구의 점검 및 정비를 소홀히 하였다.

해설 수공구의 성능을 알고 선택하면 안전사고 발생을 줄일 수 있다.

29 고압선로 주변에서 건설기계에 의한 작업 중 고압선로 또는 지지물에 접촉 위험이 가장 높은 것은?

① 붐 또는 권상 로프　　② 상부 회전체
③ 하부 주행체　　④ 장비 운전석

해설 고압선로 주변에서 건설기계로 작업할 때 고압선로 또는 지지물에 가장 접촉이 많은 부분은 권상 로프와 붐이다.

30 감전사고 예방을 위한 주의사항의 내용으로 틀린 것은?

① 젖은 손으로는 전기 기기를 만지지 않는다.
② 코드를 뺄 때는 반드시 플러그의 몸체를 잡고 뺀다.
③ 전력선에 물체를 접촉하지 않는다.
④ 220V는 단상이고 저압이므로 생명의 위협은 없다.

해설 220V는 가정용 전압으로 저항보다 크기 때문에 인체의 내부에 흘러들어 근육과 내장에 상해를 주고, 특히 심장에 전류가 흘러 들어가면 치명적으로 사망할 수 있다. 보통 인체에 50mA 이상의 전류가 흐르면 목숨을 잃을 확률이 높아진다.

31 공장 내 작업 안전수칙으로 옳은 것은?

① 기름걸레나 인화물질은 철재 상자에 보관한다.
② 공구나 부속품을 닦을 때에는 휘발유를 사용한다.
③ 차가 잭에 의해 올려져 있을 때는 직원 외에는 차내 출입을 삼간다.
④ 높은 곳에서 작업 시 훅을 놓치지 않게 잘 잡고, 체인 블록을 이용한다.

정답 21.④ 22.② 23.③ 24.③ 25.③ 26.① 27.① 28.② 29.① 30.④ 31.①

32 타이어식 건설기계에서 조향 바퀴의 토인을 조정하는 곳은?

① 핸들
② 타이로드
③ 웜 기어
④ 드래그 링크

해설 토인(toe-in)은 조향 바퀴의 사이드슬립과 타이어의 마멸을 방지하고 앞바퀴를 평행하게 회전시키기 위한 것으로, 타이로드 길이로 조정한다.

33 도저의 엔진에 관한 설명으로 틀린 것은?

① 주행을 위한 동력을 발생한다.
② 제동력을 위한 유압을 발생한다.
③ 일반적으로 디젤기관이 사용된다.
④ 작업장치를 구동하기 위한 동력을 제공한다.

해설 ②는 제동장치에 관한 설명이다.

34 도저의 트랙을 분리할 때 가장 먼저 분리해야 하는 부품은?

① 스프로킷
② 유압 부스터
③ 마스터 핀
④ 프런트 아이들러

해설 마스터 핀은 도저에서 트랙을 쉽게 분리하기 위해 설치한다. 무한궤도의 분리를 쉽게 하기 위해 좌우 트랙에 1개씩 두고 있다.

35 블레이드를 좌우 20~30°로 바꾸어 토사를 한쪽 방향으로 밀어내거나 측능 절단 작업에 주로 사용되는 도저는?

① 트리밍 도저
② 앵글 도저
③ 레이크 도저
④ 스트레이트 도저

해설 앵글 도저는 블레이드를 좌우 20~30° 정도 각을 줄 수 있다.

36 엔진 시동 후 워밍업할 동안 점검할 사항으로 틀린 것은?

① 작업장치의 작동 상태
② 원동기의 이상음 발생 유무
③ 조종석 내 각종 경고등 점등 상태
④ 팬벨트 균열상태 및 장력 점검

해설 팬벨트의 장력 점검은 구동 중에는 위험하기 때문에 기관을 완전히 정지한 다음 시행한다.

37 불도저를 정지(Stop)할 때 사항으로 틀린 것은?

① 엔진 속도를 저속 공회전으로 한다.
② 변속기 선택 레버를 중립으로 한다.
③ 삽날을 높이 든다.
④ 브레이크를 밟고 정지시킨다.

해설 작업장치를 완전히 내린 상태에서 정지한다.

---

38 ★ 릴리프밸브에서 포핏밸브를 밀어 올려 기름이 흐르기 시작할 때의 압력은?

① 설정압력
② 허용압력
③ 크래킹압력
④ 전량압력

해설 릴리프밸브는 회로 압력을 일정하게 하거나 최고 압력을 규제해서 각부 기기를 보호하는 역할을 한다. 크래킹압력은 입력이 상승하고 밸브가 열리기 시작하여 어느 일정한 유량이 확인될 때의 압력을 말한다.

39 트랙 구성품을 설명한 것으로 틀린 것은?

① 링크는 핀과 부싱에 의하여 연결되어 상하부 롤러 등이 굴러갈 수 있는 레일을 구성해 주는 부분으로 마멸되었을 때 용접하여 재사용할 수 있다.
② 부싱은 링크의 큰 구멍에 끼워지며 스프로킷 이빨이 부싱을 물고 회전하도록 되어 있으며 마멸되면 용접하여 재사용할 수 있다.
③ 슈는 링크에 4개의 볼트에 의해 고정되며 도저의 전체하중을 지지하고 견인하면서 회전하고 마멸되면 용접하여 재사용할 수 있다.
④ 핀은 부싱 속을 통과하여 링크의 적은 구멍에 끼워진다. 핀과 부싱을 교환할 때는 유압 프레스로 작업하며 약 100톤 정도의 힘이 필요하다. 그리고 무한궤도의 분리를 쉽게 하기 위하여 마스터 핀을 두고 있다.

해설 부싱은 링크의 큰 구멍에 끼워지며 스프로킷 이빨이 부싱을 물고 회전하도록 되어 있으며, 마멸되면 용접하여 재사용할 수 없다.

40 건설기계 장비의 유압장치 관련 취급 시 주의사항으로 적절하지 않은 것은?

① 작동유가 부족하지 않은지 점검하여야 한다.
② 유압장치는 워밍업 후 작업하는 것이 좋다.
③ 오일량을 1주 1회 소량 보충한다.
④ 작동유에 이물질이 포함되지 않도록 관리 취급하여야 한다.

해설 유압장치 작동유는 부족할 경우에만 보충한다.

41 베인 펌프에 대한 설명으로 틀린 것은?

① 날개로 펌핑 동작을 한다.
② 토크(torque)가 안정되어 소음이 적다.
③ 싱글형과 더블형이 있다.
④ 베인 펌프는 1단 고정으로 설계된다.

해설 베인 펌프는 여러 장의 날개를 설치하여 회전시켜 유체를 흡입하고 송출하는 펌프이다.

42 유압모터의 종류에 포함되지 않는 것은?

① 기어형
② 베인형
③ 플런저형
④ 터빈형

해설 유압모터는 유압에너지를 이용하여 연속적으로 회전운동을 시키는 장치이다. 유압모터는 기어모터, 플런저 모터, 베인 펌프 등으로 구분한다.

정답 32. ② 33. ② 34. ③ 35. ② 36. ④ 37. ③ 38. ③ 39. ② 40. ③ 41. ④ 42. ④

43 도로교통법령에 따라, 뒤차에게 앞지르기를 시키려는 때 적절한 신호방법은?

① 오른팔 또는 왼팔을 차체의 왼쪽 또는 오른쪽 밖으로 수평으로 펴서 손을 앞뒤로 흔들 것
② 팔을 차체의 밖으로 내어 45도 밑으로 펴서 손바닥을 뒤로 향하게 하여 그 팔을 앞뒤로 흔들거나 후진등을 켤 것
③ 팔을 차체의 밖으로 내어 45도 밑으로 펴거나 제동등을 켤 것
④ 양팔을 모두 차체의 밖으로 내어 크게 흔들 것

해설 뒤차에게 앞지르기를 시키고자 할 때에는 오른팔 또는 왼팔을 차체의 좌측 또는 우측 밖으로 수평으로 펴서 손을 앞뒤로 흔든다(도로교통법 시행령 별표2).

★★★
44 건설기계 정비시설을 갖춘 정비사업자만이 정비할 수 있는 사항은?

① 오일의 보충
② 배터리 교환
③ 유압장치 호스 교환
④ 제동등 전구의 교환

해설 건설기계정비업의 범위에서 제외되는 행위는 오일의 보충, 에어클리너 엘리먼트 및 휠타류의 교환, 배터리·전구의 교환, 타이어의 점검·정비 및 트랙의 장력 조정, 창유리의 교환이다.

45 건설기계 등록지를 변경한 경우 등록번호표를 시·도지사에게 며칠 이내에 반납하여야 하는가?

① 10일
② 5일
③ 20일
④ 30일

해설 등록된 건설기계의 소유자는 등록된 건설기계의 소유자의 주소지 또는 사용본거지의 변경(시·도 간의 변경이 있는 경우에 한함)이나 등록번호의 변경이 있는 경우에는 10일 이내에 등록번호표의 봉인을 떼어낸 후 그 등록번호표를 시·도지사에게 반납하여야 한다(건설기계관리법 제9조).

46 건설기계 소유자는 건설기계를 도난당한 날로부터 얼마 이내에 등록말소를 신청해야 하는가?

① 30일 이내
② 2개월 이내
③ 3개월 이내
④ 6개월 이내

해설 건설기계의 소유자는 건설기계를 도난당한 경우에는 사유가 발생한 날부터 2개월 이내에 시·도지사에게 등록말소를 신청하여야 한다(건설기계관리법 제6조제2항).

47 터보식 과급기의 작동상태에 대한 설명으로 틀린 것은?

① 디퓨저에서는 공기의 압력에너지가 속도에너지로 바뀌게 된다.
② 배기가스가 임펠러를 회전시키면 공기가 흡입되어 디퓨저에 들어간다.
③ 디퓨저에서는 공기의 속도에너지가 압력에너지로 바뀌게 된다.
④ 압축공기가 각 실린더의 밸브가 열릴 때마다 들어가 충전 효율이 증대된다.

해설 과급기(터보차저)는 엔진의 흡입 효율을 높이기 위해 흡입공기에 압력을 가해 주어 출력을 증대시키는 장치이다. 디퓨저에 의해 압축된 공기가 각 실린더로 들어가므로 실린더의 충전 효율이 높아진다.

48 드럼식 브레이크 구조에서 브레이크 작동 시 조향 핸들이 한쪽으로 쏠리는 원인이 아닌 것은?

① 타이어 공기압이 고르지 않다.
② 한쪽 휠실린더 작동이 불량하다.
③ 브레이크 라이닝 간극이 불량하다.
④ 마스터 실린더 체크밸브 작용이 불량하다.

해설 조향핸들이 한쪽으로 쏠리는 원인으로 앞바퀴 정렬 상태 및 쇼크업소버의 작동 상태 불량, 타이어의 공기 압력 불균일, 허브 베어링의 과다 마멸, 앞 액슬축 한쪽 스프링 파손 등이 있다.

★★
49 4행정 기관에서 1사이클을 완료할 때 크랭크축은 몇 회전하는가?

① 1회전
② 2회전
③ 3회전
④ 4회전

해설 4행정기관이 1사이클을 완료하면 크랭크축은 2회전한다.

50 디젤기관의 연소실 중 연료 소비율이 낮으며 연소 압력이 가장 높은 연소실 형식은?

① 예연소실식
② 와류실식
③ 직접 분사실식
④ 공기실식

해설 직접 분사실식은 냉각 손실과 열변형이 적고 연료 소비율이 낮으며, 구조가 간단하고 열효율이 높고, 시동이 쉽고 예열플러그가 필요 없다.

51 유압장치에서 작동 및 움직임이 있는 곳의 연결관으로 적합한 것은?

① 플렉시블 호스
② 구리 파이프
③ 강 파이프
④ PVC 호스

해설 플렉시블 호스는 구부러지기 쉬운 호스로 내구성이 강하고 작동 및 움직임이 있는 곳에 사용하기 적합하다.

52 건설기계에서 유압작동기(액추에이터)의 방향전환밸브로서, 원통형 슬리브 면에 내접하여 축방향으로 이동해 유로를 개폐하는 형식의 밸브는?

① 스풀 형식
② 포핏 형식
③ 베인 형식
④ 카운터 밸런스형식

해설 스풀밸브는 1개의 회로에 여러 개의 밸브 면을 두고 있으며 원통형 슬리브 면에 내접하여 직선 또는 회전운동으로 유압유의 흐름방향을 변환시키는 액추에이터의 방향전환밸브이다.

53 유압기기 속에 혼입되어 있는 불순물을 제거하기 위해 사용되는 것은?

① 스트레이너
② 패킹
③ 배수기
④ 릴리프밸브

해설 스트레이너(strainer)는 유체 중에 포함된 불순물을 철망 등으로 제거하는 장치이다.

정답 43.① 44.③ 45.① 46.② 47.① 48.④ 49.② 50.③ 51.① 52.① 53.①

건설기계 운전기능사

2022년 **불도저** 기출분석문제

★★
54 폐기요청을 받은 건설기계를 폐기하지 아니하거나 등록번호표를 폐기하지 아니한 자에 대한 벌칙은?

① 2년 이하의 징역 또는 2천만 원 이하의 벌금
② 1년 이하의 징역 또는 1천만 원 이하의 벌금
③ 300만 원 이하의 벌금
④ 100만 원 이하의 벌금

✎**해설** 폐기요청을 받은 건설기계를 폐기하지 아니하거나 등록번호표를 폐기하지 아니한 자는 1년 이하의 징역 또는 1천만 원 이하의 벌금에 처한다(건설기계관리법 제41조).

55 노면이 얼어붙은 경우 또는 폭설로 가시거리가 100m 이내인 경우 최고속도의 얼마를 감속 운행하여야 하는가?

① 50/100   ② 30/100
③ 40/100   ④ 20/100

✎**해설** 폭우·폭설·안개 등으로 가시거리가 100m 이내인 경우, 노면이 얼어붙은 경우, 눈이 20mm 이상 쌓인 경우에는 최고속도의 100분의 50을 줄인 속도로 운행해야 한다(도로교통법 시행규칙 제19조).

56 도로교통법상 도로의 모퉁이로부터 몇m 이내의 장소에 정차하여서는 안 되는가?

① 2m   ② 3m
③ 5m   ④ 10m

✎**해설** 모든 차의 운전자는 교차로의 가장자리나 도로의 모퉁이로부터 5미터 이내인 곳에서는 차를 정차하거나 주차하여서는 아니 된다(도로교통법 제32조).

57 작업복에 대한 설명으로 적합하지 않은 것은?

① 작업복은 몸에 알맞고 동작이 편해야 한다.
② 착용자의 연령, 성별 등에 관계없이 일률적인 스타일을 선정해야 한다.
③ 작업복은 항상 깨끗한 상태로 입어야 한다.
④ 주머니가 너무 많지 않고, 소매가 단정한 것이 좋다.

✎**해설** 작업복은 작업 중 일어날 수 있는 안전사고에 미리 대비할 수 있고, 작업을 편하게 하기 위한 것이어야 한다. 작업복의 스타일은 작업 내용별로 구분하여 목적에 맞게 선정하여야 한다.

58 추락 위험이 있는 장소에서 작업할 때 안전관리상 어떻게 하는 것이 가장 좋은가?

① 안전띠 또는 로프를 사용한다.
② 일반 공구를 사용한다.
③ 이동식 사다리를 사용하여야 한다.
④ 고정식 사다리를 사용하여야 한다.

✎**해설** 추락 위험이 있는 장소에서는 안전관리상 안전띠와 로프를 사용하여야 한다.

59 크레인으로 물건을 운반할 때 주의사항으로 틀린 것은?

① 규정 무게보다 약간 초과할 수 있다.
② 적재물이 떨어지지 않도록 한다.
③ 로프 등 안전 여부를 항상 점검한다.
④ 선회작업 시 사람이 다치지 않도록 한다.

✎**해설** 크레인을 이용하여 물건을 운반할 때 규정 무게를 초과하여 운반하면 안전사고가 발생할 수 있어 매우 위험하기 때문에 반드시 규정 무게를 지켜야 한다.

60 굴착장비를 이용하여 도로 굴착작업 중 '고압선 위험' 표지시트가 발견되었다. 다음 중 맞는 것은?

① 표지시트 좌측에 전력케이블이 묻혀 있다.
② 표지시트 우측에 전력케이블이 묻혀 있다.
③ 표지시트와 직각 방향에 전력케이블이 묻혀 있다.
④ 표지시트 직하에 전력케이블이 묻혀 있다.

✎**해설** 지중전선로를 설치할 때는 직상에 '고압선 위험' 표지시트를 세운다.

정답 54. ② 55. ① 56. ③ 57. ② 58. ① 59. ① 60. ④

102

2022 기중기 기출분석문제

01 기관의 출력을 저하시키는 직접적인 원인이 아닌 것은?
① 노킹이 일어날 때
② 클러치가 불량할 때
③ 연료 분사량이 적을 때
④ 실린더 내 압력이 낮을 때

해설 클러치는 기관에서 발생한 동력을 구동바퀴까지 전달하는 데 필요한 장치이다. 기관의 출력을 직접적으로 변화시키는 원인은 아니다.

02 엔진 오일량 점검에서 오일게이지에 상한선(Full)과 하한선(Low) 표시가 되어 있을 때, 가장 적합한 것은?
① Low 표시에 있어야 한다.
② Low와 Full 표시 사이에서 Low에 가까이 있으면 좋다.
③ Low와 Full 표시 사이에서 Full에 가까이 있으면 좋다.
④ Full 표시 이상이 되어야 한다.

해설 오일게이지에 L(Low)과 F(Full) 표시 사이에서 F(Full)에 가까이 있으면 적당하다.

03 ★★★★★ 교류(AC) 발전기의 장점이 아닌 것은?
① 소형 경량이다.
② 저속 시 충전 특성이 양호하다.
③ 정류자를 두지 않아 풀리비를 작게 할 수 있다.
④ 반도체 정류기를 사용하므로 전기적 용량이 크다.

해설 교류 발전기의 장점
• 소형 경량이다.
• 브러시 수명이 길다.
• 전압조정기만 필요하다.
• 저속에서 충전이 가능하다.
• 출력이 크고 고속회전에 잘 견딘다.

04 전류의 3대 작용에 해당하지 않는 것은?
① 충전작용
② 발열작용
③ 화학작용
④ 자기작용

해설 전류의 3대 작용은 발열작용, 화학작용, 자기작용이다.

05 타이어식 건설장비에서 추진축의 스플라인부가 마모되면 어떤 현상이 발생하는가?
① 차동기어의 물림이 불량하다.
② 클러치 페달의 유격이 크다.
③ 가속 시 미끄럼 현상이 발생한다.
④ 주행 중 소음이 나고 차체에 진동이 있다.

해설 타이어식 건설장비에서 추진축의 스플라인부가 마모되면 주행 중 소음이 나고 차체에 진동이 발생한다.

06 기관의 플라이휠과 항상 같이 회전하는 부품은?
① 압력판
② 릴리스 베어링
③ 클러치 축
④ 디스크

해설 압력판은 클러치 페달을 놓으면 클러치 스프링의 장력에 의해 클러치판을 플라이휠에 밀어붙이는 역할을 하며 항상 기관의 플라이휠과 함께 회전하게 된다.

07 건설기계 운전 작업 중 온도 게이지가 "H" 위치에 근접되어 있다. 운전자가 취해야 할 조치로 가장 알맞은 것은?
① 작업을 계속해도 무방하다.
② 잠시 작업을 중단하고 휴식을 취한 후 다시 작업한다.
③ 윤활유를 즉시 보충하고 계속 작업한다.
④ 작업을 중단하고 냉각수 계통을 점검한다.

해설 온도 게이지 지침이 "H(High)"를 가리키면 엔진이 과열된 것이다. 따라서 운전자는 작업을 중단하고 냉각수 계통을 점검해야 한다.

08 디젤엔진의 연소실에는 연료가 어떤 상태로 공급되는가?
① 기화기와 같은 기구를 사용하여 연료를 공급한다.
② 노즐로 연료를 안개와 같이 분사한다.
③ 가솔린 엔진과 동일한 연료 공급펌프로 공급한다.
④ 액체 상태로 공급한다.

해설 분사노즐은 분사펌프에서 보내온 고압의 연료를 미세한 안개 모양으로 연소실 내에 분사한다.

09 무한궤도식 건설기계에서 트랙장력이 약간 팽팽하게 되었을 때 작업조건이 오히려 효과적인 곳은?
① 모래 땅
② 바위가 깔린 땅
③ 진흙 땅
④ 수풀이 우거진 땅

10 ★★★ 기중기의 작업 시 고려해야 할 점으로 틀린 것은?
① 작업 지반의 강도
② 하중의 크기와 종류 및 형상
③ 화물의 현재 임계하중과 권하 높이
④ 붐 선단과 상부 회전체 후방 선회 반지름

해설 기중기 작업 시 주의사항
• 작업 하중을 초과하지 않는다.
• 지정된 신호수의 신호에 따라 작업을 한다.
• 하물의 훅 위치는 무게 중심에 걸리도록 한다.
• 붐의 각을 20° 이하로 78° 이상으로 하지 않는다.
• 붐의 길이와 각도에 따라 정격하중을 조정해야 한다.
• 물건을 내려놓는 곳이 경사지거나 울퉁불퉁해서는 안 된다.
• 무거운 물체를 들어올리기 전에 지면으로부터 30cm 정도 떨어진 지점에서 흔들리지 않게 정지시킨 후 상승시킨다.

정답 01.② 02.③ 03.③ 04.① 05.④ 06.① 07.④ 08.② 09.② 10.③

건설기계 운전기능사

2022년 **기중기** 기출분석문제

11 건설기계의 연료 주입구는 배기관의 끝으로부터 얼마 이상 떨어져 설치하여야 하는가?

① 5cm
② 10cm
③ 30cm
④ 50cm

🖊️**해설** 건설기계의 주입구는 배기관 끝으로부터 30cm 이상 떨어져 있어야 한다.

12 기중기를 트레일러에 상차하는 방법으로 가장 적합하지 않은 것은?

① 붐은 분리시킨다.
② 최대한 무거운 카운터 웨이트를 부착하여 상차한다.
③ 아우트리거는 완전하게 넣은 후 상차한다.
④ 흔들려 전도되지 않도록 고정시킨다.

🖊️**해설** 카운터 웨이트는 크레인이나 지게차 등에 하중을 상부로 올렸을 때 전도되는 것을 방지하고 안정적으로 유지하기 위해 사용한다. 무게중심을 고려해 적당한 무게를 부착한다.

13 기중기의 시동 전 일상 점검사항으로 가장 거리가 먼 것은?

① 변속기 기어 마모 상태
② 연료탱크 유량
③ 엔진오일 유량
④ 라디에이터 수량

🖊️**해설** 일상 점검사항에는 엔진오일, 브레이크 오일 등을 비롯한 각종 오일량 점검, 라디에이터 냉각수량 점검 등이 해당한다.

14 기중기의 안전한 작업방법으로 적합하지 않은 것은?

① 제한하중 이상의 것은 달아 올리지 말 것
② 하중은 항상 옆으로 달아 올릴 것
③ 지정된 신호수의 신호에 따라 작업을 할 것
④ 하물의 훅 위치는 무게 중심에 걸리도록 할 것

🖊️**해설** 기중기의 작업 시 가장 중요한 것은 안전 확보이다. 하중이 연직 아래 방향으로 걸려 요동이 일어나지 않도록 균형을 잡는 것이 중요하다.

15 기중기로 항타(pile driver) 작업을 할 때 지켜야 할 안전수칙이 아닌 것은?

① 붐의 각을 적게 한다.
② 작업 시 붐을 상승시키지 않는다.
③ 항타할 때 반드시 우드 캡을 씌운다.
④ 호이스트 케이블의 고정 상태를 점검한다.

🖊️**해설** 항타 작업 시 붐을 60° 이하로 세우는 것을 금지한다.

16 타이어식 크레인에서 아우트리거의 역할로 옳은 것은?

① 기중 작업을 할 때 전도되는 것을 방지한다.
② 타이어 마모를 방지한다.
③ 스프링의 수명을 연장한다.
④ 엔진오일의 효율을 증가시킨다.

🖊️**해설** 아우트리거는 타이어식 기중기에서 전후, 좌우 방향에 안정성을 주어 기중 작업 시 전도되는 것을 방지한다.

★★★
17 건설기계의 구조변경 범위에 속하지 않는 것은?

① 건설기계의 길이, 너비, 높이 변경
② 적재함의 용량 증가를 위한 변경
③ 조종장치의 형식 변경
④ 수상작업용 건설기계 선체의 형식 변경

🖊️**해설** 건설기계의 기종변경, 육상작업용 건설기계 규격의 증가 또는 적재함의 용량 증가를 위한 구조변경은 할 수 없다.

18 건설기계관리법령상 자동차손해배상보장법에 따른 자동차보험에 반드시 가입하여야 하는 건설기계가 아닌 것은?

① 타이어식 지게차
② 타이어식 굴착기
③ 타이어식 기중기
④ 덤프트럭

🖊️**해설** 건설기계관리법령상 자동차손해배상보장법에 따른 자동차보험에 반드시 가입하여야 하는 건설기계는 덤프트럭, 타이어식 기중기, 콘크리트믹서트럭, 트럭적재식 콘크리트펌프, 트럭적재식 아스팔트살포기, 타이어식 굴착기이다.

19 도로교통법상 4차로 이상 고속도로에서 건설기계의 최저속도는?

① 30km/h
② 40km/h
③ 50km/h
④ 60km/h

🖊️**해설** 편도 2차로 이상 고속도로에서 건설기계의 최저속도는 매시 50km이다.

20 차량이 고속도로가 아닌 도로에서 방향을 바꾸고자 할 때에는 반드시 진행방향을 바꾼다는 신호를 하여야 한다. 그 신호는 진행방향을 바꾸고자 하는 지점에 이르기 전 몇 m의 지점에서 해야 하는가?

① 10m 이상의 지점에 이르렀을 때
② 30m 이상의 지점에 이르렀을 때
③ 50m 이상의 지점에 이르렀을 때
④ 100m 이상의 지점에 이르렀을 때

🖊️**해설** 모든 차의 운전자는 좌회전·우회전·횡단·유턴이나 같은 방향으로 진행하면서 진로를 바꾸려고 하는 때에는 그 행위를 하고자 하는 지점에 이르기 전 30m(고속도로에서는 100m) 이상의 지점에 이르렀을 때 손이나 방향 지시기 또는 등화로써 그 행위가 끝날 때까지 신호를 하여야 한다(도로교통법 제38조; 시행령 별표2).

정답 11. ③ 12. ② 13. ① 14. ② 15. ① 16. ① 17. ② 18. ① 19. ③ 20. ②

21. 건설기계의 조종 중 고의 또는 과실로 가스공급시설을 손괴할 경우 조종사면허의 처분기준은?

① 면허효력정지 10일
② 면허효력정지 15일
③ 면허효력정지 25일
④ **면허효력정지 180일**

해설 건설기계의 조종 중 고의 또는 과실로 가스공급시설을 손괴하거나 가스공급시설의 기능에 장애를 입혀 가스의 공급을 방해한 경우 처분기준은 면허효력정지 180일이다(건설기계관리법 시행규칙 별표22).

22. ★★★ 순차 작동 밸브라고도 하며, 각 유압 실린더를 일정한 순서로 순차 작동시키고자 할 때 사용하는 것은?

① 릴리프밸브
② 감압밸브
③ **시퀀스밸브**
④ 언로드밸브

해설 시퀀스밸브는 2개 이상의 분기회로가 있는 회로에서 작동 순서를 회로의 압력 등으로 제어하는 밸브이다.

23. 유압펌프가 작동 중 소음이 발생할 때의 원인으로 틀린 것은?

① 펌프 축의 편심 오차가 크다.
② 펌프 흡입관 접합부로부터 공기가 유입된다.
③ **릴리프밸브 출구에서 오일이 배출되고 있다.**
④ 스트레이너가 막혀 흡입용량이 너무 작아졌다.

해설 릴리프밸브에서 오일이 새면 압력이 떨어진다.

24. 유압장치의 수명연장을 위해 가장 중요한 요소는?

① 오일탱크의 세척
② 오일냉각기의 점검 및 세척
③ 오일펌프의 교환
④ **오일필터의 점검 및 교환**

해설 유압 계통의 수명을 좌우하는 것은 오일의 품질과 오일 내 이물질 방지이다. 오일은 규정 점도지수를 유지하는지 항상 점검해야 하고, 오일 내 이물질이 유입되지 않도록 오일필터를 정기점검한다. 문제가 있을 경우에는 지체 없이 교환하는 것이 좋다.

25. 유압회로에서 호스의 노화현상이 아닌 것은?

① 호스의 표면에 갈라짐이 발생한 경우
② 코킹 부분에서 오일이 누유되는 경우
③ **액추에이터의 작동이 원활하지 않을 경우**
④ 정상적인 압력상태에서 호스가 파손될 경우

해설 유압회로에서 호스의 노화현상은 호스가 굳어 있는 경우, 표면에 크랙(crack)이 발생한 경우, 호스의 표면에 갈라짐이 발생한 경우, 코킹 부분에서 오일이 누유되는 경우, 정상적인 압력상태에서 호스가 파손될 경우이다.

26. 유압유에 요구되는 성질이 아닌 것은?

① 산화 안정성이 있을 것
② 윤활성과 방청성이 있을 것
③ **보관 중에 성분의 분리가 있을 것**
④ 넓은 온도범위에서 점도 변화가 적을 것

해설 유압작동유의 구비조건
- 비압축성일 것
- 방청, 방식성이 있을 것
- 불순물과 분리가 잘 될 것
- 적당한 유동성과 점성을 가질 것
- 실(seal) 재료와 적합성이 좋을 것
- 체적 탄성계수가 크고 밀도가 작을 것
- 내열성이 크고 거품이 적을 것(소포성)
- 유압장치에 사용되는 재료에 대해 불활성일 것
- 화학적 변화 및 온도에 의한 점도 변화가 적을 것
- 화학적 안정성 및 높은 윤활 성능과 밀봉성을 가질 것

27. ★ 크레인으로 인양 시 물체의 중심을 측정하여 인양하여야 한다. 다음 중 잘못된 것은?

① 형상이 복잡한 물체의 무게 중심을 확인한다.
② 인양 물체를 서서히 올려 지상 약 30cm 지점에서 정지하여 확인한다.
③ 인양 물체의 중심이 높으면 물체가 기울 수 있다.
④ **와이어로프나 매달기용 체인이 벗겨질 우려가 있으면 되도록 높이 인양한다.**

해설 무게중심에 맞게 물체를 고정하지 않으면 인양했을 때 회전하게 되어 안전사고가 발생할 수 있다. 따라서 물체가 회전할 것으로 예상될 경우에는 낮게 들어 작업하는 것이 필요하다.

28. ★★★★★ 수공구 사용 시 안전수칙으로 바르지 못한 것은?

① 톱 작업은 밀 때 절삭되게 작업한다.
② 줄 작업으로 생긴 쇳가루는 브러시로 털어낸다.
③ **해머 작업은 미끄러짐을 방지하기 위해서 반드시 면장갑을 끼고 작업한다.**
④ 조정 렌치는 조정조가 있는 부분에 힘을 받지 않게 하여 사용한다.

해설 해머를 사용할 때는 미끄러울 수 있으므로 면장갑을 끼지 않는다.

29. 분진이 발생하는 작업 장소에서 착용하는 일반적인 보호구는?

① 방독마스크
② 헬멧
③ 귀덮개
④ **방진마스크**

해설 방진마스크는 분진, 미스트, 미세먼지 등이 호흡기를 통하여 체내에 유입되는 것을 방지하기 위한 보호구이다.

정답 21.④ 22.③ 23.③ 24.④ 25.③ 26.③ 27.④ 28.③ 29.④

건설기계 운전기능사 　　　　　　　　　　　　　　2022년 **기중기** 기출분석문제

30 산업재해를 예방하기 위한 재해예방 4원칙으로 틀린 것은?

① 대량 생산의 원칙
② 예방 가능의 원칙
③ 원인 계기의 원칙
④ 대책 선정의 원칙

해설 재해예방 4원칙은 손실 우연의 원칙, 원인 계기의 원칙, 예방 가능의 원칙, 대책 선정의 원칙이다.

31 직류 직권전동기에 대한 설명 중 틀린 것은?

① 시동 회전력이 분권전동기에 비해 크다.
② 회전 속도의 변화가 크다.
③ 부하가 걸렸을 때, 회전 속도가 낮아진다.
④ 회전 속도가 거의 일정하다.

해설 직류 직권전동기는 시동 회전력이 크고 부하가 증가하면 회전속도가 낮아지고 흐르는 전류가 커진다. 그러나 회전속도의 변화가 큰 단점이 있다.

32 납산전지 터미널에 녹이 발생했을 때의 조치방법으로 가장 적합한 것은?

① 물걸레로 닦아내고 더 조인다.
② 녹을 닦은 후 고정시키고 소량의 그리스를 상부에 도포한다.
③ (+)와 (−)터미널을 서로 교환한다.
④ 녹슬지 않게 엔진오일을 도포하고 확실히 더 조인다.

해설 납축전지 터미널에 녹이 발생했을 때에는 녹을 닦아내고, 부식을 방지하기 위해 소량의 그리스를 도포하는 것이 도움이 될 수 있다.

★
33 윤활장치에서 오일 여과기의 역할은?

① 오일의 역순환 방지 작용
② 오일에 필요한 방청 작용
③ 오일에 포함된 불순물 제거 작용
④ 오일 계통에 압송 작용

해설 오일 여과기는 오일의 세정 및 여과 작용을 한다.

★
34 디젤기관의 연료여과기에 장착되어 있는 오버플로밸브의 역할이 아닌 것은?

① 연료 계통의 공기를 배출한다.
② 분사펌프의 압송압력을 높인다.
③ 연료압력의 지나친 상승을 방지한다.
④ 연료 공급 펌프의 소음 발생을 방지한다.

해설 오버플로밸브는 연료여과기 내의 압력이 규정치 이상으로 상승하면 과잉압력의 연료를 탱크로 되돌아가게 하는 역할을 한다. 분사펌프의 압송압력은 펌프, 플런저, 스프링의 장력에 의해 조정된다.

35 클러치 디스크의 편 마멸, 변형, 파손 등의 방지를 위해 설치하는 스프링은?

① 쿠션 스프링
② 댐퍼 스프링
③ 편심 스프링
④ 압력 스프링

해설 쿠션 스프링은 클러치가 연결되었을 때 충격을 흡수하며 약간 압축된다. 클러치의 비틀림, 편마모 등을 방지하기 위해 설치한다.

36 타이어식 건설기계의 동력전달장치에서 추진축의 밸런스 웨이트에 대한 설명으로 맞는 것은?

① 추진축의 비틀림을 방지한다.
② 추진축의 회전수를 높인다.
③ 변속 조작 시 변속을 용이하게 한다.
④ 추진축의 회전 시 진동을 방지한다.

해설 밸런스 웨이트는 추진축이 회전할 때 생기는 진동을 방지하는 기능을 한다.

37 기중기의 작업에 대한 설명 중 맞는 것은?

① 기중기의 감아올리는 속도는 드래그라인의 경우보다 빠르다.
② 클램셀은 좁은 면적에서 깊은 굴착을 하는 경우나 높은 위치에서의 적재에 적합하다.
③ 드래그라인은 굴착력이 강하므로 주로 견고한 지반의 굴착에 사용된다.
④ 파워 셔블은 지면보다 낮은 곳의 굴착에 사용되며 지면보다 높은 곳의 굴착은 사용이 곤란하다.

해설 클램셀은 수직 굴토작업, 배수구 굴삭 및 청소작업에 적합하다.

38 주행장치에 따른 기중기의 분류가 아닌 것은?

① 타이어식
② 로터리식
③ 트럭식
④ 무한궤도식

해설 기중기는 무한궤도식, 트럭식, 휠식으로 분류한다.

39 인양작업을 위해 기중기를 설치할 때 고려하여야 할 사항으로 틀린 것은?

① 기중기의 수평균형을 맞춘다.
② 타이어는 지면과 닿도록 하여야 한다.
③ 아웃트리거는 모두 확장시키고 핀으로 고정한다.
④ 선회 시 접촉되지 않도록 장애물과 최소 60cm 이상 이격시킨다.

해설 아웃트리거는 타이어식 기중기의 전후, 좌우 방향에 안전성을 주어 기중 작업을 할 때 전도되는 것을 방지해 준다. 아웃트리거를 설치할 때는 평탄하고 단단한 지면에 빔을 완전히 펴서 바퀴가 지면에서 뜨도록 해야 한다.

정답 30. ① 31. ④ 32. ② 33. ③ 34. ② 35. ① 36. ④ 37. ② 38. ② 39. ②

40 기중기의 붐에 설치된 와이어로프 중 작업 시 하중이 직접적으로 작용하지 않는 것은?
① 호이스트 케이블
② 붐 호이스트 케이블
③ 익스텐션 케이블
④ **붐 백스톱 케이블**

해설 크레인 작업 시 하중이 직접 작용하는 케이블은 붐 호이스트 케이블, 호이스트 케이블, 익스텐션 케이블, 크라우드 케이블이다.

41 고압선로 주변에서 크레인 작업 중 지지물 또는 고압선에 접촉이 우려되므로 안전에 가장 유의하여야 하는 부분은?
① 조향핸들
② **붐 또는 케이블**
③ 하부 회전체
④ 타이어

해설 크레인 작업 중 권상 로프, 훅, 붐 등은 감전에 노출되어 위험해질 수 있는 부분이다.

42 타이어식 건설기계에서 전후 주행이 되지 않을 때 점검하여야 할 곳으로 틀린 것은?
① **타이로드 엔드를 점검한다.**
② 변속 장치를 점검한다.
③ 유니버설 조인트를 점검한다.
④ 주차 브레이크 잠김 여부를 점검한다.

★ 43 기중기 붐의 길이에 대한 올바른 설명은?
① 훅의 중심에서 턴테이블 중심까지의 길이
② **붐의 톱 시브 중심에서 붐의 푸트핀 중심까지의 길이**
③ 붐의 톱 시브 중심에서 턴테이블 중심까지의 길이
④ 붐의 톱 시브 중심에서 겐트리 시브 중심까지의 길이

해설 기중기 붐의 길이는 붐의 톱 시브 중심에서 붐의 푸트핀 중심까지의 길이를 말한다.

44 기중기 양중작업 중 급선회를 하게 되면 인양력은 어떻게 변하는가?
① 인양을 멈춘다.
② **인양력이 감소한다.**
③ 인양력이 증가한다.
④ 인양력에 영향을 주지 않는다.

해설 기중기 양중작업 중 급선회를 하게 되면 인양력은 감소한다.

45 기중기의 정격하중과 작업반경에 관한 설명 중 옳은 것은?
① 정격하중과 작업반경은 비례한다.
② **정격하중과 작업반경은 반비례한다.**
③ 정격하중과 작업반경은 제곱에 비례한다.
④ 정격하중과 작업반경은 제곱에 반비례한다.

해설 정격하중은 크레인의 권상하중(들어 올릴 수 있는 최대 하중)에서 달기기구의 중량을 뺀 하중을 말한다. 작업반경은 선회장치의 회전중심을 지나는 수직선과 훅의 중심을 지나는 수직선 사이의 최단거리를 말한다. 정격하중과 작업반경은 반비례한다.

46 기중기의 구성장치가 아닌 것은?
① 붐
② 마스트
③ 선회장치
④ **호이스트 로프**

해설 기중기에 사용되는 로프는 와이어로프이다.

47 다음 중 건설기계사업이 아닌 것은?
① 건설기계대여업
② 건설기계정비업
③ 건설기계매매업
④ **건설기계수출업**

해설 건설기계사업이란 건설기계대여업, 건설기계정비업, 건설기계매매업 및 건설기계해체재활용업을 말한다.

★★★ 48 건설기계 안전기준에서 정한 대형건설기계에 속하지 않는 것은?
① 최소 회전반경 12미터를 초과하는 건설기계
② 길이가 16.7미터를 초과하는 건설기계
③ 너비가 2.5미터를 초과하는 건설기계
④ **총중량 20톤인 건설기계**

해설 대형건설기계는 총중량이 40톤을 초과하는 건설기계이다.

49 임시운행 사유가 아닌 것은?
① **정비명령을 받은 건설기계가 정비공장과 검사소를 운행하고자 할 때**
② 신규등록을 하기 위하여 건설기계를 등록지로 운행하고자 할 때
③ 신개발 건설기계를 시험운행하고자 할 때
④ 확인검사를 받기 위하여 운행하고자 할 때

해설 미등록 건설기계의 임시운행(건설기계관리법 시행규칙 제6조)
1. 등록신청을 하기 위하여 건설기계를 등록지로 운행하는 경우
2. 신규등록검사 및 확인검사를 받기 위하여 건설기계를 검사장소로 운행하는 경우
3. 수출을 하기 위하여 건설기계를 선적지로 운행하는 경우
3의2. 수출을 하기 위하여 등록말소한 건설기계를 점검·정비의 목적으로 운행하는 경우
4. 신개발 건설기계를 시험·연구의 목적으로 운행하는 경우
5. 판매 또는 전시를 위하여 건설기계를 일시적으로 운행하는 경우

50 신호등이 없는 철길건널목 통과방법 중 옳은 것은?
① 차단기가 올라가 있으면 그대로 통과해도 된다.
② **반드시 일시정지를 한 후 안전을 확인하고 통과한다.**
③ 신호등이 진행 신호일 경우에도 반드시 일시정지를 하여야 한다.
④ 일시정지를 하지 않아도 좌우를 살피면서 서행으로 통과하면 된다.

해설 모든 차의 운전자는 철길건널목을 통과하려는 경우에는 건널목 앞에서 일시정지하여 안전한지 확인한 후에 통과하여야 한다. 다만, 신호기 등이 표시하는 신호에 따르는 경우에는 정지하지 아니하고 통과할 수 있다(도로교통법 제24조제1항).

정답 40.④ 41.② 42.① 43.② 44.② 45.② 46.④ 47.④ 48.④ 49.① 50.②

건설기계 운전기능사

2022년 **기중기** 기출분석문제

51 플런저가 구동축의 직각방향으로 설치되어 있는 유압 모터는?

① 캠형 플런저 모터 ② 엑시얼형 플런저 모터
③ 블래더형 플런저 모터 ④ 레이디얼형 플런저 모터

해설 레이디얼형 플런저 모터 : 플런저 왕복 운동의 방향이 구동축과 직각방향인 플런저 모터

52 ★★ 유압 작동유의 점도가 지나치게 낮을 때 나타날 수 있는 현상은?

① 출력이 증가한다.
② 압력이 상승한다.
③ 유동저항이 증가한다.
④ 유압실린더의 속도가 늦어진다.

해설 유압 작동유의 점도가 지나치게 낮으면 물리적인 주위의 영향을 쉽게 받을 수 있어 소실되는 양이 많아진다. 유동 저항은 감소될 수 있으나 출력이 떨어지고 유압실린더의 속도가 늦어지는 현상이 발생할 수 있다.

53 유압펌프 작동 중 소음이 발생하는 원인으로 틀린 것은?

① 펌프축의 편심 오차가 크다.
② 펌프흡입관 접합부로부터 공기가 유입된다.
③ 릴리프밸브 출구에서 오일이 배출되고 있다.
④ 스트레이너가 막혀 흡입용량이 너무 작아졌다.

해설 유압펌프 작동 중 소음 발생원인
• 스트레이너 용량이 너무 작다.
• 기관과 펌프축 사이의 편심 오차가 크다.
• 흡입관 접합 부분으로부터 공기가 유입된다.

54 유압펌프에서 발생된 유체에너지를 이용하여 직선운동이나 회전 운동을 하는 유압기기는?

① 오일쿨러 ② 제어밸브
③ 액추에이터 ④ 어큐뮬레이터

해설 액추에이터는 유압펌프에서 가해진 기름의 압력에너지를 직선운동이나 회전운동을 하여 기계적 에너지로 변환시키는 장치이다.

55 유압실린더에서 숨돌리기 현상이 생겼을 때 일어나는 현상이 아닌 것은?

① 작동 지연 현상이 생긴다.
② 피스톤 동작이 정지된다.
③ 오일의 공급이 과대해진다.
④ 작동이 불안정하게 된다.

해설 유압실린더에서 숨돌리기 현상이 발생하면 피스톤 작동이 불안정해지고 작동시간의 지연이 발생한다. 또한 작동유의 공급이 부족해지므로 서지압이 발생한다.

56 ★★★ 작업장에서 지킬 안전사항 중 틀린 것은?

① 안전모는 반드시 착용한다.
② 고압전기, 유해가스 등에 적색 표지판을 부착한다.
③ 해머작업을 할 때는 장갑을 착용한다.
④ 기계의 주유 시는 동력을 차단한다.

해설 해머작업 시 장갑을 끼거나 기름 묻은 손으로 자루를 잡으면 미끄러지기 쉬우므로 면장갑을 착용해서는 안 된다.

57 다음 중 안전의 제일 이념에 해당하는 것은?

① 품질 향상 ② 재산 보호
③ 인간 존중 ④ 생산성 향상

해설 안전의 목적에 있어서 사람의 생명이 가장 우선되는 것은 당연한 일이다.

58 기계의 회전부분(기어, 벨트, 체인)에 덮개를 설치하는 이유는?

① 좋은 품질의 제품을 얻기 위하여
② 회전부분의 속도를 높이기 위하여
③ 제품의 제작 과정을 숨기기 위하여
④ 회전부분과 신체의 접촉을 방지하기 위하여

해설 방호덮개는 가공물, 공구 등의 낙하 비래에 의한 위험을 방지하고, 위험 부위에 인체의 접촉 또는 접근을 방지하기 위한 것이다.

59 유류화재 시 사용하기에 적합하지 않은 소화 재료는?

① 흙 ② 물
③ 소화기 ④ 모래

해설 유류화재 시 물을 부을 경우 기름이 물에 뜨면서 화재가 확산될 수 있다. CO_2 소화기(탄산가스 소화기), 모래, 담요, 방화커튼 등을 사용하여 최단시간 내에 소화한다.

60 도로에서 파일 항타, 굴착작업 중 지하에 매설된 전력케이블 피복이 손상되었을 때 전력 공급에 파급되는 영향을 가장 올바르게 설명한 것은?

① 케이블이 절단되어도 전력 공급에는 지장이 없다.
② 케이블은 외피 및 내부가 철 그물망으로 되어 있어 절대로 절단되지 않는다.
③ 케이블을 보호하는 관은 손상이 되어도 전력 공급에는 지장이 없으므로 별도의 조치는 필요 없다.
④ 전력케이블에 충격 또는 손상이 가해지면 전력 공급이 차단되거나 일정 시일 경과 후 부식 등으로 전력 공급이 중단될 수 있다.

해설 지하에 매설된 전력케이블에 충격 또는 손상이 가해졌을 경우 즉각 전력 공급이 중단되거나 일정 시일 경과 후 부식 등으로 전력 공급이 중단될 수 있다.

정답 51.④ 52.④ 53.③ 54.③ 55.③ 56.③ 57.③ 58.④ 59.② 60.④

108

2021 제1회 로더 기출분석문제

01 다음 중 건설기계 특별표지판 부착 대상이 아닌 건설기계는?

① 길이가 17m인 굴착기
② 너비가 4m인 기중기
③ 총중량이 15톤인 지게차
④ 최소회전반경이 14m인 모터그레이더

>해설 길이가 16.7m, 너비가 2.5m, 높이가 4.0m, 최소회전반경이 12m, 총중량이 40톤, 총중량 상태에서 축하중이 10톤을 초과하는 건설기계는 특별표지판을 부착하여야 한다(건설기계안전기준에 관한 규칙 제2조제33호).

02 일상 점검정비 작업 내용에 속하지 않는 것은?

① 엔진오일량   ② 브레이크액 수준 점검
③ 라디에이터 냉각수량   ④ 연료 분사노즐 압력

>해설 일상적으로 점검할 항목에는 엔진오일, 브레이크 오일 등을 비롯한 각종 오일량을 점검하는 것, 라디에이터 냉각수량 점검 등이 해당한다. 연료 분사노즐 압력은 일상적으로 점검할 수 없으며 전문 정비사의 기술이 필요한 항목이다.

03 건설기계 등록말소 사유 중 반드시 시·도지사가 직권으로 등록말소하여야 하는 것은?

① 사위(詐僞) 기타 부정한 방법으로 등록을 한 때
② 검사최고를 받고도 정기검사를 받지 아니한 때
③ 건설기계의 용도를 폐지한 때
④ 건설기계를 수출하는 때

>해설 시·도지사는 등록된 건설기계가 거짓이나 그 밖의 부정한 방법으로 등록을 한 경우, 정기검사 명령·수시검사 명령 또는 정비 명령에 따르지 아니한 경우, 건설기계를 폐기한 경우, 내구연한을 초과한 건설기계(다만 정밀진단을 받아 연장된 경우는 그 연장기간을 초과한 건설기계)에 해당하는 경우에는 직권으로 등록을 말소하여야 한다(건설기계관리법 제6조).

04 건설기계의 검사유효기간이 만료된 경우 실시해야 하는 검사는?

① 신규등록검사   ② 구조변경검사
③ 정기검사   ④ 수시검사

>해설 정기검사 : 건설공사용 건설기계로서 3년의 범위에서 국토교통부령으로 정하는 검사유효기간이 끝난 후에 계속하여 운행하려는 경우에 실시하는 검사와 운행차의 정기검사

05 아크용접에서 눈을 보호하기 위한 보안경 선택으로 맞는 것은?

① 도수 안경   ② 방진 안경
③ 차광용 안경   ④ 실험실용 안경

>해설 아크용접 시에는 강한 빛이 발생하므로 이를 차단할 수 있는 차광용 안경을 사용한다.

06 망치(hammer) 작업 시 옳은 것은?

① 망치자루의 가운데 부분을 잡아 놓치지 않도록 할 것
② 손은 다치지 않게 장갑을 착용할 것
③ 타격할 때 처음과 마지막에 힘을 많이 가하지 말 것
④ 열처리된 재료는 반드시 해머 작업을 할 것

>해설 해머 작업 시 안전사항
- 해머를 사용할 때 자루 부분을 확인한다.
- 쐐기를 박아서 자루가 단단한 것을 사용한다.
- 자루가 불안정한 것은 사용하지 않는다.
- 장갑을 끼고 해머 작업을 하지 않는다.
- 열처리된 재료는 해머로 때리지 않도록 주의한다.

07 파스칼(Pascal)의 원리 중 틀린 것은?

① 유체의 압력은 면에 대하여 직각으로 작용한다.
② 각 점의 압력은 모든 방향으로 같다.
③ 밀폐 용기 속의 유체 일부에 가해진 압력은 각부에 똑같은 세기로 전달된다.
④ 정지해 있는 유체에 힘을 가하면 단면적이 적은 곳은 속도가 느리게 전달된다.

>해설 파스칼의 원리는 밀폐된 용기에 액체를 가득 채우고 힘을 가하면 그 내부의 압력은 용기의 모든 면에 수직으로 작용하며 동일한 압력으로 작용한다는 원리이다.
④ 유압에서 속도조절은 유량에 의해 달라진다.

08 화재의 분류에서 전기화재에 해당되는 것은?

① A급 화재   ② B급 화재
③ C급 화재   ④ D급 화재

>해설 A급 화재 : 일반화재, B급 화재 : 유류, 가스화재, C급 화재 : 전기화재, D급 화재 : 금속화재(Mg, Al 등)

09 수공구 사용방법으로 옳지 않은 것은?

① 좋은 공구를 사용할 것
② 해머의 쐐기 유무를 확인할 것
③ 스패너는 너트에 잘 맞는 것을 사용할 것
④ 해머의 사용면이 넓고 얇아진 것을 사용할 것

>해설 해머 작업 시 안전수칙
- 타격면이 마모되어(닳아) 경사진 것은 사용하지 않는다.
- 기름이 묻은 손으로 자루를 잡지 않는다.
- 해머를 사용할 때 자루 부분을 확인한다. 쐐기를 박아서 자루가 단단한 것을 사용한다. 자루가 불안정한 것(쐐기가 없는 것 등)은 사용하지 않는다.
- 열처리된 재료는 해머로 때리지 않도록 주의한다.

정답 01.③ 02.④ 03.① 04.③ 05.③ 06.③ 07.④ 08.③ 09.④

10 ★★ 산업재해의 통상적인 분류 중 통계적 분류에 대한 설명으로 틀린 것은?

① 사망 – 업무로 인해서 목숨을 잃게 되는 경우
② 중경상 – 부상으로 인하여 30일 이상의 노동 상실을 가져온 상해 정도
③ 경상해 – 부상으로 1일 이상 7일 이하의 노동 상실을 가져온 상해 정도
④ 무상해 사고 – 응급처치 이하의 상처로 작업에 종사하면서 치료를 받는 상해 정도

✎해설 중경상 : 부상으로 8일 이상의 노동 상실을 가져온 상해 정도

11 ★★★ 로더의 작업 중 그레이딩에 대한 설명으로 옳은 것은?

① 굴착 작업
② 적재 작업
③ 깎아내기 작업
④ 지면 고르기 작업

✎해설 그레이딩(grading) : 정지작업. 기복이 있거나 장애물이 있는 지반면을 평탄하게 다지는 것

12 ★★★ 유압회로의 최고 압력을 제한하는 밸브로서 회로의 압력을 일정하게 유지시키는 밸브는?

① 릴리프밸브
② 감압밸브
③ 시퀀스밸브
④ 체크밸브

✎해설 릴리프밸브는 압력제어 밸브로 유압이 규정값에 이르면 밸브가 열려서 작동유의 일부 또는 전체 양을 복귀하는 쪽으로 탈출시킴으로써 회로 압력을 일정하게 하거나 최고 압력을 규제해서 각부 기기를 보호하는 역할을 한다.

13 ★★★★ 먼지가 많은 장소에서 착용하여야 하는 마스크는?

① 방진마스크
② 산소마스크
③ 방독마스크
④ 일반마스크

✎해설 방진마스크는 분체작업, 연마작업, 광택작업, 배합작업 등이 이루어지는 작업 및 작업장에서 사용하는 호흡용 보호구이다.

14 피스톤 펌프의 특징과 거리가 먼 것은?

① 배출량의 변화 범위가 넓다.
② 회전 또는 왕복운동을 한다.
③ 기어펌프에 비해 최고압력이 높다.
④ 구조가 간단하고 수리가 쉽다.

✎해설 **플런저 펌프**(피스톤 펌프)의 특징
• 가변용량이 가능하다(배출량의 변화 범위 넓음).
• 기어펌프에 비해 최고압력이 높다.
• 축은 회전 또는 왕복운동을 한다.
• 흡입 성능이 나쁘고 구조가 복잡하다.
• 소음이 크고 최고 회전속도가 약간 낮다.
• 펌프실 내의 플런저(피스톤)가 왕복운동을 하면서 펌프작용을 한다.

15 ★ 무한궤도식 로더와 비교 시 타이어식 로더의 장점으로 가장 적합한 것은?

① 견인력이 크다.
② 기동성이 좋다.
③ 등판능력이 크다.
④ 습지작업에 유리하다.

✎해설 휠형 로더는 고무타이어 트랙터 앞에 버킷을 설치한 것으로, 평탄한 작업장에서는 기동성이 우수하고 작업능률도 높지만 연약지반이나 험지, 늪지에서는 작업이 힘들다.

16 로더로 주행 가능한 내리막 경사도는?

① 25°
② 35°
③ 40°
④ 45°

✎해설 로더의 주행 가능 경사도
• 오르막 경사도 : 25°
• 내리막 경사도 : 30°~35°
• 옆(측면) 경사도 : 10°~16°

17 타이어식 로더의 구성품 중에서 습지, 사지 등을 주행할 때 타이어가 미끄러지는 것을 방지하기 위한 장치는 무엇인가?

① 차동제한장치
② 유성기어장치
③ 브레이크 장치
④ 종감속기어 장치

✎해설 차동제한장치는 사지, 습지, 연약 지반에서 타이어가 미끄러지는 것을 방지한다.

18 ★★★ 교류발전기에서 교류를 직류로 바꾸어 주는 것은?

① 계자
② 슬립링
③ 브러시
④ 다이오드

✎해설 다이오드는 반도체 접합을 통해 전류가 한쪽으로만 흐르는 역할을 해주는 전자 부품이다. 그러므로 교류 전류를 직류로 바꾸어 주는 정류 작용을 하며 전류의 역류를 방지해 준다.

19 건설기계의 검사를 연장 받을 수 있는 기간을 잘못 설명한 것은?

① 해외임대를 위하여 일시 반출된 경우 – 반출기간 이내
② 압류된 건설기계의 경우 – 압류기간 이내
③ 건설기계대여업을 휴지한 경우 – 사업의 개시신고를 하는 때까지
④ 장기간 수리가 필요한 경우 – 소유자가 원하는 기간

✎해설 검사를 연기하는 경우에는 그 연기기간을 6월 이내[남북경제협력 등으로 북한지역의 건설공사에 사용되는 건설기계와 해외임대를 위하여 일시 반출되는 건설기계의 경우에는 반출기간 이내, 압류된 건설기계의 경우에는 그 압류기간 이내, 타워크레인 또는 천공기(터널보링식 및 실드굴진식으로 한정한다)가 해체된 경우에는 해체되어 있는 기간 이내]로 한다. 건설기계소유자가 당해 건설기계를 사용하는 사업을 영위하는 경우로서 당해 사업의 휴지를 신고한 경우에는 당해 사업의 개시신고를 하는 때까지 검사유효기간이 연장된 것으로 본다(건설기계관리법 시행규칙 제31조의2제3항·제4항).

정답 10. ② 11. ④ 12. ① 13. ① 14. ④ 15. ② 16. ② 17. ① 18. ④ 19. ④

20. 로더의 동력전달순서로 맞는 것은?

① 엔진 → 토크컨버터 → 유압변속기 → 종감속장치 → 구동륜
② 엔진 → 유압변속기 → 종감속장치 → 토크컨버터 → 구동륜
③ 엔진 → 유압변속기 → 토크컨버터 → 종감속장치 → 구동륜
④ 엔진 → 토크컨버터 → 종감속장치 → 유압변속기 → 구동륜

해설 로더의 동력전달순서 : 기관 → 토크컨버터 → 변속기 → 트랜스퍼 기어 → 추진축과 자재이음 → 차동장치 → 종감속기어 → 휠(바퀴)

21. 로더 레버 조작 시 A방향으로 조정레버를 당겼을 경우 나타나는 변화로 옳은 것은?

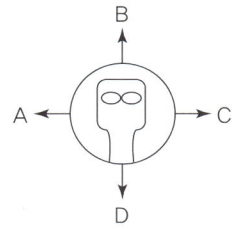

① 붐이 내려간다.
② 버킷이 올라간다.
③ 붐이 올라간다.
④ 버킷이 내려간다.

해설
- A : 버킷 상승
- B : 붐 하강
- C : 버킷 하강
- D : 붐 상승

22. 터보차저에 대한 설명 중 틀린 것은?

① 흡기관과 배기관 사이에 설치된다.
② 과급기라고도 한다.
③ 배기가스 배출을 위한 일종의 블로워(blower)이다.
④ 기관출력을 증가시킨다.

해설 터보차저(과급기)는 엔진의 출력을 향상시키기 위하여 흡기 다기관에 설치한 공기 펌프이다. 배기가스의 에너지로 배기 터빈을 돌리면 이것에 직결된 컴프레서(압축기)로 엔진에 공기를 밀어넣어 엔진 출력을 향상시킨다.

23. 건설기계조종사의 적성검사 기준으로 가장 거리가 먼 것은?

① 두 눈을 동시에 뜨고 잰 시력이 0.7 이상이고, 두 눈의 시력이 각각 0.3 이상일 것
② 시각은 150° 이상일 것
③ 교정시력의 경우는 시력이 2.0 이상일 것
④ 언어분별력이 80% 이상일 것

해설 건설기계조종사의 적성검사의 기준(건설기계관리법 시행규칙 제76조)
1. 두 눈을 동시에 뜨고 잰 시력(교정시력을 포함)이 0.7 이상이고 두 눈의 시력이 각각 0.3 이상일 것
2. 55dB(보청기를 사용하는 사람은 40dB)의 소리를 들을 수 있고, 언어분별력이 80% 이상일 것
3. 시각은 150° 이상일 것
4. 정신질환자 또는 뇌전증환자, 앞을 보지 못하는 사람, 듣지 못하는 사람, 마약·대마·향정신성의약품 또는 알코올중독자가 아닐 것

24. 로더의 작업 방법으로 맞는 것은?

① 굴삭 작업 시에는 버킷을 올려 세우고 작업을 하며 적재 시에는 전경각 35°를 유지해야 한다.
② 굴삭 작업 시에는 버킷을 수평 또는 약 5° 정도 앞으로 기울이는 것이 좋다.
③ 작업 시에는 변속기의 단수를 높이면 작업 효율이 좋아진다.
④ 단단한 땅을 굴삭 시에는 그라인더로 버킷을 날카롭게 만든 후 작업을 하며 굴삭 시에는 후경각 45°를 유지해야 한다.

해설 로더는 트랙터 앞에 셔블 전부장치를 가진 것으로 각종 토사나 자갈 및 골재 등을 퍼서 다른 곳으로 운반하거나 덤프차에 적재하는 장비이다. 로더로 굴삭 작업을 할 때에는 버킷을 수평 또는 약 5° 정도 기울여야 굴삭이 가능하다.

25. 가솔린기관과 비교하여 디젤기관의 일반적인 특징으로 가장 거리가 먼 것은?

① 소음이 크다.
② 회전수가 높다.
③ 마력당 무게가 무겁다.
④ 진동이 크다.

해설 디젤기관은 가솔린기관에 비하여 열효율이 높고 연료 소비율이 적은 장점이 있다. 또한 연료의 인화점이 높아 그 취급이나 저장에 위험이 적고 대형기관의 제작을 가능하게 한다. 반면 평균유효압력 및 회전속도가 낮고 운전 중 진동과 소음이 큰 단점이 있다.

26. 유압유의 기능에 대한 설명으로 틀린 것은?

① 열을 방출한다.
② 동력을 전달한다.
③ 맞물린 부위의 간극을 밀봉한다.
④ 움직이는 부분에 대한 효율을 증대시킨다.

해설 ① 유압유는 열을 흡수하는 기능을 한다.

27. 유압장치에서 방향제어밸브의 설명 중 가장 적절한 것은?

① 오일의 압력을 바꿔 주는 밸브이다.
② 오일의 유량을 바꿔 주는 밸브이다.
③ 오일의 온도를 바꿔 주는 밸브이다.
④ 오일의 흐름 방향을 바꿔 주는 밸브이다.

해설 방향제어밸브는 유압펌프에서 보내온 오일의 흐름 방향을 바꾸거나 정지시켜서 액추에이터가 하는 일의 방향을 변화·정지시키는 밸브이다.

28. 다음 중 일반적으로 장갑을 끼고 작업할 경우 안전상 가장 적합하지 않은 작업은?

① 건설기계 운전 작업
② 선반 등의 절삭가공 작업
③ 전기용접 작업
④ 타이어 교체 작업

해설 면장갑 착용 금지작업 : 선반 작업, 드릴 작업, 목공기계 작업, 그라인더 작업, 해머 작업, 기타 정밀기계 작업 등

정답 20.① 21.② 22.③ 23.③ 24.② 25.② 26.① 27.④ 28.②

29 로더로 지면을 굴삭할 때, 버킷의 전방 틸팅 각도로 알맞은 것은?

① 0~10°   ② 10~30°
③ 20~45°   ④ 30~45°

✎해설 토사를 깎으려 할 때는 버킷을 약 5° 정도 기울여 출발하며, 전진해 깎을 때 깊이는 버킷을 약간 올리던지 버킷을 복귀시키는 것으로 조정한다.

30 로더의 유압탱크에 배플판을 설치하는 이유는?

① 오일의 온도를 냉각시키기 위해
② 기포를 외부로 유출시키기 위해
③ 오일에 포함한 이물질을 제거하기 위해
④ 기포가 흡입관으로 혼입되는 것을 막기 위해

✎해설 흡입관과 복귀관 사이에 격판(배플판)을 두어 기포 분리 및 제거를 가능하게 한다.

31 로더의 버킷 용도별 분류 중 나무뿌리 뽑기, 제초, 제석 등 지반이 매우 굳은 땅의 굴삭 등에 적합한 버킷은?

① 스켈리턴 버킷   ② 사이드 덤프 버킷
③ 래크 블레이드 버킷   ④ 암석용 버킷

✎해설 래크 블레이드 버킷 : 나무뿌리 뽑기, 제초, 제석 등 지반이 매우 굳은 땅의 굴삭 등에 적합한 버킷

★★★
32 유압장치의 고장원인과 거리가 먼 것은?

① 작동유의 과도한 온도 상승
② 윤활성이 좋은 작동유 사용
③ 조립 및 접속 불완전
④ 작동유에 공기, 물 등의 이물질 혼입

✎해설 윤활성이 좋은 작동유를 사용하는 것은 고장을 발생시키는 원인과는 거리가 먼 내용이며 작동유의 점도가 너무 크거나 작은 경우 등은 고장원인과 관계가 있다.

33 차동기어장치의 목적은?

① 기어조작을 쉽게 하기 위해서이다.
② 선회할 때 양쪽바퀴에 작용되도록 하기 위해서이다.
③ 선회할 때 바깥쪽 바퀴의 회전속도를 안쪽 바퀴보다 빠르게 하기 위해서이다.
④ 선회할 때 반부동식 축이 바깥쪽 바퀴에 힘을 주도록 하기 위해서이다.

✎해설 차동기어장치는 선회 시 바깥쪽 바퀴의 회전속도를 안쪽 바퀴보다 빠르게 하기 위해 둔 것으로 랙과 피니언의 원리를 이용했다.

34 안전·보건표지의 종류와 형태에서 그림의 표지로 맞는 것은?

① 화기금지   ② 폭발성물질 경고
③ 산화성물질 경고   ④ 위험장소 경고

✎해설 그림은 폭발성 물질에 대한 경고표지이다.

35 압력스위치를 나타낸 기호는?

① ②
③ ④

✎해설 ① 어큐뮬레이터, ② 압력계, ④ 스톱밸브

36 유압장치에서 유압조정밸브의 조정방법은?

① 밸브 스프링의 장력이 커지면 유압이 낮아진다.
② 압력조정밸브가 열리도록 하면 유압이 높아진다.
③ 조정 스크루를 풀면 유압이 높아진다.
④ 조정 스크루를 조이면 유압이 높아진다.

✎해설 유압조정밸브는 조이면 유압이 높아지고 풀면 유압이 낮아진다.

37 실린더 벽이 마멸되었을 때 발생하는 현상은?

① 열효율이 증가한다.
② 폭발압력이 증가한다.
③ 오일 소모량이 증가한다.
④ 기관의 회전수가 증가한다.

✎해설 실린더 벽이 마모되면 피스톤과 기밀 유지가 되지 못하므로 기관의 회전수와 열효율, 폭발압력이 감소하고, 작동유의 소모량은 증가한다.

★
38 무한궤도식 로더의 주행 방법으로 틀린 것은?

① 연약한 땅은 피해서 주행한다.
② 요철이 심한 곳은 신속히 통과한다.
③ 가능하면 평탄한 길을 택하여 주행한다.
④ 돌 등이 스프로킷에 부딪치거나 올라타지 않도록 한다.

✎해설 요철이 심한 곳에서 모든 장비는 서행으로 통과하여야 한다.

정답 29. ① 30. ④ 31. ③ 32. ② 33. ③ 34. ② 35. ③ 36. ④ 37. ③ 38. ②

39 정지 위치에서 로더의 붐이 저절로 하향한다. 다음 중 해당되지 않는 사항은?
① 붐 상승회로의 안전밸브에 이상이 있다.
② 붐 하향회로의 안전밸브에 이상이 있다.
③ 붐 실린더의 패킹에 결함이 있다.
④ 메인 압력조절밸브에 이상이 있다.

40 기관 과열의 직접적인 원인이 아닌 것은?
① 타이밍 체인의 느슨함
② 라디에이터의 코어 막힘
③ 팬 벨트의 느슨함
④ 냉각수의 부족

✎해설 타이밍 체인은 크랭크 축의 타이밍기어와 캠 축의 타이밍기어를 연결해 캠축을 회전시키는 역할을 하는 체인으로 냉각 계통과는 무관하다.

41 기관을 시동하여 공전 시에 점검할 사항이 아닌 것은?
① 기관의 팬 벨트 장력 점검
② 냉각수의 누출 여부를 점검
③ 오일의 누출 여부 점검
④ 배기가스 색깔을 점검

✎해설 팬 벨트 장력 점검은 반드시 기관이 정지된 상태에서 진행돼야 한다.

★ 42 로더의 적재 방법 중 버킷을 어느 쪽으로나 기울일 수 있어서 좁은 장소에서 사용하기 편리한 형식은?
① 스윙형
② 사이드 덤프형
③ 오버 헤드형
④ 프런트 엔드형

✎해설 오버 헤드형은 앞부분에서 굴식하여 장비 위를 넘어 후면에 덤프할 수 있는 형식이다.

43 유압모터의 특징 중 거리가 가장 먼 것은?
① 무단변속이 가능하다.
② 속도나 방향의 제어가 용이하다.
③ 작동유의 점도변화에 의하여 유압모터의 사용에 제약이 있다.
④ 작동유가 인화되기 어렵다.

✎해설 유압모터의 장단점

장점	단점
• 무단변속 용이 • 소형, 경량으로 대 출력 가능 • 변속, 역전제어 용이 • 속도, 방향제어 용이	• 유압유 점도 변화에 민감해 사용상 제약이 있음 • 유압유가 인화하기 쉬움 • 유압유에 먼지, 공기가 혼입되면 성능 저하

44 기계에 사용되는 방호덮개 장치의 구비 조건으로 틀린 것은?
① 마모나 외부로부터 충격에 쉽게 손상되지 않을 것
② 검사나 급유조정 등 정비가 용이할 것
③ 최소의 손질로 장시간 사용할 수 있을 것
④ 작업자가 임의로 제거 후 사용할 수 있을 것

✎해설 ④ 방호덮개 장치는 작업자가 임의로 제거할 수 없다.

★★ 45 건설기계조종사면허증 발급 신청 시 첨부하는 서류와 가장 거리가 먼 것은?
① 신체검사서
② 국가기술자격수첩
③ 주민등록표 등본
④ 소형기계조종교육이수증

✎해설 건설기계조종사면허를 받고자 하는 자는 건설기계조종사면허증발급신청서에 신체검사서, 소형건설기계조종교육이수증(소형건설기계조종사면허증을 발급신청하는 경우에 한정), 건설기계조종사면허증(건설기계조종사면허를 받은 자가 면허의 종류를 추가하고자 하는 때에 한함), 6개월 이내에 촬영한 모자를 쓰지 않은 상반신 사진 2매를 첨부하여 시장·군수 또는 구청장에게 제출해야 한다. 이 경우 시장·군수 또는 구청장은 행정정보의 공동이용을 통하여 국가기술자격 정보(소형건설기계조종사면허증을 발급신청하는 경우는 제외), 자동차운전면허 정보(3톤 미만의 지게차를 조종하려는 경우에 한정)를 확인하여야 하며, 신청인이 확인에 동의하지 아니하는 경우에는 해당 서류의 사본을 첨부하도록 하여야 한다(건설기계관리법 시행규칙 제71조).

★★ 46 사고 원인으로서 작업자의 불안전한 행위는?
① 안전조치의 불이행
② 작업장 환경 불량
③ 물적 위험상태
④ 기계의 결함상태

✎해설 인적 불안전 행위는 직접 원인에 해당한다. 안전조치의 불이행, 작업 태도의 불안전, 위험한 장소의 출입, 작업자의 실수 등이 이에 해당한다.

★★★ 47 유압 회로에서 역류를 방지하고 회로 내의 잔류 압력을 유지하는 밸브는?
① 셔틀밸브
② 감속밸브
③ 체크밸브
④ 분류밸브

✎해설 체크밸브 : 유압의 흐름을 한 방향으로 통과시켜 역류를 방지하기 위한 밸브

48 로더의 주차 시 주의사항으로 옳지 않은 것은?
① 시야확보를 위하여 버킷을 높이 든다.
② 전선이 있는 곳에서는 차실과 닿지 않도록 주의한다.
③ 전조의 조짐이 보일 때 후경각을 낮춰 조절한다.
④ 주차 브레이크를 작동시킨다.

✎해설 건설기계 작업 종료 후 버킷 등은 지면에 내려놓아야 한다.

정답 39.④ 40.① 41.① 42.③ 43.④ 44.④ 45.③ 46.① 47.③ 48.①

49 로더 작업 시 붐을 하강시키기 위한 조종레버 조작방법은?

① 조종레버를 민다.
② 조종레버를 우측으로 움직인다.
③ 조종레버를 당긴다.
④ 조종레버를 좌측으로 움직인다.

해설
• 붐을 상승시킬 때 : 조종레버를 당긴다.
• 붐을 하강시킬 때 : 조종레버를 민다.

50 도로교통법상 안전표지의 종류가 아닌 것은?

① 주의표지
② 규제표지
③ 안심표지
④ 보조표지

해설 안전표지는 주의표지, 규제표지, 지시표지, 보조표지, 노면표시로 구분한다(도로교통법 시행규칙 제8조).

51 엔진 시동 후 충전 램프에 계속 불이 켜져 있을 경우는?

① 엔진 출력의 부족
② 엔진 오일의 부족
③ 연료가 충분하지 않음
④ 전기계통의 이상

해설 엔진이 정상적으로 작동 중에 있을 때, 축전지를 중심으로 충전 계통에 문제가 있으면 충전 램프가 켜져 경고한다.

★★
52 한쪽 방향지시등만 점멸 속도가 빠른 원인으로 옳은 것은?

① 한쪽 램프의 단선
② 플래셔 유닛 고장
③ 전조등 배선 접촉 불량
④ 비상등 스위치 고장

해설 방향지시등은 양쪽 전구가 하나의 회로로 연결되어 있어서 전등 하나가 고장 또는 단선되거나 규정 용량의 전구를 사용하지 않았을 경우 남은 한쪽은 점멸하는 속도가 빠르게 된다.

53 축전지의 용량(전류)에 영향을 주는 요소로 틀린 것은?

① 극판의 수
② 셀의 크기
③ 극판의 크기
④ 냉간율

해설 축전지 용량은 극판의 크기, 극판의 수, 셀의 크기 및 전해액의 양에 의해 결정된다.

★★★
54 로더의 상차작업 중 로더가 버킷에 작업물을 담아 후퇴하고 로더와 작업 대상물 사이에 덤프트럭이 들어오는 방식은?

① T형 상차 방법
② L형 상차 방법
③ I형 상차 방법
④ V형 상차 방법

해설 I형 상차 방법(직진·후진법) : 로더가 버킷에 작업물을 담아 후퇴하고 곧바로 로더와 작업 대상물 사이에 덤프트럭이 들어오는 방식

55 유압모터의 속도를 결정하는 것은?

① 오일의 압력
② 오일의 온도
③ 오일의 점도
④ 오일의 유량

56 전조등의 형식 중 내부에 불활성 가스가 들어 있으며 광도의 변화가 적은 것은?

① 실드빔식
② 하이빔식
③ 로우빔식
④ 세미 실드빔식

해설 실드빔식 전조등
• 대기 조건에 따라 반사경이 흐려지지 않는다.
• 내부에 불활성 가스가 들어 있다.
• 사용에 따른 광도의 변화가 적다.

57 에어클리너(공기청정기)가 막혔을 때 발생되는 현상으로 가장 적절한 것은?

① 배기색은 흰색이며, 출력은 저하된다.
② 배기색은 흰색이며, 출력은 증가한다.
③ 배기색은 검정색이며, 출력은 저하된다.
④ 배기색은 검정색이며, 출력은 증가한다.

해설 공기청정기(에어클리너)가 막히면 연료의 혼합비가 높아져 배기가스는 검정색이 되고 출력은 저하된다.

58 토크 컨버터 구성요소 중 기관에 의해 직접 구동되는 것은?

① 터빈
② 스테이터
③ 가이드 링
④ 펌프

★
59 변속 중 기어가 이중으로 물리는 것을 방지하는 것은?

① 인터록
② 셀렉터
③ 로크 핀
④ 록킹볼

60 브레이크에 페이드(fade) 현상이 발생했을 때 올바른 조치 방법은?

① 엔진 브레이크를 사용한다.
② 작동을 멈추고 열을 식힌다.
③ 브레이크를 자주 밟아 준다.
④ 속도를 가속한다.

해설 페이드 현상 : 브레이크를 반복하여 사용했을 때 마찰열이 라이닝에 축적되어 브레이크의 제동력이 저하되는 현상

정답 49. ① 50. ③ 51. ④ 52. ① 53. ④ 54. ③ 55. ④ 56. ① 57. ③ 58. ④ 59. ① 60. ②

2021 제2회 로더 기출분석문제

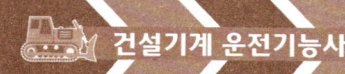

01 타이어식 로더의 붐과 버킷 레버를 동시에 당겼을 때 움직임은?
① 붐만 상승한다.
② 버킷만 오므려진다.
③ 붐은 하강하고 버킷은 펴진다.
④ 붐은 상승하고 버킷은 오므려진다.

해설 붐 레버를 당기면 붐은 상승하고 밀면 하강한다. 버킷 레버는 당길 때 오므려지고 밀 때 펴지므로 두 가지 레버를 동시에 당기면 붐은 상승하고 버킷은 오므려진다.

02 다음 중 안내표지에 해당하지 않는 것은?
① 응급구호표지
② 비상용기구
③ 급성독성물질 경고
④ 세안장치

해설 ③ 급성독성물질 경고는 경고표지에 해당한다.

03 건설기계검사의 종류가 아닌 것은?
① 예비검사
② 확인검사
③ 구조변경검사
④ 신규등록검사

해설 건설기계 검사의 종류 : 신규등록검사, 정기검사, 수시검사, 확인검사, 구조변경검사, 적성검사 등

04 해머작업의 안전수칙으로 옳지 않은 것은?
① 쐐기를 박은 견고한 자루로 된 것을 사용한다.
② 목적물을 한두 번 가볍게 친 다음 본격적으로 두드린다.
③ 장갑을 착용한 후 작업에 들어간다.
④ 주위 상황을 살펴 안전을 확인한다.

해설 해머작업 시 안전수칙
• 해머를 사용할 때 자루 부분을 확인한다. 쐐기를 박아서 자루가 단단한 것을 사용한다. 자루가 불안정한 것(쐐기가 없는 것 등)은 사용하지 않는다.
• 타격면이 마모되어(닳아) 경사진 것은 사용하지 않는다.
• 기름이 묻은 손으로 자루를 잡지 않는다.
• 열처리된 재료는 해머로 때리지 않도록 주의한다.
• 장갑을 끼고 해머 작업을 하지 않는다.

05 축압기의 사용 목적이 아닌 것은?
① 유체의 맥동 감쇠
② 보조 동력원으로 사용
③ 대유량의 순간적 공급
④ 유압회로 내 압력제어

해설 축압기(Accumulator)의 용도
• 압력 보상
• 에너지 축적
• 유압회로의 보호
• 체적 변화 보상
• 맥동 감쇠
• 충격압력 흡수 및 일정압력 유지

06 다음 중 지시표지에 해당하지 않는 것은?
① 보안경 착용
② 귀마개 착용
③ 안전장갑 착용
④ 물체이동 금지

해설 물체이동 금지는 금지표지에 해당한다.

07 타이어식 로더에 대한 설명으로 옳지 않은 것은?
① 습지·연약지 작업에는 어려움이 있다.
② 차체의 뒷부분에 카운터 웨이트를 두어 균형을 맞춘다.
③ 전륜구동 후륜조향 방식이다.
④ 최고속도는 시속 45km이다.

해설 ④ 최고속도 시속 15~30km 이하로 자동차보다 저속이지만 무한궤도식에 비해 기동성이 양호하다.

08 유압장치의 작동 원리로 맞는 것은?
① 가속도 법칙
② 보일의 법칙
③ 파스칼의 원리
④ 열역학 제1법칙

09 직류(DC) 발전기에서 전류가 발생되는 곳으로 맞는 것은?
① 전기자
② 스테이터
③ 다이오드
④ 로터

해설 직류 발전기에서 전기자는 계자 내 회전하면서 전류를 발생시키는 곳이다.

10 로더의 버킷 용도별 분류 중 파이프 등 길고 둥근 물체를 집는 데 적합한 버킷은?
① 래크 브레이드 버킷
② 스켈리턴 버킷
③ 원목작업 버킷
④ 사이드 덤프 버킷

해설 원목작업 버킷 : 통나무 집게라고도 부르며, 통나무나 파이프 등 길고 둥근 물체를 집어 고정시킨 후 운반하는 버킷

정답 01.④ 02.③ 03.① 04.③ 05.④ 06.④ 07.④ 08.③ 09.① 10.③

11 버킷에 표준 하중을 적재한 상태에서 지표 기준면에서 최대 높이로 올리는 데 필요한 시간을 무엇이라고 하는가?

① 표준 작동시간　　　② 덤프시간
③ 기준시간　　　　　④ 상승시간

12 다음 중 가스누설 검사에 가장 적절하고 안전한 방법은?

① 아세톤　　　　　　② 비눗물
③ 성냥불　　　　　　④ 순수한 물

✎해설 비눗물을 가스누설 위험부위에 칠하면 거품이 발생하게 된다. 이 방법은 가스누설을 가장 정확하게 알아낼 수 있는 방법이다.

★★
13 유압실린더의 종류에 해당하지 않은 것은?

① 단동 실린더 배플형　　② 단동 실린더 램형
③ 복동 실린더 더블로드형　④ 복동 실린더 싱글로드형

✎해설 유압실린더의 종류 : 단동 실린더 피스톤형. 단동 램형 실린더. 복동 실린더 더블로드형. 복동 실린더 싱글로드형

14 로더의 진행 방향 또는 지면 아래를 굴삭할 수 있으며, 대상물을 인양·선회·덤프 가능한 작업장치는?

① 레이크(rake)　　　　② 백호(backhoe)
③ 커플러(coupler)　　　④ 스케리파이어(scarifier)

✎해설 백호는 장비가 위치한 지면보다 낮은 곳의 땅을 파는 데 적합하며, 대상물의 인양·선회·덤프작업이 가능하다.

15 로더 작업장치에 대한 설명으로 틀린 것은?

① 붐 실린더는 붐의 상승·하강 작용을 해준다.
② 작업장치를 작동하게 하는 실린더 형식은 주로 단동식이다.
③ 로더의 규격은 표준 버킷의 산적용량(m³)으로 표시한다.
④ 버킷 실린더는 버킷의 오므림·벌림 작용을 해준다.

✎해설 로더의 동력조향장치 : 유압펌프(동력부), 복동 유압실린더(작동부), 제어밸브(제어부)

16 로더를 이용하여 적재물을 운반 때의 유의사항으로 옳은 것은?

① 버킷을 1.6m 이상 올려 운행한다.
② 하중을 버킷의 한 곳에 집중시킨다.
③ 장비가 전방으로 전도되면 즉시 버킷을 하강시켜 균형을 유지한다.
④ 고압선 아래에서는 버킷을 최대한 올려 차실을 보호하며 운행하도록 한다.

✎해설 로더로 적재물을 운반할 때는 버킷을 0.6m 정도 올려 운행하고 하중은 버킷 전체로 분산시키며 고압선 아래에서는 버킷을 낮추어 안전거리를 두고 운행하여야 한다.

17 타이어식 로더가 무한궤도식 로더에 비해 가장 좋은 점은?

① 비포장도로에서의 작업성
② 습지에서의 작업성
③ 견인력
④ 기동성

✎해설 무한궤도식의 경우에는 습지나 비포장도로와 같이 정상적이지 않은 노면상태에서도 좋은 성능을 내는 장점이 있으나 해당 계통의 장비가 육중하고 큰 힘을 필요로 하고 있어 기동성이 떨어지는 단점이 있다.

18 무한궤도식 로더에서 프론트 아이들러의 역할로 옳은 것은?

① 트랙을 구동한다.
② 트랙의 회전을 조정한다.
③ 동력을 트랙으로 전달한다.
④ 트랙의 진행방향을 유도한다.

✎해설 프론트 아이들러는 트랙 프레임 앞쪽에 부착되어 트랙의 진로를 조정하면서 주행방향을 유도하는 작용을 한다.

★★★★
19 액추에이터를 순서에 맞추어 작동시키기 위하여 설치한 밸브는?

① 시퀀스밸브　　　　② 언로드밸브
③ 메이크업밸브　　　④ 리듀싱밸브

✎해설 시퀀스밸브 : 2개 이상의 분기회로가 있을 때 액추에이터를 순차적으로 작동시키기 위한 자동제어밸브

20 다음 기호 표시로 맞는 것은?

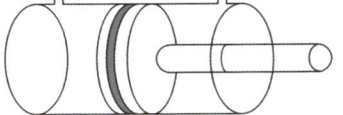

① 단동 실린더　　　　② 복동 실린더
③ 베인 모터　　　　　④ 유압 펌프

21 디젤기관의 단점으로 옳지 않은 것은?

① 큰 출력의 시동전동기가 필요하다.
② 제작비가 저렴하다.
③ 평균 유효 압력 및 회전속도가 낮다.
④ 운전 중 진동과 소음이 크다.

✎해설 ② 디젤 기관은 연료 분사장치가 매우 정밀하고 복잡하여 제작비가 비싸다.

정답 11. ④　12. ②　13. ①　14. ②　15. ②　16. ③　17. ④　18. ④　19. ①　20. ②　21. ②

22. 1종 대형자동차 면허로 조종할 수 없는 건설기계는?
① 콘크리트펌프
② 노상안정기
③ 아스팔트살포기
④ **타이어식 기중기**

해설. 제1종 대형면허로 운전할 수 있는 건설기계(도로교통법 시행규칙 별표18)
- 덤프트럭, 아스팔트살포기, 노상안정기
- 콘크리트믹서트럭, 콘크리트펌프, 천공기(트럭적재식)
- 콘크리트믹서트레일러, 아스팔트콘크리트재생기
- 도로보수트럭, 3톤 미만의 지게차

23. 근로자가 작업 또는 그 밖의 업무로 인하여 사망 또는 부상하거나 질병에 걸리는 것은 무엇인가?
① 산업안전
② **산업재해**
③ 안전사고
④ 안전관리

해설. 산업재해의 정의
- 근로자가 업무에 관계되는 건설물·설비·원재료·가스·증기·분진 등에 의하거나 작업 또는 그 밖의 업무로 인하여 사망 또는 부상하거나 질병에 걸리는 것을 말한다(산업안전보건법 제2조제1호).
- 근로자가 물체나 물질, 타인과의 접촉에 의해서 또는 물체나 작업 조건, 근로자의 작업동작 때문에 사람에게 상해를 주는 사건이 일어나는 것(국제 노동 기구)

24. 디젤기관에 공급하는 연료의 압력을 높이는 것으로 조속기와 분사기를 조절하는 장치가 설치되어 있는 것은?
① 유압펌프
② 프라이밍 펌프
③ **연료분사펌프**
④ 플런저 펌프

해설. 연료분사펌프는 디젤기관에 공급하는 연료의 압력을 높이는 펌프로, 분사량을 조절하는 조속기(governor)와 분사시기를 조절하는 타이머가 설치되어 있다.

25. 다음 중 스켈리턴 버킷 용도의 설명으로 옳은 것은?
① 자갈, 흙 등의 상차 작업에 사용한다.
② 나무뿌리 뽑기, 제초, 제석 등에 사용한다.
③ **강가에서 골재 채취 작업 등을 할 때 사용한다.**
④ 조향하지 않고 버킷의 흙을 옆으로 덤프트럭에 상차할 수 있다.

해설. 스켈리턴 버킷은 골재 채취장에서 주로 사용되는 토사와 암석 분리에 주로 사용한다.

26. 굴삭면에 로더를 진입하는 방법으로 옳지 않은 것은?
① **굴삭면에는 180°로 진입한다.**
② 버킷의 날과 지면은 수평을 유지한다.
③ 돌출된 부분에는 진입하지 않도록 한다.
④ 진입 시 급변속이나 급브레이크는 피하도록 한다.

해설. 굴삭면에는 직각으로 진입해야 한다.

27. 유류화재 시 소화방법으로 옳지 않은 것은?
① B급 화재 소화기를 사용한다.
② **다량의 물을 부어 끈다.**
③ ABC소화기를 사용한다.
④ 모래를 뿌린다.

해설. 유류화재는 물로 소화할 수 없고, 모래 또는 ABC소화기, B급 화재 전용소화기를 이용하여 진압해야 한다.

28. 건설기계조종사의 면허가 취소된 경우 사유 발생일로부터 며칠 이내에 면허증을 반납해야 하는가?
① 7일
② **10일**
③ 20일
④ 30일

해설. 건설기계조종사면허를 받은 사람은 다음의 어느 하나에 해당하는 때에는 그 사유가 발생한 날부터 10일 이내에 시장·군수 또는 구청장에게 그 면허증을 반납해야 한다(건설기계관리법 시행규칙 제80조).
1. 면허가 취소된 때
2. 면허의 효력이 정지된 때
3. 면허증의 재교부를 받은 후 잃어버린 면허증을 발견한 때

29. 건설기계정비업 등록을 하지 아니한 자가 할 수 있는 정비 범위가 아닌 것은?
① 오일의 보충
② 창유리의 교환
③ **제동장치 수리**
④ 트랙의 장력 조정

해설. 건설기계정비업의 범위에서 제외되는 행위(건설기계관리법 시행규칙 제1조의3)
1. 오일의 보충
2. 에어클리너엘리먼트 및 휠타이어의 교환
3. 배터리·전구의 교환
4. 타이어의 점검·정비 및 트랙의 장력 조정
5. 창유리의 교환

30. 흡·배기밸브의 구비조건이 아닌 것은?
① 열전도율이 좋을 것
② 열에 대한 팽창율이 적을 것
③ 가스에 견디고 고온에 잘 견딜 것
④ **열에 대한 저항력이 작을 것**

해설. 밸브는 높은 열과 폭발력을 받으므로 열과 압력에 충분히 견뎌 낼 수 있어야 한다.

31. 기관에서 사용하는 윤활유의 기능으로 옳지 않은 것은?
① 윤활작용
② 기밀작용
③ **산화작용**
④ 냉각작용

해설. 윤활유의 기능
- 마찰 감소 및 마멸방지작용(감마작용)
- 실린더 내의 가스누출방지(밀봉, 기밀유지)작용
- 열전도(냉각)작용
- 세척(청정)작용
- 부식방지(방청)작용

정답 22.④ 23.② 24.③ 25.③ 26.① 27.② 28.② 29.③ 30.④ 31.③

건설기계 운전기능사

★★★
32 운전 중 배터리 충전표시등이 점등되면 무엇을 점검하여야 하는가?
(단, 정상인 경우 작동 중에는 점등되지 않음)

① 충전계통 점검
② 엔진 오일 점검
③ 에어 클리너 점검
④ 연료수준표시등 점검

해설 충전경고등은 팬벨트의 장력 부족·단절, 점화스위치의 접점 불량, 배선의 접속·연결부분 불량, 조정기의 동작이 불안정할 때 켜진다. 따라서 충전계통, 충전계통의 발전기(제너레이터) 등을 점검해 본다.

★★★
33 로더 버킷에 토사를 채우려고 할 때, 버킷은 지면과 어떻게 놓아야 하는가?

① 상향으로 한다.
② 하향으로 한다.
③ 평행하게 한다.
④ 40° 경사지게 한다.

해설 로더 버킷에 토사를 채울 때 버킷은 지면과 평행하게 한다. 토사를 깎기 시작할 때는 버킷을 5° 정도 기울여 깎는다.

34 로더의 적재 방법 중 버킷을 좌·우 어느 쪽으로나 기울일 수 있어서 좁은 장소에서 사용하기 편리한 것은?

① 프런트 엔드형
② 사이드 덤프형
③ 오버 헤드형
④ 스윙형

해설 사이드 덤프형 버킷 : 버킷을 좌우 어느 쪽으로나 기울일 수 있는 형식. 터널이나 협소한 장소에서 트럭에 적재할 수 있으며 운반기계와 병렬작업을 할 수 있음

35 로더의 조향장치 중 허리꺾기 조향식에 대한 설명으로 옳지 않은 것은?

① 작업 시간을 단축시켜 작업 능률이 높다.
② 유압 실린더에 의해 굴절시키는 형식이다.
③ 회전반경이 작아 좁은 장소에서 작업하기에 용이하다.
④ 앞뒤 차체가 핀과 조인트로 결합된 것으로 작업 시 안전성이 높다.

해설 허리꺾기 조향식은 앞 차체와 뒤 차체를 2등분 하여 그 사이를 핀과 조인트로 연결한 것으로 핀과 조인트 부분의 고장이 빈번하여 안정성이 결여되어 있다.

36 유압장치에서 오일에 거품이 생기는 원인으로 가장 거리가 먼 것은?

① 오일탱크와 펌프 사이에서 공기가 유입될 때
② 오일이 부족할 때
③ 유압유의 점도지수가 클 때
④ 펌프측 주위의 토출측 실(seal)이 손상되었을 때

해설 유압유의 점도지수가 크면 넓은 온도범위에서 점도변화가 적기 때문에 거품이 적고, 내열성이 크다. 유압장치 내 공기 혼입은 오일에 거품이 발생하는 주요 원인이다.

★★★
37 교류발전기에서 교류를 직류로 바꾸어 주는 것은?

① 다이오드
② 브러시
③ 슬립링
④ 계자

해설 다이오드는 반도체 접합을 통해 전류가 한쪽으로만 흐르는 역할을 해주는 전자 부품이다. 그러므로 교류 전류를 직류로 바꾸어 주는 정류 작용을 하며 전류의 역류를 방지해 준다.

38 벨트 취급에 대한 안전사항으로 옳지 않은 것은?

① 벨트 교환 시 회전을 완전히 멈춘 상태에서 한다.
② 벨트의 회전이 정지할 때 손으로 잡는다.
③ 벨트에 기름이 묻지 않도록 한다.
④ 벨트가 적당한 장력을 유지하도록 한다.

해설 벨트의 회전이 멈출 때 손으로 잡는 것은 사고 위험이 있다.

39 기관에서 예열플러그의 사용 시기로 적절한 것은?

① 축전지가 방전되었을 때
② 축전지가 과다 충전되었을 때
③ 냉각수의 양이 많을 때
④ 기온이 낮을 때

해설 겨울철이나 기온이 낮은 경우에는 엔진 몸체 온도가 너무 낮아 연료가 기화하는 데 어려움이 있다. 이런 경우, 예열플러그를 사용하여 시동한다.

40 유압유의 점도에 대한 설명으로 틀린 것은?

① 온도가 상승하면 점도는 낮아진다.
② 점성의 정도를 표시하는 값이다.
③ 점도가 낮아지면 유압이 떨어진다.
④ 점성계수를 밀도로 나눈 값이다.

해설 점도란 점도계에 의해 얻어지는 오일의 묽고 진한 상태를 나타내는 수치이다.

★★
41 로더 장비로 작업할 수 있는 가장 적합한 것은?

① 훅 작업
② 백호 작업
③ 스노 플로우 작업
④ 트럭과 호퍼에 토사 적재 작업

해설 로더는 트랙터 앞에 셔블 전부장치를 가진 것으로 각종 토사나 자갈 및 골재 등을 퍼서 다른 곳으로 운반하거나 덤프차에 적재하는 장비이다.

★★
42 유압장치에서 방향제어밸브에 해당하는 것은?

① 릴리프밸브
② 셔틀밸브
③ 시퀀스밸브
④ 언로더밸브

해설 유압장치에서 방향제어밸브에는 스풀밸브, 체크밸브, 셔틀밸브, 디셀러레이션밸브, 멀티플 유닛밸브 등이 있다.

정답 32. ① 33. ③ 34. ② 35. ④ 36. ③ 37. ① 38. ② 39. ④ 40. ④ 41. ④ 42. ②

43. 작업 시 사고를 방지하기 위한 방법으로 거리가 먼 것은?

① 기계의 청소나 손질은 운전을 정지시킨 후 실시한다.
② 적절한 통로 표시를 하여 근로자의 안전 통행을 보장한다.
③ **기계 운전 시 면장갑을 사용한다.**
④ 사용공구의 정비를 꼼꼼하게 한다.

해설 작업장에서는 장비 상태를 세밀히 점검하고 작업복과 보호구를 착용해야 한다. 기계 운전 시에 면장갑을 착용하는 것은 위험하다.

44. ★ 유압회로 내의 압력이 설정압력에 도달하면 펌프에서 토출된 오일을 전부 탱크로 회송시켜 펌프를 무부하로 운전시키는 데 사용하는 밸브는?

① 체크밸브(check valve)
② **언로더밸브(unloader valve)**
③ 시퀀스밸브(sequence valve)
④ 카운터밸런스밸브(counter balance valve)

해설
① 체크밸브 : 유압의 흐름을 한 방향으로 통과시켜 역방향의 흐름을 막는 밸브
③ 시퀀스밸브 : 2개 이상의 분기회로가 있을 때 순차적인 작동을 하기 위한 압력제어밸브로 유압실린더나 유압모터의 작동 순서를 결정하는 자동제어밸브
④ 카운터밸런스밸브 : 유압실린더 등이 중력에 의한 자유낙하를 방지하기 위해 배압을 유지하는 압력제어밸브

45. 로더의 작업 시작 전 점검 및 준비사항이 아닌 것은?

① 운전자 매뉴얼의 숙지
② 공사의 내용 및 절차 파악
③ **엔진오일 교환 및 연료의 보충**
④ 작동유 누유와 냉각수 누수 점검

해설 건설기계장비의 운전 후 점검사항
• 기름 누설 부위가 있는지 점검한다.
• 연료를 보충한다.
• 타이어의 손상 여부를 확인한다.

46. ★★ 시·도지사는 건설기계 등록원부를 건설기계의 등록을 말소한 날부터 몇 년간 보존하여야 하는가?

① 3년
② 5년
③ 7년
④ **10년**

해설 시·도지사는 건설기계등록원부를 건설기계의 등록을 말소한 날부터 10년간 보존하여야 한다(건설기계관리법 시행규칙 제12조).

47. ★★★ 다음 중 안전·보건표지의 구분에 해당하지 않는 것은?

① 금지표지
② **성능표지**
③ 지시표지
④ 안내표지

해설 안전·보건표지의 종류 : 금지표지, 경고표지, 지시표지, 안내표지

48. 유압회로 중 유압을 일정하게 유지하거나 최고압력을 제한하는 밸브는?

① **압력제어밸브**
② 방향변환밸브
③ 유량조절밸브
④ 특수밸브

해설 밸브의 역할
• 압력제어밸브 : 일의 크기를 조절한다.
• 방향제어밸브 : 일의 방향을 조절한다.
• 유량제어밸브 : 일의 속도를 조절한다.

49. 로더의 자동 유압 붐 킥-아웃의 기능은?

① 로더의 고속 작동 시 자동적으로 버킷의 수평을 조정하는 장치
② 버킷 링크를 조정하여 덤프 실린더가 수평이 되도록 하는 장치
③ 가끔 침전물이나 물을 뽑아내고 이물질을 걸러내는 장치
④ **붐이 일정한 높이에 이르면 자동적으로 멈추어 작업 능률과 안전성을 기하는 장치**

해설 작업 시 적재 및 덤프 대상의 높이가 필요할 경우 킥-아웃 기능을 이용하면 운전자는 적당한 붐 높이를 정하고 자동적으로 멈추거나 회송할 수 있도록 설정할 수 있다. 이 기능을 사용하면 높은 유연성과 생산성을 얻을 수 있다.

50. 운전자가 진행방향을 변경하려고 할 때 신호를 하여야 할 시기로 옳은 것은? (단, 고속도로 제외)

① 변경하려고 하는 지점의 5m 전에서
② 변경하려고 하는 지점의 15m 전에서
③ **변경하려고 하는 지점의 30m 전에서**
④ 특별히 정하여져 있지 않고, 운전자 임의대로

해설 모든 차의 운전자는 좌회전·우회전·횡단·유턴이나 같은 방향으로 진행하면서 진로를 바꾸려고 하는 경우에는 그 행위를 하려는 지점에 이르기 전 30m(고속도로에서는 100m) 이상의 지점에 이르렀을 때 손이나 방향 지시기 또는 등화로써 그 행위가 끝날 때까지 신호를 하여야 한다(도로교통법 제38조, 시행령 별표2).

51. 고의로 사망 1명의 인명피해를 입힌 건설기계를 조종한 자의 처분기준은?

① **면허취소**
② 면허효력정지 90일
③ 면허효력정지 45일
④ 면허효력정지 30일

해설 고의로 인명피해(사망, 중상, 경상 등)를 입힌 경우에는 면허취소이다.

52. ★★ 기관 과열 원인과 가장 거리가 먼 것은?

① 물 펌프 작용이 불량할 때
② 방열기 코어가 규정 이상으로 막혔을 때
③ **크랭크축 타이밍 기어가 마모되었을 때**
④ 팬벨트가 헐거울 때

해설 기관이 과열되는 것은 냉각계통이 제대로 작동하지 않은 것이라 추측할 수 있다. 타이밍 체인은 냉각계통과는 관련이 없다.

정답 43. ③ 44. ② 45. ③ 46. ④ 47. ② 48. ① 49. ④ 50. ③ 51. ① 52. ③

건설기계 운전기능사

2021년 제2회 **로더** 기출분석문제

53 ★ 시동전동기에서 전기자 철심을 여러 층으로 겹쳐서 만드는 이유는?

① 자력선 감소
② 소형 경량화
③ 맴돌이 전류 감소
④ 온도 상승 촉진

✏️해설 전기자 철심은 자력선을 원활하게 통과시키고 맴돌이 전류를 감소시키기 위해 0.35~1.00mm의 얇은 철판을 각각 절연하여 겹쳐 만들었다.

54 ★ 디젤기관에서 사용되는 공기청정기에 관한 설명으로 틀린 것은?

① 공기청정기는 실린더 마멸과 관계없다.
② 공기청정기가 막히면 출력이 감소한다.
③ 공기청정기가 막히면 연소가 나빠진다.
④ 공기청정기가 막히면 배기색은 흑색이 된다.

✏️해설 공기청정기의 기능이 나빠 불순물이 기관에 들어가게 되면 피스톤의 왕복운동 시 실린더 벽과 피스톤 사이에 불순물이 끼게 되어 표면이 마멸될 수 있다.

55 안전작업 사항으로 잘못된 것은?

① 엔진에서 배출되는 일산화탄소에 대비한 통풍장치를 설치한다.
② 전기장치는 접지를 하고 이동식 전기기구는 방호장치를 설치한다.
③ 주요 장비 등은 조작자를 지정하여 아무나 조작하지 않도록 한다.
④ 담뱃불은 발화력이 약하므로 제한 장소 없이 흡연해도 무방하다.

✏️해설 담배는 지정된 장소에서 피우도록 한다.

56 로더로 전력선 주변에서 작업할 경우 지켜야 할 사항이 아닌 것은?

① 전압 크기에 따라 규정된 안전거리를 유지한다.
② 지상에 있는 사람은 전력선에 접촉된 장비를 만지지 않는다.
③ 불가피하게 이탈이 필요할 때는 반드시 손잡이와 발판을 이용하여 뛰어내린다.
④ 전력선에 접촉했을 때는 전류가 차단될 때까지 운전석을 이탈하지 않는다.

57 산업체에서 안전을 지킴으로써 얻을 수 있는 이점과 가장 거리가 먼 것은?

① 직장의 신뢰도를 높여준다.
② 기업의 투자 경비가 늘어난다.
③ 사내 안전수칙이 준수되어 질서유지가 실현된다.
④ 직장 상·하 동료 간 인간관계 개선 효과도 기대된다.

58 ★★★ 피스톤 펌프의 장점이 아닌 것은?

① 효율이 가장 높다.
② 토출량의 범위가 넓다.
③ 구조가 간단하고 수리가 쉽다.
④ 발생 압력이 고압이다.

✏️해설 구조가 복잡하다.

59 라디에이터의 구비 조건으로 옳지 않은 것은?

① 단위 면적당 방열량과 강도가 클 것
② 냉각수 흐름 저항이 많을 것
③ 공기 흐름 저항이 적을 것
④ 가볍고 강도가 클 것

✏️해설 공기 흐름 저항과 냉각수의 흐름 저항이 작아야 한다.

60 겨울철에 기관이 동파되는 원인으로 적절한 것은?

① 엔진오일이 얼기 때문에
② 시동전동기가 얼기 때문에
③ 냉각수가 얼기 때문에
④ 납산 축전지의 전해액이 얼기 때문에

✏️해설 겨울철 기관이 동파되는 원인은 냉각수가 얼기 때문이다. 부동액을 혼합해 사용하여 예방하도록 한다.

정답 53. ③ 54. ① 55. ④ 56. ③ 57. ② 58. ③ 59. ② 60. ③

120

2021 불도저 기출분석문제

01 수온조절기의 종류가 아닌 것은?
① 벨로즈 형식
② 펠릿 형식
③ 바이메탈 형식
④ **마몬 형식**

> 해설) 수온조절기의 종류에는 바이메탈형과 벨로즈형, 펠릿형 등이 있다.

02 다음 중 윤활유의 기능으로 모두 옳은 것은?
① 마찰감소, 스러스트작용, 밀봉작용, 냉각작용
② 마멸방지, 수분흡수, 밀봉작용, 마찰증대
③ **마찰감소, 마멸방지, 밀봉작용, 냉각작용**
④ 마찰증대, 냉각작용, 스러스트작용, 응력분산

> 해설) 윤활유의 기능
> • 마찰감소 및 마모방지작용(감마작용)
> • 실린더 내의 가스누출방지(밀봉, 기밀유지)작용
> • 열전도(냉각)작용
> • 세척(청정)작용
> • 응력분산(충격완화)작용
> • 부식방지(방청)작용

03 2행정 디젤기관의 소기방식에 속하지 않는 것은?
① 루프 소기식
② 횡단 소기식
③ **복류 소기식**
④ 단류 소기식

> 해설) 2행정 디젤기관의 소기방식 : 루프 소기식, 횡단 소기식, 단류 소기식

04 전기자 철심을 두께 0.35~1.0mm의 얇은 철판을 각각 절연하여 겹쳐 만든 주된 이유는?
① 열 발산을 방지하기 위해
② **맴돌이 전류를 감소시키기 위해**
③ 코일의 발열 방지를 위해
④ 자력선의 통과를 차단시키기 위해

> 해설) 전기자 철심은 자력선을 원활하게 통과시키고 맴돌이 전류를 감소시키기 위해 0.35~1.0mm의 얇은 철판을 각각 절연하여 겹쳐 만들었다.

05 납산 축전지의 전해액을 만들 때 올바른 방법은?
① 황산에 물을 조금씩 부으면서 유리막대로 젓는다.
② 황산과 물을 1:1의 비율로 동시에 붓고 잘 젓는다.
③ **증류수에 황산을 조금씩 부으면서 잘 젓는다.**
④ 축전지에 필요한 양의 황산을 직접 붓는다.

> 해설) 납산 축전지의 전해액을 만들 때는 증류수에 황산을 조금씩 부어 잘 저어서 냉각시켜야 한다.

06 트랙 슈의 종류가 아닌 것은?
① 고무 슈
② **4중돌기 슈**
③ 3중돌기 슈
④ 반이중 돌기 슈

> 해설) 트랙 슈에는 단일돌기 슈, 2중돌기 슈, 3중돌기 슈, 세미더블 돌기 슈, 습지용 슈, 빙설용 슈, 암반용 슈, 평활용 슈 등이 있다.

07 변속기의 필요성과 관계가 없는 것은?
① 시동 시 장비를 무부하 상태로 한다.
② 기관의 회전력을 증대시킨다.
③ 장비의 후진 시 필요로 한다.
④ **환향을 빠르게 한다.**

> 해설) 변속기의 필요성
> • 엔진과 액슬축 사이에서 회전력을 증대시키기 위해
> • 엔진 시동 시 무부하 상태(중립)로 두기 위해
> • 건설기계의 후진을 위해

08 디젤기관에서 발생하는 진동의 원인이 아닌 것은?
① **프로펠러 샤프트의 불균형**
② 분사시기의 불균형
③ 분사량의 불균형
④ 분사압력의 불균형

> 해설) 디젤기관에서 진동이 발생되는 원인은 다수의 실린더에서 발생하는 폭발력이 다르거나 폭발 시기가 일정한 간격을 두고 있지 않기 때문이다. 폭발력은 분사량과 분사압력의 불균형에 의해 차이가 발생하고, 폭발 시기는 폭발 시기 조절이 불량할 경우 차이가 발생한다.

09 디젤기관에서 시동을 돕기 위해 설치된 부품으로 적당한 것은?
① 디퓨저
② 과급장치
③ **히트레인지**
④ 발전기

> 해설) 히트레인지는 디젤기관의 시동보조 기구 중 하나로서 흡입다기관에 설치된 열선에 전원을 공급하여 발생되는 열에 의해 흡입되는 공기를 가열한다.

10 타이어의 트레드에 대한 설명으로 가장 옳지 못한 것은?
① 트레드가 마모되면 구동력과 선회능력이 저하된다.
② **트레드가 마모되면 지면과 접촉면적이 크게 되어 마찰력이 크게 된다.**
③ 타이어의 공기압이 높으면 트레드의 양단부보다 중앙부의 마모가 크다.
④ 트레드가 마모되면 열의 발산이 불량하게 된다.

> 해설) 타이어의 트레드는 노면과 접촉되는 부분으로 카커스와 브레이커를 보호하기 위해 내마모성이 큰 고무층으로 되어 있으며, 노면과 미끄러짐을 방지하고 방열을 위해 트레드 패턴이 파져 있다. 트레드가 마모되면 타이어의 마찰을 증대시켜 주던 요철부분이 없어지게 되므로 미끄러질 위험이 많아 제동성능이 떨어진다.

정답) 01.④ 02.③ 03.③ 04.② 05.③ 06.② 07.④ 08.① 09.③ 10.②

건설기계 운전기능사

2021년 **불도저** 기출분석문제

★★
11 다음 중 도저의 종류와 기능의 연결이 틀린 것은?

① 앵글 도저 – 매몰·제설·측능 절단 작업에 적합

② 레이크 도저 – 석탄, 나무 조각 등 비중이 적은 물체의 운반 작업에 적합

③ 틸트 도저 – 굳거나 언 땅 파기, 나무뿌리 뽑기 작업에 적합

④ 트리밍 도저 – 좁은 장소에서 설탕, 소금, 곡물 등을 끌어당기는 작업에 적합

✎해설 ②는 U형 도저에 대한 설명이다. 레이크 도저는 40~50cm 이하의 나무뿌리나 잡목 제거에 적합하다.

★★★
12 다음 중 도저의 작업 방법으로 틀린 것은?

① 경사면을 굴삭할 때는 아래서부터 시작하여 올라간다.

② 약한 지반 통과 시 조향을 하지 않고 통과한다.

③ 습지 통과 시에는 멈추지 않고 저속으로 통과한다.

④ 성토 작업 시 흙을 15~20cm 두께로 쌓고 트랙으로 다진다.

✎해설 경사면을 굴삭할 때는 위에서부터 시작하여 내려와야 한다.

---

13 다음 중 도저의 동력전달 장치가 아닌 것은?

① 블레이드 　　　　② 조향 브레이크

③ 스프로킷 　　　　④ 메인 클러치

✎해설 블레이드 : 도저의 작업장치 중 하나로 트랙터의 앞쪽에 부착되어 상하좌우로 움직이며 작업하는 토공판

★
14 도저에 대한 설명으로 틀린 것은?

① 트랙터 앞에 블레이드를 부착한 것을 도저, 버킷을 부착한 것을 로더라고 한다.

② 크롤러형 도저는 기동성과 이동성이 휠형보다 우수하며, 습지나 사지 작업에 용이하다.

③ 휠형 도저는 평탄 지면이나 포장 도로에서의 작업에 적합하다.

④ 도저의 주요 작업은 송토, 굴토, 삭토 등이다.

✎해설 크롤러형(무한궤도식) 도저는 휠형(타이어식) 도저에 비해 기동성과 이동성이 다소 떨어지며, 접지면적이 넓고 접지압력이 적어 습지나 사지 등에서의 작업에 용이하다.

---

15 도저의 주요 장치의 종류와 그 기능의 연결이 틀린 것은?

① 리퍼 – 굳은 지면, 암석 등을 파헤침

② 유압장치 – 블레이드의 상하좌우 움직임을 제어

③ 스프로킷 – 도저를 정지시키거나 방향을 전환

④ 드로우 바 – 견인용 장비를 끎

✎해설 스프로킷 : 최종 구동기어로부터 동력을 받아 트랙을 구동함

★★
16 무한궤도식 도저의 하부 추진체와 트랙의 점검항목 및 조치사항을 열거한 것 중 틀린 것은?

① 구동 스프로킷의 마멸한계를 초과하면 교환한다.

② 트랙 장력을 규정값으로 조정한다.

③ 리코일 스프링의 손상 등 상·하부 롤러 균열 및 마멸 등이 있으면 교환한다.

④ 각부 롤러의 이상상태 및 리닝 장치의 기능을 점검한다.

✎해설 ④ 리닝 장치는 모터 그레이더의 회전 반경을 작게 하는 장치이다.

---

17 다음 중 불도저의 트랙 장력이 너무 팽팽하게 조정되었을 때 〈보기〉와 같은 부분에서 마모가 가속되는 부분(기호)을 모두 고른 것은?

보기
㉠ 트랙 핀과 부싱의 내부 마모　ㄴ 부싱의 외부 마모 ㄷ 스프로킷 돌기　　　　　　　ㄹ 스파이더

① ㉠, ㄷ 　　　　　　② ㉠, ㄴ, ㄹ

③ ㉠, ㄴ, ㄷ 　　　　④ ㉠, ㄴ, ㄷ, ㄹ

✎해설 트랙의 장력이 지나치게 크면 트랙 핀, 부싱 내·외부, 스프로킷(구동륜) 등이 마모된다.

---

18 기관의 오일펌프 유압이 낮아지는 원인이 아닌 것은?

① 오일 스트레이너가 막힐 때

② 베어링의 오일 간극이 클 때

③ 윤활유의 양이 부족할 때

④ 윤활유 점도가 너무 높을 때

✎해설 윤활유의 점도가 높으면 유압이 올라갈 수 있다.

---

19 도저의 변속레버를 중립에 위치하였는데도 불구하고 전진 또는 후진으로 움직이고 있을 때 고장으로 판단되는 곳은?

① 컨트롤밸브 　　　　② 유압펌프

③ 토크컨버터 　　　　④ 트랜스퍼 케이스

✎해설 변속레버의 위치가 제대로 적용되지 않는 것은 클러치 제어가 잘못되었다는 것을 의미한다. 즉, 컨트롤밸브의 고장으로 유압 분배가 제대로 되지 않는 상황을 의심해 볼 수 있다.

---

20 건설기계의 교류발전기에서 마모성 부품은?

① 스테이터 　　　　② 슬립링

③ 다이오드 　　　　④ 엔드 프레임

✎해설 슬립링은 브러시와 접촉되어 회전 중인 로터 코일에 축전지 전류를 공급 또는 유출하는 것으로, 로터 코일과 접속되어 있고, 정류작용을 하지 않으므로 불꽃 발생에 의한 소손이 거의 없다.

정답　11. ②　12. ①　13. ①　14. ②　15. ③　16. ④　17. ③　18. ④　19. ①　20. ②

21. 모터그레이더가 주행 중 연속적으로 소음이 나는 원인은?
① 휠 실린더의 피스톤 컵이 노화되었다.
② 클러치 레버와 시프트면의 간극이 불균일하다.
③ 포크 샤프트의 토션 스프링이 소손되었다.
④ **탠덤 드라이브 기어오일이 부족하다.**

해설 탠덤 드라이브 장치는 연이어 설치된 바퀴 쌍의 균형을 잡아주는 장치로 모터그레이더의 경우 뒷바퀴 두 쌍에 설치되어 있다. 탠덤 드라이브 장치는 거친 노면을 지날 시 상하 진동을 잡아 균형을 잡아주는 장비로 주행 시 기어오일이 부족하면 소음이 발생할 수 있다.

22. 무한궤도식 건설기계에서 트랙이 자주 벗겨지는 원인으로 가장 거리가 먼 것은?
① 유격(긴도)이 규정보다 클 때
② 트랙의 상·하부 롤러가 마모되었을 때
③ **최종 구동기어가 마모되었을 때**
④ 트랙의 중심 정렬이 맞지 않을 때

해설 트랙의 벨트가 너무 크면(이완되어 있으면) 트랙이 벗겨지기 쉽고, 트랙 장력이 너무 헐거울 때(유격이 규정값보다 크면) 트랙이 벗겨지기 쉽다.

23. 압력의 단위가 아닌 것은?
① kgf/cm²   ② **dyne**
③ psi   ④ bar

해설 압력의 단위 : kgf/cm², kg/cm², PSI, kPa, mmHg, mAq, bar, atm 등

24. 커먼레일 디젤기관에서 부하에 따른 주된 연료 분사량 조절방법으로 옳은 것은?
① 저압펌프 압력 조절
② 인젝터 작동 전압 조절
③ 인젝터 작동 전류 조절
④ **고압라인의 연료압력 조절**

해설 커먼레일 연료분사장치는 플런저 방식보다 10배 이상의 고압으로 연료를 분사한다.

25. 피스톤링에 대한 설명으로 틀린 것은?
① 링의 절개구의 모양은 버트 이음, 앵글 이음, 랩 이음 등이 있다.
② 압축과 팽창가스 압력에 대해 연소실의 기밀을 유지한다.
③ 피스톤이 받는 열의 대부분을 실린더 벽에 전달한다.
④ **피스톤링이 마모된 경우 크랭크 케이스 내에 블로다운 현상으로 인한 연소가스가 많아진다.**

해설 피스톤링이 마모될 경우, 피스톤과 실린더 벽 사이의 간극이 커져 크랭크실로 혼합가스나 배기가스가 새는 현상인 블로바이(blow-by) 현상이 나타나게 된다. 블로다운은 잘못된 표현이다.

26. 다음의 기호가 의미하는 것은?

① **2방향 가변용량형 유압펌프** ② 1방향 정용량형 유압펌프
③ 1방향 정용량형 유압모터   ④ 가변펌프

해설 가변용량형 유압펌프 유압기호

1방향	2방향

27. 전류에 관한 설명이다. 틀린 것은?
① **전류는 전압, 저항과 무관하다.**
② 전류는 전압크기에 비례한다.
③ V = IR(V 전압, I 전류, R 저항)이다.
④ 전류는 저항크기에 반비례한다.

해설 전류의 세기(I)는 전압(V)에 비례하고, 저항(R)에 반비례한다.

28. 방열기에 물이 가득 차 있는데도 기관이 과열되는 원인으로 가장 적절한 것은?
① 에어클리너가 고장 났기 때문
② 팬벨트의 장력이 세기 때문
③ **정온기가 폐쇄된 상태로 고장 났기 때문**
④ 온도계가 고장 났기 때문

해설 기관 과열의 원인 : 정온기가 닫힌 상태로 고장이 났을 때, 냉각팬의 벨트가 느슨해졌을 때(유격이 클 때), 무리한 부하운전을 할 때 등

29. 라디에이터의 구비 조건으로 틀린 것은?
① 공기 흐름 저항이 적을 것
② 냉각수 흐름 저항이 적을 것
③ 가볍고 강도가 클 것
④ **단위 면적당 방열량이 적을 것**

해설 라디에이터 구비조건 : 공기 흐름 저항과 냉각수 흐름 저항이 적을 것, 단위 면적당 방열량과 강도가 클 것, 작고 가벼울 것

30. 전조등 회로에서 퓨즈의 접촉이 불량할 때 나타나는 현상으로 옳은 것은?
① **전류의 흐름이 나빠지고 퓨즈가 끊어질 수 있다.**
② 시동전동기가 파손된다.
③ 전류의 흐름이 일정하게 된다.
④ 전압이 과대하게 흐르게 된다.

해설 퓨즈의 접촉이 불량할 경우 전류가 흐르는 통로 단면적이 좁아지기 때문에 그 지점에서 저항이 갑자기 증가할 수 있다. 저항의 증가는 열의 발생을 의미하며 퓨즈가 끊어질 수 있다.

건설기계 운전기능사

31 기관의 크랭크 케이스를 환기하는 목적으로 가장 옳은 것은?

① 크랭크 케이스의 청소를 쉽게 하기 위하여
② 출력의 손실을 막기 위하여
③ 오일의 증발을 막기 위하여
④ 오일의 슬러지 형성을 막기 위하여

해설 기관이 작동할 때 크랭크 케이스 안에는 피스톤과 실린더 사이에서 새 나오는 미연소 가스인 블로바이 가스가 체류하게 되어 엔진 내부의 부식, 오일의 열화 등을 초래하므로 이것을 방지하기 위해 환기를 시켜야 한다(오일 슬러지 형성 방지).

★
32 점도지수가 큰 오일의 온도변화에 따른 점도 변화는?

① 크다.   ② 작다.
③ 불변이다.   ④ 온도와는 무관하다.

해설 유압유는 온도가 변하면 점도가 변하므로 점도지수가 큰 오일은 점도 변화가 적고 점도지수가 낮은 오일은 저온에서 그 점도가 증가하므로 펌프 시동이 나쁘고 마찰 손실이 커서 흡입측에 공동현상(cavitation)이 생긴다.

33 유압장치의 정상적인 작동을 위한 일상점검 방법으로 옳은 것은?

① 유압 컨트롤밸브의 세척 및 교환
② 오일양 점검 및 필터 교환
③ 유압펌프의 점검 및 교환
④ 오일 냉각기의 점검 및 세척

해설 필터는 주 또는 월 주기로 정비·점검한다.
❖ 건설기계 일상점검 항목 : 연료량, 각종 오일(엔진오일, 변속기 오일), 타이어 공기압, 냉각수량, 전기·점등장치, 배터리, 각종 벨트 등

34 다음 중 디젤기관만이 가지고 있는 부품은?

① 분사노즐   ② 오일펌프
③ 물펌프   ④ 연료펌프

해설 분사펌프는 디젤기관에만 있는 부품으로 공급펌프에서 공급한 연료를 분사펌프 캠 축으로 구동되는 플런저가 분사순서에 맞게 고압으로 연료를 노즐로 압송시키는 펌프이다. 분사노즐은 분사펌프에서 공급한 고압의 연료를 미세한 안개 모양으로 연소실 내에 분사하는 장치를 말한다.

★★
35 유압장치에서 유량제어밸브가 아닌 것은?

① 교축밸브   ② 분류밸브
③ 유량조절밸브   ④ 체크밸브

해설 유량제어밸브에는 교축(스로틀)밸브, 분류밸브(속도제어밸브), 급속배기밸브 등이 있으며, 체크밸브는 유압의 흐름을 한 방향으로 통과시켜 역방향의 흐름을 막는 방향제어밸브이다.

★★★
36 유압오일 내에 기포(거품)가 형성되는 이유로 가장 적합한 것은?

① 오일에 이물질 혼입   ② 오일의 점도가 높을 때
③ 오일에 공기 혼입   ④ 오일의 누설

해설 혼입된 공기가 오일 내에서 기포를 형성하게 되는데 이 기포를 그대로 방치하게 되면 공동현상(캐비테이션)에 의해 유압기기의 표면을 훼손시키거나 국부적인 고압 또는 소음을 발생시키게 된다.

★★★
37 유압모터의 가장 큰 장점은?

① 공기와 먼지 등이 침투하면 성능에 영향을 준다.
② 오일의 누출을 방지한다.
③ 무단변속이 용이하다.
④ 압력조정이 용이하다.

해설 유압모터의 장단점

장 점	단 점
• 무단변속이 쉬움	• 유압유 점도변화에 민감해 사용상 제약 이 있음
• 소형·경량으로 대 출력 가능	
• 변속·역전제어가 쉬움	• 유압유가 인화하기 쉬움
• 속도·방향제어가 쉬움	• 유압유에 먼지, 공기가 혼입되면 성능 저하

★★
38 유압실린더를 교환하였을 경우 조치해야 할 작업으로 가장 거리가 먼 것은?

① 오일필터 교환   ② 공기빼기 작업
③ 누유 점검   ④ 시운전하여 작동상태 점검

해설 유압실린더를 교환했을 때는 오일에 공기가 들어가지 않았는지, 새는 곳은 없는지 등을 점검하기 위해 공회전을 통해 작동 상태를 보아야 한다. 무조건 오일필터 교환 을 할 필요는 없다.

39 다음 유압기호 중 유량조절밸브를 의미하는 것은?

① ⊸◁   ② ▯
③ ▷◁   ④ ⊿

해설 ① 체크밸브, ② 시퀀스밸브, ③ 스톱밸브

40 주행 중 차마의 진로를 변경해서는 안 되는 곳은?

① 교통이 복잡한 도로
② 시속 30km 이하의 주행도로인 곳
③ 특별히 진로 변경이 금지된 곳
④ 4차로 도로

해설 차마의 운전자는 안전표지가 설치되어 특별히 진로 변경이 금지된 곳에서는 차마의 진로를 변경하여서는 아니 된다. 다만, 도로의 파손이나 도로공사 등으로 인하여 장애물이 있는 경우에는 그러하지 아니하다(도로교통법 제14조제5항).

41 시·도지사가 지정한 교육기관에서 당해 건설기계의 조종에 관한 교육과정을 이수한 경우 건설기계조종사 면허를 받은 것으로 보는 소형건설기계는?

① 5톤 미만의 지게차   ② 5톤 미만의 불도저
③ 5톤 미만의 굴착기   ④ 5톤 미만의 타워크레인

해설 시·도지사가 지정한 교육기관에서 실시하는 소형 건설기계의 조종에 관한 교육과 정의 이수로 기술자격의 취득을 대신할 수 있는 소형 건설기계(건설기계관리법 시 행규칙 제73조) : 5톤 미만의 불도저, 5톤 미만의 로더, 5톤 미만의 천공기(다만 트럭적재식은 제외), 3톤 미만의 지게차, 3톤 미만의 굴착기, 3톤 미만의 타워크레 인, 공기압축기, 콘크리트펌프(다만 이동식에 한정함), 쇄석기, 준설선

정답 31. ④ 32. ② 33. ② 34. ① 35. ④ 36. ③ 37. ③ 38. ① 39. ④ 40. ③ 41. ②

42 자동차 1종 대형 운전면허로 건설기계를 운전할 수 없는 것은?

① 덤프트럭
② 노상안정기
③ 트럭적재식 천공기
④ 트레일러

해설 덤프트럭, 아스팔트살포기, 노상안정기, 콘크리트믹서트럭, 콘크리트펌프, 천공기(트럭적재식)와 특수건설기계 중 국토교통부장관이 지정하는 건설기계를 조종하려는 사람은 제1종 대형 운전면허를 받아야 한다(건설기계관리법 시행규칙 제73조).

43 도로교통법에서는 교차로, 터널 안, 다리 위 등을 앞지르기 금지장소로 규정하고 있다. 그 외 앞지르기 금지장소를 다음 〈보기〉에서 모두 고르면?

〈보기〉
A. 도로의 구부러진 곳
B. 비탈길의 고갯마루 부근
C. 가파른 비탈길의 내리막

① A
② A, B
③ B, C
④ A, B, C

해설 모든 차의 운전자는 교차로, 터널 안, 다리 위, 도로의 구부러진 곳, 비탈길의 고갯마루 부근 또는 가파른 비탈길의 내리막 등 시·도경찰청장이 안전표지로 지정한 곳에서는 다른 차를 앞지르지 못한다(도로교통법 제22조).

44 도로교통법에 따라 소방용 기계·기구가 설치된 곳, 소방용 방화물통, 소화전 또는 소화용 방화물통의 흡수구나 흡수관으로부터 ( ) 이내의 지점에 주차를 하여서는 아니 된다. ( ) 안에 들어갈 거리는?

① 10m
② 7m
③ 5m
④ 3m

해설 소방용수시설 또는 비상소화장치가 설치된 곳, 소화설비·경보설비·피난구조설비·소화용수설비 및 그 밖에 소화활동설비로서 대통령령으로 정하는 시설이 설치된 곳으로부터 5m 이내인 곳에서는 주차하여서는 아니 된다.

45 건설기계등록번호표를 가리거나 훼손하여 알아보기 곤란하게 한 자 또는 그러한 건설기계를 운행한 자에게 부과하는 과태료로 옳은 것은?

① 50만 원 이하
② 100만 원 이하
③ 300만 원 이하
④ 1000만 원 이하

해설 등록번호표를 가리거나 훼손하여 알아보기 곤란하게 한 자 또는 그러한 건설기계를 운행한 자에게는 100만 원 이하의 과태료를 부과한다(건설기계관리법 제44조).

합격 Tip! 1차 위반 시 50만 원, 2차 위반 시 70만 원, 3차 이상 위반 시 100만 원의 과태료를 부과한다(건설기계관리법 시행령 별표3 2023.04.25. 개정).

46 건설기계조종사의 면허취소 사유에 해당하는 것은?

① 과실로 인하여 1명을 사망하게 하였을 경우
② 면허의 효력정지기간 중 건설기계를 조종한 경우
③ 과실로 인하여 10명에게 경상을 입힌 경우
④ 건설기계로 1천만 원 이상의 재산 피해를 냈을 경우

해설 시장·군수 또는 구청장은 건설기계조종사가 거짓이나 그 밖의 부정한 방법으로 건설기계조종사면허를 받은 경우, 건설기계조종사면허의 효력정지기간 중 건설기계를 조종한 경우, 정기적성검사를 받지 아니하고 1년이 지난 경우, 정기적성검사 또는 수시적성검사에 불합격한 경우에는 건설기계조종사면허를 취소하여야 한다(건설기계관리법 제28조).

47 국내에서 제작된 건설기계를 등록할 때 필요한 서류에 해당하지 않는 것은?

① 건설기계제작증
② 수입면장
③ 건설기계제원표
④ 매수증서(관청으로부터 매수한 건설기계만)

해설 건설기계 등록신청 시 첨부하는 서류(건설기계관리법 시행령 제3조)
• 해당 건설기계의 출처를 증명하는 서류 : 건설기계제작증(국내에서 제작한 건설기계), 수입면장 등 수입사실을 증명하는 서류(수입한 건설기계), 매수증서(행정기관으로부터 매수한 건설기계)
• 건설기계의 소유자임을 증명하는 서류
• 건설기계제원표
• 보험 또는 공제의 가입을 증명하는 서류

48 안전을 위하여 눈으로 보고 손으로 가리키고, 입으로 복창하여 귀로 듣고, 머리로 종합적인 판단을 하는 지적 확인의 특성은?

① 의식을 강화한다.
② 지식수준을 높인다.
③ 안전태도를 형성한다.
④ 육체적 기능수준을 높인다.

해설 안전 의식을 강화하기 위해서는 인간의 오감을 모두 자극할 수 있도록 하는 것이 필요하다. 무의식적으로 안전에 대한 의식이 고취되는 효과가 일어난다.

49 다음에서 도로교통법상 어린이 보호와 관련하여 위험성이 큰 놀이기구로 정하여 운전자가 특별히 주의하여야 할 놀이기구로 지정한 것을 모두 조합한 것은?

㉠ 킥보드
㉡ 롤러스케이트
㉢ 인라인스케이트
㉣ 스케이트보드
㉤ 스노우보드

① ㉠, ㉡
② ㉠, ㉡, ㉢
③ ㉠, ㉡, ㉢, ㉣
④ ㉠, ㉡, ㉢, ㉣, ㉤

해설 행정안전부령이 정하는 위험성이 큰 놀이기구는 킥보드, 롤러스케이트, 인라인스케이트, 스케이트보드, 그 밖에 이 놀이기구와 비슷한 놀이기구를 말한다(도로교통법 시행규칙 제13조).

50 건설기계관리법에 따른 정비명령을 이행하지 아니한 자의 벌칙은?

① 2년 이하의 징역 또는 2천만 원 이하의 벌금
② 1000만 원 이하의 벌금
③ 2000만 원 이하의 벌금
④ 1년 이하의 징역 또는 1천만 원 이하의 벌금

해설 정비명령을 이행하지 아니한 자는 1년 이하의 징역 또는 1천만 원 이하의 벌금에 처한다(건설기계관리법 제41조).

정답 42.④ 43.④ 44.③ 45.② 46.② 47.② 48.① 49.③ 50.④

51 수공구 중 드라이버의 사용상 안전하지 않은 것은?

① 날 끝이 수평이어야 한다.
② 전기 작업 시 절연된 자루를 사용한다.
③ 날 끝이 홈의 폭과 길이가 같은 것을 사용한다.
④ 전기작업 시 금속 부분이 자루 밖으로 나와 있어야 한다.

✎해설 ④ 전기작업을 할 때는 절연손잡이로 된 드라이버를 사용한다.

52 안전한 작업을 하기 위하여 작업복장을 선정할 때의 유의사항으로 가장 거리가 먼 것은?

① 착용자의 취미, 기호 등을 감안하여 적절한 스타일을 선정한다.
② 화기사용 장소에서는 방염성, 불연성의 것을 사용하도록 한다.
③ 상의의 끝이나 바지자락 등이 기계에 말려 들어갈 위험이 없도록 한다.
④ 작업복은 몸에 맞고 동작이 편하도록 제작한다.

✎해설 착용자의 취미, 기호보다는 안전에 주안점을 두고 작업복을 선정해야 한다.

53 체인이나 벨트, 풀리 등에서 일어나는 사고로 기계의 운동 부분 사이에 신체가 끼는 사고는?

① 협착   ② 접촉
③ 충격   ④ 얽힘

✎해설 산업 안전 사고에는 감전, 화재, 폭발, 추락, 기계설비 사고 등이 있으며 기계 장치에 손물림, 벨트 장치에 손물림, 절단기 및 굽힘 기계에 손끼임 등은 협착에 의한 사고이다.

54 다음 중 주차 시 확인해야 할 사항으로 틀린 것은?

① 시동스위치의 키를 "ON"에 놓는다.
② 주차브레이크를 확실히 걸어 장비가 움직이지 않도록 한다.
③ 평탄한 장소에 주차시킨다.
④ 전·후진 레버를 중립위치로 한다.

✎해설 ① 주차 시 시동스위치는 OFF로 해야 한다.

55 작업현장에서 드럼통으로 연료를 운반했을 경우 옳은 주유 방법은?

① 불순물을 침전시켜서 모두 주입한다.
② 침전물이 혼합되지 않도록 주입한다.
③ 연료가 도착하면 즉시 주입한다.
④ 수분이 있는가를 확인 후 즉시 주입한다.

✎해설 불순물을 침전시킨 후 침전물이 혼합되지 않도록 주의하여 주입한다.

56 다음은 재해 발생 시 조치요령이다. 조치순서로 맞는 것은?

① 운전정지 – 2차 재해방지 – 피해자 구조 – 응급처치
② 2차 재해방지 – 운전정지 – 피해자 구조 – 응급처치
③ 운전정지 – 피해자 구조 – 응급처치 – 2차 재해방지
④ 2차 재해방지 – 운전정지 – 피해자 구조 – 응급처치

✎해설 재해 발생 시 신속히 운전을 정지하고 피해자를 구조한다. 우선 의식을 확인한 후 즉각적으로 피해자 상태에 맞는 응급처치를 시도하며, 자칫 더 큰 피해로 이어질 수 있는 2차 재해를 방지해야 한다.

57 불도저 운전자가 운전위치를 이탈할 때 안전측면에서 조치사항으로 가장 거리가 먼 것은?

① 기관을 정지시킨다.
② 진행 중이던 작업을 중단한다.
③ 작업장치를 올리고 버팀목을 받친다.
④ 브레이크를 확실히 건다.

58 다음 금지표지가 의미하는 바로 옳은 것은?

① 물체이동금지
② 사용금지
③ 탑승금지
④ 출입금지

✎해설 ①   ③   ④

59 다음 안전보건표지 중 지시표지에 속하는 것은?

① 보행금지   ② 인화성물질 경고
③ 안전복 착용   ④ 응급구호표지

✎해설 ① 금지표지, ② 경고표지, ④ 안내표지에 해당한다.

60 교차로에서 직진하고자 신호대기 중에 있는 차가 진행신호를 받고 가장 안전하게 통행하는 방법은?

① 좌우를 살피며 교통의 흐름에 유의하여야 한다.
② 진행 권리가 부여되었으므로 좌우의 진행차량에는 구애받지 않는다.
③ 신호와 동시에 출발하면 된다.
④ 신호와 동시에 서행하면 된다.

✎해설 좌우를 살피며 계속 보행 중인 보행자와 진행하는 교통의 흐름에 유의하여야 한다.

정답 51. ④ 52. ① 53. ① 54. ① 55. ② 56. ③ 57. ③ 58. ② 59. ③ 60. ①

2021 기중기 기출분석문제

01 안전보건표지 중 금지 또는 경고를 나타내는 색상은?
① 적색
② 황색
③ 녹색
④ 청색

해설
- 적색 : 금지/경고
- 황색 : 경고
- 청색 : 지시
- 녹색 : 안내

02 스패너 렌치의 사용법으로 적절하지 않은 것은?
① 해머 대용으로 사용하지 않는다.
② 작업할 때에는 뒤로 밀어 돌린다.
③ 파이프 렌치를 사용할 때는 정지장치를 확실하게 한다.
④ 너트에 맞는 것을 사용한다.

해설 스패너 렌치를 조이거나 풀 때는 항상 당겨서 작업한다.

03 드라이버의 사용법으로 적절하지 않은 것은?
① 날 끝과 홈의 폭과 깊이가 같은 것을 사용한다.
② 공작물은 바이스 등으로 단단하게 고정한다.
③ 전기로 작동하는 기계는 자루가 금속인 드라이버로 작업한다.
④ 날 끝이 수평인지 확인한다.

해설 전기가 통할 우려가 있는 작업 시에는 자루가 절연체로 되어 있는 공구를 사용해야 한다.

04 전기 화재 시에 적절한 소화기구는?
① A형 소화기
② B형 소화기
③ C형 소화기
④ 포말 소화기

해설
- A형 소화기 : 일반 화재
- B형 소화기 : 유류 화재
- C형 소화기 : 전기 화재
- 포말 소화기 : A형, B형 화재

05 작업장에서 작업복을 착용해야 하는 이유로 가장 적절한 것은?
① 작업장의 질서 통일
② 재해로부터의 보호
③ 작업 속도의 향상
④ 작업자의 통제 용이

해설 작업복의 가장 중요한 착용 목적은 작업장에서 발생할 수 있는 재해로부터 인명을 보호하는 것이다.

06 건설기계를 주차하는 과정에서 확인해야 할 사항이 아닌 것은?
① 주차브레이크를 건다.
② 가능한 경사지지 않은 곳에 주차한다.
③ 전·후진 레버는 중립에 두도록 한다.
④ 시동스위치는 ON상태로 둔다.

해설 주차 시 시동스위치는 OFF로 해야 한다.

07 용접 작업 중 눈에 이상이 발생했을 경우에 취해야 할 응급처치로 적절한 것은?
① 냉수로 식히고 병원으로 후송한다.
② 따뜻한 물수건으로 찜질한다.
③ 안약을 투여하고 경과를 본다.
④ 일시적인 현상이므로 잠시 휴식 후 작업에 복귀한다.

해설 용접 시 눈에 발생한 이상은 화상일 가능성이 높으므로 냉수로 열을 식힌 후 의사를 통해 조치해야 한다.

08 작업장의 안전관리 대책으로 적절하지 않은 것은?
① 작업장은 청결하게 유지한다.
② 작업대 사이 통로는 충분한 간격을 유지한다.
③ 전기 설비에는 물이 닿지 않도록 한다.
④ 바닥에 폐유를 뿌리면 먼지 등이 날리지 않게 할 수 있다.

해설 작업장 바닥에 뿌린 폐유는 화재의 원인이 될 수 있으며, 미끄러지는 안전사고를 유발할 수 있다.

09 지하에 매설된 도시가스배관의 최고사용압력이 중압 이상일 경우, 배관에 도색된 색상은?
① 적색
② 황색
③ 녹색
④ 백색

해설 지하매설배관의 경우 최고사용압력이 저압이라면 황색, 중압 이상이라면 적색으로 도색한다.

10 기중기로 물건을 운반하는 경우 주의해야 할 사항이 아닌 것은?
① 적재물의 추락에 유의한다.
② 반복 작업을 줄이기 위해 최대한 많은 양을 들어 올린다.
③ 선회 전에 주변의 안전을 확인한다.
④ 로프 등의 안전 여부를 확인한다.

해설 기중기가 안전하게 들어 올릴 수 있는 양만큼만 운반해야 한다.

정답 01.① 02.② 03.③ 04.③ 05.② 06.④ 07.① 08.④ 09.① 10.②

건설기계 운전기능사

2021년 **기중기** 기출분석문제

★★
11 원목 등 길이가 긴 화물을 외줄 달기 슬링용구를 사용하여 기중기로 들어 올리는 방법으로 적절하지 않은 것은??

① 수평으로 달아 올린다.
② 제한용량 이상 들어 올리지 않는다.
③ 슬링이 걸리는 위치는 한쪽으로 치우치게 하고 중량이 큰 쪽을 아래로 한다.
④ 신호에 따라 운반한다.

✎**해설** 외줄 달기 슬링용구로 수평으로 달아 올리면 불안정해진다.

12 기중기의 사용 용도와 가장 거리가 먼 것은?

① 교량의 설치
② 일반적인 기중작업
③ 차량의 화물 적재 및 적하
④ 제방 경사 작업

✎**해설** 제방 경사 작업은 주로 땅을 고르는 작업으로 기중기의 작업으로는 적절하지 않다.

★★
13 크레인 주행하는 중의 유의사항으로 적절하지 않은 것은?

① 주행 시 선회 로크를 고정한다.
② 언덕을 오를 때, 붐을 가능한 세운다.
③ 고압선 아래를 통과해야 할 경우 신호자의 지시에 따라 움직인다.
④ 휠 크레인, 트럭 크레인 등을 주차할 시에는 주차 브레이크를 건다.

✎**해설** 붐을 세우는 경우 균형을 잡기 어려워지므로 주행 시에는 붐을 내려야 한다.

14 기중기 작업에서 지켜야 할 안전사항으로 가장 적절한 것은?

① 화물을 끌어올릴 때에는 옆으로 비스듬히 끌어올린다.
② 저속으로 천천히 감아올리며, 와이어로프가 인장력을 받으면 빠르게 감는다.
③ 지면과 약 30cm 떨어진 지점에서 일시 정지한 뒤 상승한다.
④ 가벼운 화물을 들어 올릴 경우에는 붐의 각도를 안전각도 이하로 작업할 수 있다.

✎**해설** 무거운 물체를 들어 올리기 전에 지면으로부터 30cm 정도 떨어진 지점에서 흔들리지 않게 정지시킨 후 상승시킨다.

15 와이어로프가 이탈되는 것을 방지하기 위해 훅에 설치하는 안전장치는?

① 스위블장치
② 이송장치
③ 걸림장치
④ 해지장치

✎**해설** 해지장치는 와이어로프가 훅에서 벗겨지는 것을 방지하기 위한 장치이다.

16 기중기의 붐 각도를 높일 때의 변화로 옳은 것은?

① 작업 반경이 작아진다.
② 기중 능력이 작아진다.
③ 붐의 길이는 짧아진다.
④ 입체 하중이 작아진다.

✎**해설** 붐의 각도를 높이는 것은 붐을 세우는 것으로 붐이 견딜 수 있는 하중이 늘어나므로 기중 능력이 커진다. 다만 붐을 세우면서 움직일 수 있는 반경은 좁아진다.

17 기중기의 전부장치 중 땅고르기에 가장 좋은 작업 장치는?

① 셔블
② 드래그라인
③ 클램 쉘
④ 백호

✎**해설** 드래그라인은 평면굴토작업에 사용한다.

★★
18 기중기의 클램 쉘에서 태그라인의 역할은?

① 와이어 케이블이 꼬이는 것을 방지
② 지브 붐이 휘는 것을 방지
③ 전달 범위를 연장
④ 와이어 케이블의 청결을 유지

✎**해설** 태그라인은 선회나 지브 기복 과정에서 버킷이 흔들리거나 회전 시 와이어 로프가 꼬이는 것을 막기 위해 와이어 로프를 당겨주는 장치이다.

★
19 유압식 기중기에서 조작 레버를 중립으로 하였을 때, 붐이 하강하거나 수축하는 원인이 아닌 것은?

① 카운터 밸런스 밸브 고장
② 제어 밸브 내부 누출
③ 유압실린더 내부 누출
④ 배관호스 파손

✎**해설** 카운터 밸런스 밸브가 고장 난 경우에는 붐이 작동하지 않는다.

20 기중기의 작업 시 안전 수칙으로 보기 어려운 것은?

① 붐의 각을 20° 이하로 하지 않는다.
② 붐의 각을 78° 이상으로 하지 않는다.
③ 운전 반경 내에는 사람의 접근을 막는다.
④ 가벼운 하중의 화물은 아우트리거를 고이지 않고 운반한다.

✎**해설** 화물의 하중과 무관하게 아우트리거를 고여야 한다.

정답 11. ① 12. ④ 13. ② 14. ③ 15. ④ 16. ① 17. ② 18. ① 19. ① 20. ④

128

21 일시정지 안전표지판이 설치된 횡단보도에서 하였을 시 위반인 행동은?

① 횡단보도 직전에 일시정지하여 안전 확인 후 통과
② 경찰공무원이 진행신호를 하여 일시정지하지 않고 통과
③ 보행자가 보이지 않아 그대로 통과
④ 앞차의 뒤를 따라 진행하다 일시정지

해설 보행자의 유무와 무관하게 일시정지 안전표지판 앞에서는 정지하는 것이 원칙이다.

22 4차로 이상 고속도로에서 건설기계의 최고속도는?

① 120km/h
② 100km/h
③ 80km/h
④ 50km/h

해설 편도 2차로 이상 고속도로에서 건설기계의 최고속도는 매시 80킬로미터이다(도로교통법 시행규칙 제19조).

23 교차로 통행방법으로 적절하지 않은 것은?

① 교차로 내에서는 정차해서는 안 된다.
② 방향지시등을 통해 진입할 방향을 알려야 한다.
③ 교차로 내에서는 경음기를 통해 진행 사실을 알려야 한다.
④ 교차로 내에서는 다른 차를 앞지를 수 없다.

해설
① 교차로에서는 차를 정차하거나 주차하여서는 아니 된다.
② 교차로 내에서는 직진, 우회전 차량이 우선되며 진행방향은 방향지시등, 불가피한 경우 수신호로 미리 알려야 한다.
④ 교차로에서는 다른 차를 앞지르지 못한다.

24 교통사고가 발생했을 시 우선적으로 취해야 할 조치는?

① 즉시 사상자를 구호한다.
② 피해자 가족에게 알린다.
③ 보험사에 연락한다.
④ 경찰공무원에게 신고한다.

해설 교통사고가 발생한 경우에는 사상자 구호가 최우선이며 이후 경찰공무원에 신고해야 한다.

25 앞지르기 장소가 아닌 것은?

① 터널 안
② 다리 위
③ 비탈길의 오르막
④ 고갯마루 부근

해설 모든 차의 운전자는 다음에 해당하는 곳에서는 다른 차를 앞지르지 못한다(도로교통법 제22조).
1. 교차로, 터널 안, 다리 위
2. 도로의 구부러진 곳, 비탈길의 고갯마루 부근 또는 가파른 비탈길의 내리막 등 시·도경찰청장이 안전표지로 지정한 곳

26 1년간 누산되어 면허가 취소되는 벌점 기준은?

① 91점 이상
② 121점 이상
③ 201점 이상
④ 271점 이상

해설 1년간 121점, 2년간 201점, 3년간 271점 이상의 벌점이 누산되면 면허가 취소된다.

27 다음 중 도로교통법을 위반한 경우는?

① 노면이 얼어붙어 최고속도의 20/100만큼 감속하였다.
② 낮에 어두운 터널을 통과하여 전조등을 켰다.
③ 야간에 전조등을 하향으로 밝혔다.
④ 교차로의 가장자리로부터 5미터보다 멀리 떨어져 정차하였다.

해설 노면이 얼어붙은 경우에는 최고속도의 50/100을 감속하여야 한다.

28 진로를 변경하고자 할 때, 운전자가 지켜야 할 사항이 아닌 것은?

① 진로변경 신호는 진로변경이 끝날 때까지 유지한다.
② 가능하면 빠르게 진로를 변경한다.
③ 방향지시기로 신호를 한다.
④ 불가피한 경우 수신호를 이용할 수 있다.

해설 진로 변경 시에는 규정 속도를 준수하며 주변 차량이 상황을 충분히 인지할 수 있도록 여유 있게 진로를 변경해야 한다.

29 다음 중 1종 보통면허로 운행할 수 없는 차량은?

① 승차정원 19인승 승합차
② 적재중량 10톤 화물자동차
③ 원동기장치자전거
④ 승용자동차

해설 승차정원 15명 이하의 승합자동차를 1종 보통면허로 운전할 수 있다.

30 다음 중 제1종 운전면허를 취득할 수 있는 사람은?

① 적녹색맹
② 향정신성의약품 중독자
③ 만 17세인 사람
④ 55데시벨 이상의 소리를 들을 수 있는 사람

해설
① 두 눈을 동시에 뜨고 잰 시력이 0.8 이상이고, 두 눈의 시력이 각각 0.5 이상이고 붉은색·녹색 및 노란색을 구별할 수 있어야 한다.
② 마약·대마·향정신성의약품 또는 알코올 중독자는 운전면허를 받을 수 없다.
③ 제1종 대형면허를 받으려는 경우로서 19세 미만이거나 자동차(이륜자동차는 제외)의 운전경험이 1년 미만인 사람은 운전면허를 받을 수 없다.

31 타이어식 기중기의 정기검사 검사유효기간은?

① 6개월
② 1년
③ 2년
④ 3년

해설 기중기의 정기검사 유효기간은 1년이다.

정답 21.③ 22.③ 23.③ 24.① 25.③ 26.② 27.① 28.② 29.① 30.④ 31.②

32 건설기계 등록번호표 중 관용에 해당하는 것은?

① 1001~4999　　② 5001~7999
③ 8001~8999　　④ 9001~9999

✎해설　• 자가용 : 1001~4999　• 영업용 : 5001~8999　• 관용 : 9001~9999

> 등록번호표의 일련번호의 숫자가 변경되었습니다(2022.05.25.개정/2022.11.26.
> 시행). 개정 전후 내용을 반드시 알아두세요!!!!
> • 관용 : 0001~0999　• 자가용 : 1000~5999　• 대여사업용 : 6000~9999

★★★
33 건설기계 등록말소 사유에 해당하지 않는 것은?

① 건설기계의 멸실
② 정비 또는 개조를 목적으로 해체
③ 건설기계를 폐기
④ 건설기계의 차대가 등록 시의 차대와 다를 때

✎해설　등록의 말소(건설기계관리법 제6조)
　1. 거짓이나 그 밖의 부정한 방법으로 등록을 한 경우
　2. 건설기계가 천재지변 또는 이에 준하는 사고 등으로 사용할 수 없게 되거나 멸실된 경우
　3. 건설기계의 차대(車臺)가 등록 시의 차대와 다른 경우
　4. 건설기계가 제12조에 따른 건설기계안전기준에 적합하지 아니하게 된 경우
　5. 정기검사 명령, 수시검사 명령 또는 정비 명령에 따르지 아니한 경우
　6. 건설기계를 수출하는 경우
　7. 건설기계를 도난당한 경우
　8. 건설기계를 폐기한 경우
　9. 건설기계해체재활용업을 등록한 자에게 폐기를 요청한 경우
　10. 구조적 제작 결함 등으로 건설기계를 제작자 또는 판매자에게 반품한 경우
　11. 건설기계를 교육·연구 목적으로 사용하는 경우
　12. 대통령령으로 정하는 내구연한을 초과한 건설기계. 다만, 정밀진단을 받아 연장된 경우는 그 연장기간을 초과한 건설기계
　13. 건설기계를 횡령 또는 편취당한 경우

34 건설기계정비업의 등록 구분으로 옳지 않은 것은?

① 종합건설기계정비업
② 부분건설기계정비업
③ 전문건설기계정비업
④ 일반건설기계정비업

✎해설　건설기계정비업의 등록은 다음의 구분에 따라 한다(건설기계관리법 시행령 제14조).
　1. 종합건설기계정비업
　2. 부분건설기계정비업
　3. 전문건설기계정비업

35 건설기계관리법상 국토교통부령으로 정하는 바에 따른 등록번호표를 부착 및 봉인하지 않은 건설기계 운행을 1회 위반했을 시 과태료는?

① 10만 원　　② 30만 원
③ 50만 원　　④ 100만 원

✎해설　등록번호표를 부착·봉인하지 아니하거나 등록번호를 새기지 않은 경우 1차 위반 시 과태료 금액은 100만 원이다(건설기계관리법 시행령 별표3).

> 1차 위반 시 100만 원, 2차 위반 시 200만 원, 3차 이상 위반 시 300만 원의 과태료를 부과한다(건설기계관리법 시행령 별표3 2023.04.25. 개정).

36 다음 중 건설기계관리법상 건설기계조종사 면허를 받을 수 있는 자는?

① 사지의 활동이 정상적이지 않은 자
② 파산자로서 복권되지 아니한 자
③ 심신장애자
④ 알코올중독자

✎해설　건설기계조종사면허의 결격사유(건설기계관리법 제27조)
　1. 18세 미만인 사람
　2. 건설기계 조종상의 위험과 장해를 일으킬 수 있는 정신질환자 또는 뇌전증환자로서 국토교통부령으로 정하는 사람
　3. 앞을 보지 못하는 사람, 듣지 못하는 사람, 그 밖에 국토교통부령으로 정하는 장애인
　4. 건설기계 조종상의 위험과 장해를 일으킬 수 있는 마약·대마·향정신성의약품 또는 알코올중독자로서 국토교통부령으로 정하는 사람
　5. 건설기계조종사면허가 취소된 날부터 1년(제28조제1호 및 제2호의 사유로 취소된 경우에는 2년)이 지나지 아니하였거나 건설기계조종사면허의 효력정지처분 기간 중에 있는 사람

★★
37 시·도지사가 건설기계 등록원부를 건설기계의 등록을 말소한 날로부터 보존해야 하는 기간은?

① 1년　　② 3년
③ 5년　　④ 10년

✎해설　시·도지사는 건설기계등록원부를 건설기계의 등록을 말소한 날부터 10년간 보존하여야 한다(건설기계관리법 시행규칙 제12조)

38 건설기계해체재활용업의 등록을 해야 하는 곳은?

① 지방경찰청장　　② 시장, 군수 또는 구청장
③ 국토교통부장관　　④ 행정안전부장관

✎해설　건설기계사업을 하려는 자(지방자치단체는 제외한다)는 대통령령으로 정하는 바에 따라 사업의 종류별로 시장·군수 또는 구청장(자치구의 구청장을 말한다)에게 등록하여야 한다(건설기계관리법 제21조).

39 정기검사를 받지 아니하고 검사기간 만료일로부터 30일 이내인 경우 부과되는 과태료는?

① 1만 원　　② 2만 원
③ 5만 원　　④ 10만 원

✎해설　정기검사를 받지 않은 경우 과태료 2만 원이 부과되고, 신청기간만료일부터 30일을 초과하는 경우 3일 초과 시마다 1만 원을 가산한다(건설기계관리법 시행령 별표3).

> 정기검사를 받지 아니하고 신청기간 만료일부터 30일 이내인 경우의 과태료가 '2만 원'에서 '10만 원'으로 변경되었습니다(2022.08.22.개정). 개정 전후 내용을 반드시 알아두세요!!!!

40 무한궤도식 주행 장치에서 스프로킷의 이상 마모를 방지하기 위해 조정해야 하는 것은?

① 트랙의 장력　　② 아이들러의 위치
③ 롤러의 간격　　④ 슈의 간격

✎해설　트랙의 장력이 지나치게 강할 경우 스프로킷을 비롯한 트랙 핀, 부싱 등의 마모를 유발할 수 있다.

정답  32.④ 33.② 34.④ 35.④ 36.② 37.④ 38.② 39.② 40.①

41 무한궤도식 건설기계의 주행 중 정면에서 발생하는 충격을 완화하는 장치는?

① 카운터 웨이트 ② 댐퍼 스프링
③ 리코일 스프링 ④ 트랙 롤러

해설 무한궤도식 건설기계의 주행 중 정면에서 발생하는 충격을 완화하는 장치는 리코일 스프링이다.

42 타이어의 구조에서 노면과 접촉, 마모에 견디고 내부를 보호하는 부분은?

① 트레드 ② 숄더
③ 카카스 ④ 비드

해설 트레드는 타이어의 가장 외부에서 내부를 보호하고 접지력을 얻기 위한 내마모성이 높은 두꺼운 고무층이다.

43 디젤기관 운전 중 흑색의 배기가스가 배출되는 원인으로 옳지 않은 것은?

① 압축 불량 ② 노즐 불량
③ 공기청정기 고장 ④ 오일링 마모

해설 흑색 배기가스는 불완전 연소로 인해 발생하며 원인으로는 공기청정기 필터의 막힘, 연료필터의 고장, 압축 및 노즐 불량 등이 있다.

44 디젤기관 연료의 구비조건으로 적절하지 않은 것은?

① 탄소의 발생이 적을 것 ② 착화가 용이할 것
③ 연소속도가 느릴 것 ④ 발열량이 클 것

해설 내연기관은 연료를 폭발적으로 연소시켜 그 힘을 이용하는 것으로, 연소속도는 빨라야 한다.

45 4행정 디젤엔진의 작동 과정 중 연료분사 노즐로부터 실린더 내로 연료를 분사, 연소하여 동력을 얻는 행정은?

① 흡기행정 ② 압축행정
③ 폭발행정 ④ 배기행정

해설
- 흡기행정 : 공기가 기관 내로 유입된다.
- 압축행정 : 공기를 압축하여 연소실 내 온도를 높인다.
- 폭발행정 : 고온의 연소실 내로 연료를 분사, 폭발시켜 내부를 팽창시킨다.
- 배기행정 : 연소가스를 배출한다.

46 피스톤 링에 대한 설명으로 옳지 않은 것은?

① 압축가스가 새는 것을 방지한다.
② 엔진 오일을 실린더 벽에서 긁어낸다.
③ 압축 링과 인장 링이 있다.
④ 실린더 헤드 쪽에 있는 것이 압축 링이다.

해설 ③ 피스톤 링은 압축 링과 오일 링이 있다.

47 엔진오일이 연소실로 올라오는 가장 큰 이유는?

① 피스톤 링 마모 ② 피스톤 헤드 마모
③ 커넥팅로드 마모 ④ 크랭크 축 마모

해설 피스톤 링은 연소실의 기밀을 유지하는 역할로 마모될 시 실린더 벽을 타고 올라온 오일이 연소실 내로 유입될 수 있다.

48 디젤기관의 진동원인과 가장 거리가 먼 것은?

① 각 실린더의 분사압력과 분사량이 다르다.
② 분사시기, 분사간격이 다르다.
③ 윤활펌프의 유압이 높다.
④ 피스톤의 중량차가 크다.

해설 윤활펌프를 비롯한 윤활장치는 엔진 진동을 줄이는 역할을 한다.

49 라디에이터 캡의 스프링이 파손되었을 시 가장 먼저 나타나는 현상은?

① 냉각수의 비등점이 낮아진다.
② 냉각수의 순환이 느려진다.
③ 냉각수의 비등점이 높아진다.
④ 냉각수의 순환이 빨라진다.

해설 라디에이터 캡은 냉각수에 압력을 가해 비등점(끓는점)을 높인다. 따라서 라디에이터 캡이 파손되면 냉각수의 압력이 떨어져 비등점이 낮아진다.

50 12V 납축전지의 셀 구성에 대한 설명으로 옳은 것은?

① 6개의 셀이 직렬로 연결되어 있다.
② 6개의 셀이 병렬로 연결되어 있다.
③ 6개의 셀이 직렬과 병렬이 혼용되어 연결되어 있다.
④ 3개의 셀이 직렬로 연결되어 있다.

해설 납축전지 내의 셀은 약 2.1V의 전압을 갖는다. 따라서 6개를 직렬로 연결하면 약 12V의 전압이 발생한다.

51 축전지의 구비조건으로 가장 거리가 먼 것은?

① 배터리의 용량이 클 것
② 가급적 크고 다루기 쉬울 것
③ 전기적 절연이 완전할 것
④ 전해액의 누설방지가 완전할 것

해설 축전지의 구비조건
- 소형, 경량이고 수명이 길 것
- 배터리의 용량이 크고 저렴할 것
- 진동에 견딜 수 있을 것
- 전해액의 누설방지가 완전할 것
- 전기적 절연이 완전할 것
- 다루기 편리할 것

건설기계 운전기능사

2021년 **기중기** 기출분석문제

52 교류발전기에서 다이오드의 역할은?

① 전압을 조정한다.
② 전류를 조정하며 교류를 정류한다.
③ 교류를 정류하고 역류를 방지한다.
④ 전류와 전압을 조정한다.

✎해설 다이오드는 정방향으로 흐르는 전류는 통과시키고 역방향 전류는 차단하는 원리로 교류를 정류하며 역류를 방지한다.

53 퓨즈에 대한 설명으로 옳지 않은 것은?

① 퓨즈는 정격용량을 사용한다.
② 퓨즈 용량은 A로 표시한다.
③ 퓨즈는 철사로 대용하여도 된다.
④ 퓨즈는 표면이 산화되면 끊어지기 쉽다.

✎해설 퓨즈를 철사로 대용하면 본디 퓨즈가 끊어지게 되어 있는 과전류에도 끊어지지 않아 사고가 발생할 수 있다.

54 축전지의 자기방전의 원인이 아닌 것은?

① 전해액에 포함된 불순물이 국부전지를 구성하기 때문에
② 탈락한 극판 작용물질이 축전지 내부에 퇴적되기 때문에
③ 음극판의 작용물질이 황산과의 화학작용으로 황산납이 되기 때문에
④ 전해액의 양이 많아짐에 따라 용량이 커지기 때문에

✎해설 자기방전 시 전해액은 비중이 커진다.

55 다음 중 유압실린더의 내부 구성품이 아닌 것은?

① 피스톤
② 쿠션기구
③ 유압밴드
④ 실린더

✎해설 유압실린더의 주요 구성부품은 피스톤, 피스톤로드, 실린더, 쿠션기구, 실 등이다.

★★★
56 방향제어 밸브가 아닌 것은?

① 셔틀 밸브
② 체크 밸브
③ 교축 밸브
④ 방향 전환 밸브

✎해설 교축 밸브는 유량제어 밸브이다.

57 유압 작동유가 가져야 할 성질이 아닌 것은?

① 방청, 방식성이 있을 것
② 거품이 적을 것
③ 온도에 따른 점도 변화가 작을 것
④ 불순물과 혼합이 잘 될 것

✎해설 불순물과는 분리가 잘 되어야 불순물을 따로 침전시킬 수 있다.

58 유압장치의 어큐뮬레이터의 기능으로 옳지 않은 것은?

① 유압펌프에서 발생하는 맥동압력을 흡수한다.
② 유압유의 압력 에너지를 저장한다.
③ 오일의 누출을 방지한다.
④ 일정 압력을 유지한다.

✎해설 어큐뮬레이터의 기능 : 압력 보상, 에너지 축적, 유압회로 보호, 체적 변화 보상, 맥동 감쇠, 충격 압력 흡수 및 일정 압력 유지

59 유압장치 내에서 국부적으로 높은 압력 및 소음과 진동이 발생하는 현상은?

① 캐비테이션
② 하이드로 록킹
③ 필터링
④ 오버랩

✎해설 유체 내에 기포와 같은 공동이 생겨 비정상적인 유체의 흐름으로 진동 및 소음을 발생시키는 것을 캐비테이션이라 한다.

60 유압장치 내 압력을 일정하게 유지하고 최고압력을 제한하는 밸브는?

① 제어 밸브
② 로터리 밸브
③ 릴리프 밸브
④ 체크 밸브

✎해설 릴리프 밸브는 압력의 상승에 따라 자동적으로 열려 최고압력을 제한하는 밸브이다.

정답 52. ③ 53. ③ 54. ④ 55. ③ 56. ③ 57. ④ 58. ③ 59. ① 60. ③

기중기 · 로더 · 불도저
운전기능사 기출문제집

2026년 1월 12일　개정13판 발행
2009년 1월 20일　초판 발행

편 저 자　JH건설기계자격시험연구회
발 행 인　전 순 석
발 행 처　정훈사
주　　소　서울특별시 중구 마른내로 72, 421호
등　　록　2-3884
전　　화　(02) 737-1212
팩　　스　(02) 737-4326

본서의 무단전재 · 복제를 금합니다.